华晟经世ICT专业群系列教材

物联网移动App设计及开发实战

李厚杰 吕昌武 郭炳宇 姜善永 主编

人民邮电出版社
北京

图书在版编目（CIP）数据

物联网移动App设计及开发实战 / 李厚杰等主编. --
北京 : 人民邮电出版社, 2019.1(2021.1重印)
华晟经世ICT专业群系列教材
ISBN 978-7-115-49434-4

Ⅰ. ①物… Ⅱ. ①李… Ⅲ. ①移动终端—应用程序—
程序设计—教材 Ⅳ. ①TN929.53

中国版本图书馆CIP数据核字(2018)第218512号

内 容 提 要

本书是由华晟经世物联网开发工程师及其合作院校老师共同打造完成的关于物联网移动App设计及开发实战教材，旨在帮助学习者学习物联网移动App研发技术要点。

本书的核心任务是学习物联网移动App研发的一整套流程，从架构设计到详细模块开发，再到打包和发布。架构设计采用了MVP分层架构模式和Dagger2依赖注入框架；网络模型和数据模型的封装则采用了Retrofit结合Gson、Rxjava框架；项目中集成了Zxing二维码扫描技术、图表技术等。以上内容综合性和实践性强，内容涉及广泛，讲解深入透彻。

本书可为从事Android开发的技术人员、企业及相关管理部门的管理者和建设者提供参考，还可作为高等院校物联网、云计算、电子信息类专业的学生教材用书。

◆ 主　　编　李厚杰　吕昌武　郭炳宇　姜善永
　责任编辑　李　静
　责任印制　彭志环

◆ 人民邮电出版社出版发行　　北京市丰台区成寿寺路 11 号
　邮编　100164　　电子邮件　315@ptpress.com.cn
　网址　http://www.ptpress.com.cn
　固安县铭成印刷有限公司印刷

◆ 开本：787×1092　1/16
　印张：21　　　　　　2019 年 1 月第 1 版
　字数：511 千字　　　2021 年 1 月河北第 2 次印刷

定价：68.00 元

读者服务热线：(010)81055493　印装质量热线：(010)81055316
反盗版热线：(010)81055315

前言

在这样一个数据信息时代，以云计算、大数据、物联网为代表的新一代信息技术已经受到空前的关注，教育战略服务国家战略，相关的职业教育急需升级以顺应和助推产业发展。从学校到企业，从企业到学校，华晟经世已经为中国职业教育产教融合这项事业奋斗了15年。从最早做通信技术的课程培训到如今以移动互联、物联网、云计算、大数据、人工智能等新兴专业为代表的ICT专业群人才培养的全流程服务，我们深知课程是人才培养的依托，而教材则是呈现课程理念的基础，如何将行业最新的技术通过合理的逻辑设计和内容表达，呈现给学习者并达到理想的学习效果，是我们编写教材时一直追求的终极目标。

在这本教材的编写中，我们在内容上贯穿以“学习者”为中心的设计理念——教学目标以任务驱动，教材内容以“学”和“导学”交织呈现，项目引入以情景化的职业元素构成，学习足迹借助图谱得以可视化，学习效果通过最终的创新项目得以校验，具体如下。

教材内容的组织强调以学习行为为主线，构建了“学”与“导学”的内容逻辑。“学”是主体内容，包括项目描述、任务解决及项目总结；“导学”是引导学生自主学习、独立实践的部分，包括项目引入、交互窗口、思考练习、拓展训练及双创项目。

本书以情景化、情景剧式的项目引入方式，模拟一个完整的项目团队，采用情景剧作为项目开篇，并融入职业元素，让内容更加接近于行业、企业和生产实际。项目引入更多的是还原工作场景，展示项目进程，嵌入岗位、行业认知，融入工作的方法和技巧，更多地传递一种解决问题的思路和理念。

项目篇章以项目为核心载体，强调知识输入，经过任务的解决与训练，再到技能输出；采用“两点（知识点、技能点）”“两图（知识图谱、技能图谱）”的方式梳理知识、技能，项目开篇清晰地描绘出该项目所覆盖的和需要的知识点，项目最后总结出经过任务训练所能获得的技能图谱。

本书强调学生的动手和实操，以解决任务为驱动，做中学，学中做。任务驱动式的学习，可以让我们遵循一般的学习规律，由简到难，循环往复，融会贯通；加强实践、动手训练，在实操中学习更加直观和深刻；融入最新技术应用，结合真实应用场景，解决现实性客户需求。

本书具有创新特色的双创项目设计。教材结尾设计双创项目与其他教材形成呼应，体现了项目的完整性、创新性和挑战性，既能培养学生面对困难勇于挑战的创业意识，又能培养学生使用新技术解决问题的创新精神。

本教材共7个项目，项目1是走进物联网移动开发，主要介绍了物联网发展的前世今生、关键技术、体系架构以及以云后台、App、智能硬件为核心的物联网云平台；在移动开发方面，重点介绍了Android系统的体系架构、四大组件，以及Android Studio开发环境的搭建与使用。项目2是物联网移动App的架构设计，主要包括项目需求分析、程序总体设计以及如何使用MVP分层架构模式结合Dagger2依赖注入框架对程序进行解耦。项目3是网络层和数据模型的封装，介绍了Retrofit网络请求框架、Gson数据解析框架、Rxjava异步操作库以及三者的联合使用与封装。项目4到项目6则重点介绍了开发用户中心模块、设备模块、数据可视化模块的详细设计与开发。项目7作为整个项目的收尾篇，介绍了屏幕适配的解决方案，以及APK的签名、混淆，多渠道打包，发布的一整套流程。

本教材由李厚杰、吕昌武、郭炳宇、姜善永老师主编。主编除了参与编写外，还负责拟定大纲和总纂。本教材执笔人依次是：项目1为李厚杰，项目2为吕昌武，项目3到项目5为曹利洁，项目6和项目7为朱胜。本教材初稿完结后，由郭炳宇、姜善永、王田甜、苏尚停、刘静、张瑞元、朱胜、李慧蕾、杨慧东、唐斌、何勇、李文强、范雪梅、冉芬、曹利洁、张静、蒋平新、赵艳慧、杨晓蕊、刘红申、黎正林、李想组成的编审委员会相关成员进行审核和内容修订。

整本教材从开发总体设计到每个细节，团队精诚协作，细心打磨，以专业的精神尽量克服知识和经验的不足，终以此书飨慰读者。

本教材配套代码链接：http://114.115.179.78/teaching-resources/IoT_App.zip

本教材配套PPT链接：http://114.115.179.78/teaching-resources/PPT-IoT_App.zip

编　者
2018年7月

目 录

项目1

走进物联网移动开发

项目引入

北京时间凌晨 1 点，Google I/O 大会在美国加州山景城的海岸线圆形剧场拉开帷幕。在为期 3 天的年度开发者盛宴中，Google 将全方位地展示在软件领域的最新成果和发展动向，Pichai 说道 :“这是一个忙碌的上午……”

北京时间上午 7 点，美妙音乐的音量逐渐加强，智能闹钟唤醒了沉睡中的我，早餐已经被面包机和咖啡机做好，扫一扫二维码，我骑上一辆共享单车，没有拥挤，轻松上班。我是 Anne，一名 Android 开发工程师，即使熬夜也要收看一年一度的 Google I/O 大会，了解最新动向。幸运的是，智能设备让我的生活快捷而享受。

喜欢智能设备的我致力于物联网移动开发方向，据 Gartner 预计，未来 5~10 年物联网将会进入实质生产的高峰期。物联网系统项目作为我公司战略级项目，我们项目组 10 个人要并肩作战，群策群力。图 1-1 是我们物联网项目组的人员结构图 :

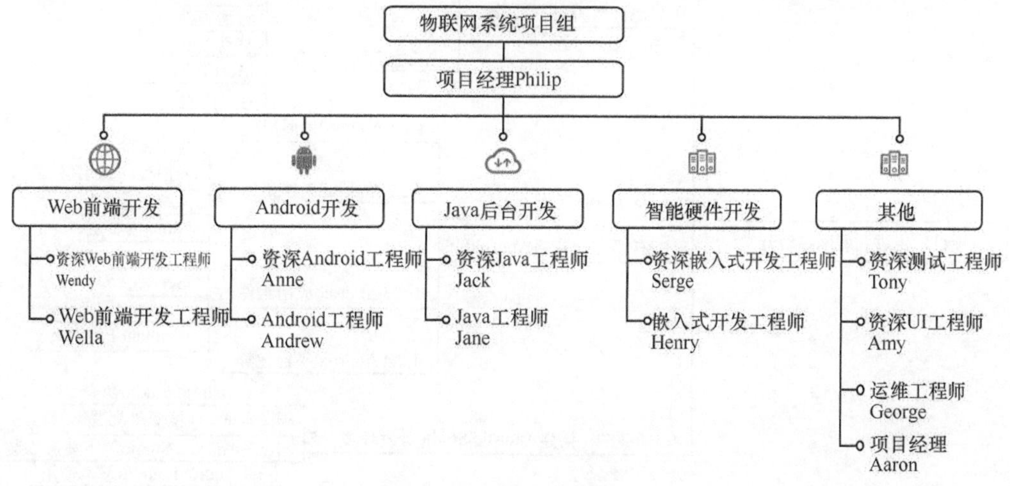

图1-1　项目人员结构

经过公司产品调研评审之后，我们项目组要启动一个物联网云平台项目，项目经理Philip马上召开了启动会议。

Philip：大家好，今天召开物联网云平台项目的启动会，作为项目经理，我将负责项目的需求及整体架构。我们的整体规划是做一个通用的物联网云平台，它适用于智能家居、医疗、交通、农业等场景。我们做的云平台需要有配套的硬件和App，同时还可以提供接口给个人或者企业开发者使用。该项目预计于6个月之后交付，具体的项目需求会后将会发送给大家。明确了项目需求，下面开始人员分工……

Amy：我负责项目PC端及移动端的UI设计与交互，根据他们的需求提供素材。

Jack：我负责物联网云后台架构、数据库设计以及后台代码实现，我们采用Java作为后端语言，会使用一些最新的框架和技术以提高工作效率。

Anne：我和Andrew负责Android移动端的开发，开发中的原型设计和图片处理还请Amy多多费心了，我们还需要与Jack一起制定API规范，方便前后端数据对接。

Henry：我负责智能硬件开发，需要和Jack，Anne一起讨论硬件的联网方式和通信协议。

Philip：好，大家都明确了自己的任务，我希望我们的资深工程师带领我们的初级工程师一起把这个项目做好。在开发中遇到什么问题，我们及时开会沟通，以免耽误项目进度。回去之后都将自己负责的部分做一个整体的规划反馈给我。

Andrew是第一次接触物联网项目，这对他来说也是一次提升和挑战。会后我让他仔细看了需求文档，查阅物联网的相关资料，并和我一起制定开发计划。

知识图谱

图1-2为项目1的知识图谱。

图1-2 项目1知识图谱

1.1　任务一：初识物联网

1.1.1　什么是物联网

1. 物联网的定义

物联网（Internet of Things，IoT）就是物物相连的互联网。其核心和基础仍然是互联网。物联网通过射频识别（RFID）、红外感应器、全球定位系统、激光扫描器等信息传感设备，按约定的协议，把任何物品与互联网相连接，进行信息交换和通信，以实现对物品的智能化识别、定位、跟踪、监控等。物联网是继计算机、互联网之后世界信息产业发展的第三次浪潮。

2. 物联网的发展历程

1990 年施乐公司的网络可乐贩售机是物联网的最早实践。

1995 年比尔盖茨在《未来之路》一书中也曾提及物联网。

1999 年美国麻省理工学院建立了“自动识别中心（Auto-ID），”提出“万物皆可通过网络互联”，阐明了物联网的基本含义。

2005 年 11 月 17 日，信息社会世界峰会上，国际电信联盟发布了《ITU 互联网报告 2005：物联网》，引用了“物联网”的概念。

2008 年 11 月，第二届中国移动政务研讨会“知识社会与创新 2.0”在北京大学举行，会上提出物联网技术发展的重要性。

2009 年 1 月 28 日，IBM 首席执行官彭明盛首次提出“智慧地球”这一概念。

2012 年 2 月 14 日，工业和信息化部发布《物联网“十二五”发展规划》。

3. 物联网的关键技术

物联网的产业链可细分为标识、感知、信息传送和数据处理这 4 个环节，对于每一个环节都有相应的技术支撑，技术的成熟是促进物联网发展的关键。如图 1-3 所示，物联网的关键技术包括 RFID（射频识别技术）、二维条码、传感器技术，短距无线通信技术、IPv6、云服务、云存储、云计算、嵌入式系统。

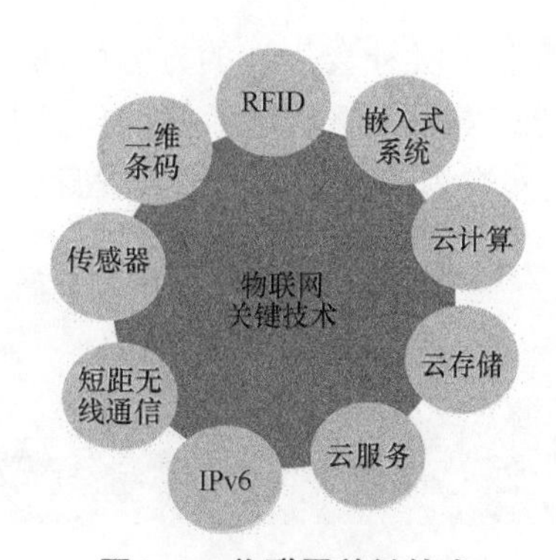

图1-3　物联网关键技术

物联网的核心技术包括传感器技术、RFID（射频识别技术）、网络与通信技术、云计算技术和嵌入式系统技术，下面我们分别来介绍一下物联网的核心技术。

（1）传感器技术

传感器是整个物联网系统工作的基础，正是因为有了传感器，物联网系统才有内容传递给“大脑”。

（2）RFID（射频识别技术）

RFID是一种无线通信技术，它可以通过无线电信号识别特定目标并读写数据。它被广泛应用于自动识别、物品物流管理等场景。

（3）网络通信技术

网络通信技术涉及近程通信技术和远程通信技术。近程通信包括蓝牙、RFID等，远程通信包括组网、网关等。

（4）云计算技术

云计算是分布式计算、并行计算、效用计算、网络存储、虚拟化、负载均衡、热备份冗余等传统计算机和网络技术发展融合的产物。物联网通过传感器采集到难以估量的数据量，云计算可以对这些海量的数据进行智能处理。云计算是物联网发展的基石，而物联网又是云计算典型的应用场景，促进着云计算的发展。

（5）嵌入式系统技术

嵌入式系统技术是融合了传感器技术、集成电路技术、计算机软硬件、电子应用技术为一体的复杂技术。如果把物联网比喻为一个人，传感器就相当于人的眼睛、鼻子、皮肤等；网络就是人的神经系统，用来传递信息；嵌入式系统则是人的大脑，物联网在接收到信息后对其进行分类处理。

4. 物联网技术体系架构

物联网的系统架构可划分为3个层次：感知层，网络层和应用层。图1-4为物联网体系架构图。

① 感知层：即利用传感器、RFID、二维码等随时随地获取物体的信息。

② 网络层：通过各种电信网络与互联网的融合，将物体的信息实时准确地传递出去。

③ 应用层：其把从感知层得到的信息进行处理，实现智能化识别、定位、跟踪、监控和管理等实际应用。

5. 物联网应用领域

物联网应用涉及国民经济和人类社会生活的方方面面，我们在日常生活中最常见的包括智能家居、智慧医疗、智慧农业、智能物流等。信息时代，物联网无处不在，从智能家居到可穿戴设备再到互联网汽车，越来越多的人置身于物联网中。

【说一说】

你身边有哪些物联网设备呢？它们是应用了哪些技术呢？

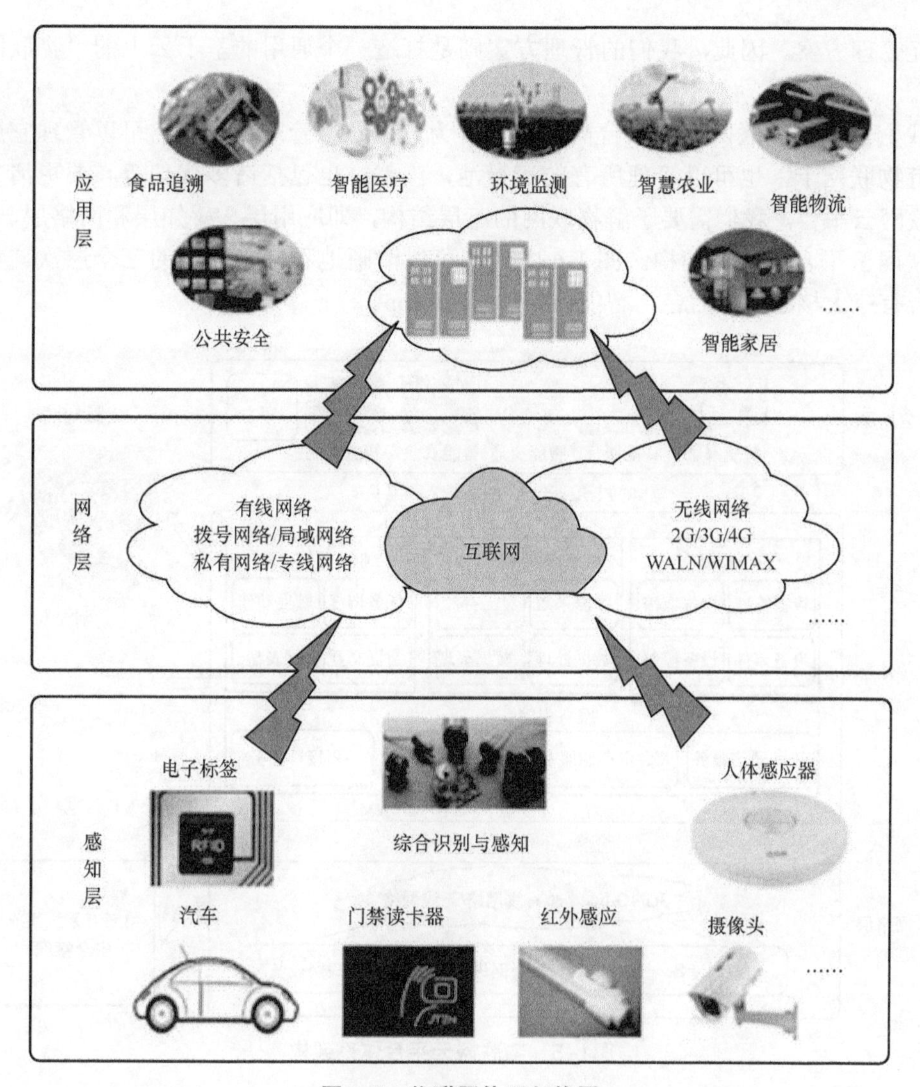

图1-4 物联网体系架构图

6. 物联网发展前景

物联网，已经不再是一个概念，它已经悄悄地走进了我们的生活。我们已经见到了太多物联网产品，如共享单车、共享充电宝、插座、冰箱、空调等这些司空见惯的生活用品纷纷被冠以“智能”二字。某机构预测，到 2020 年，全世界的物联网连接终端将达到 500 亿。物联网平台经过技术萌芽到产业发展逐渐清晰，其未来发展前景十分广阔。某 IT 公司预计，未来 5~10 年，物联网将会进入实质生产的高峰期。物联网将会成为下一次技术革命的主题。

1.1.2 物联网云平台

随着智能硬件和智能家居的普及，面对众多不同品牌、不同平台与 App 形态的终端设备，不论消费者还是智能硬件从业者都需要一个对多方设备具有统一接口与协同标准的交互管理方案。因此，我们的管理方案则是打造一个通用的基于云上的“物联网开放平台”。

我们可以把物联网开放平台简单地理解为一个超级管理系统，它可以管理它所生成的所有物联网卡，也可以管理所有的流量池，当然，也包括诸多代理等。要更清楚地理解物联网云平台，我们需要了解物联网的三层结构，即应用层、感知层和网络层。图 1-5 为物联网云平台的体系架构。图 1-6 中我们可以清晰地看出物联网的三个层次。物联网云平台有三大核心：云后台、智能硬件，移动 App。

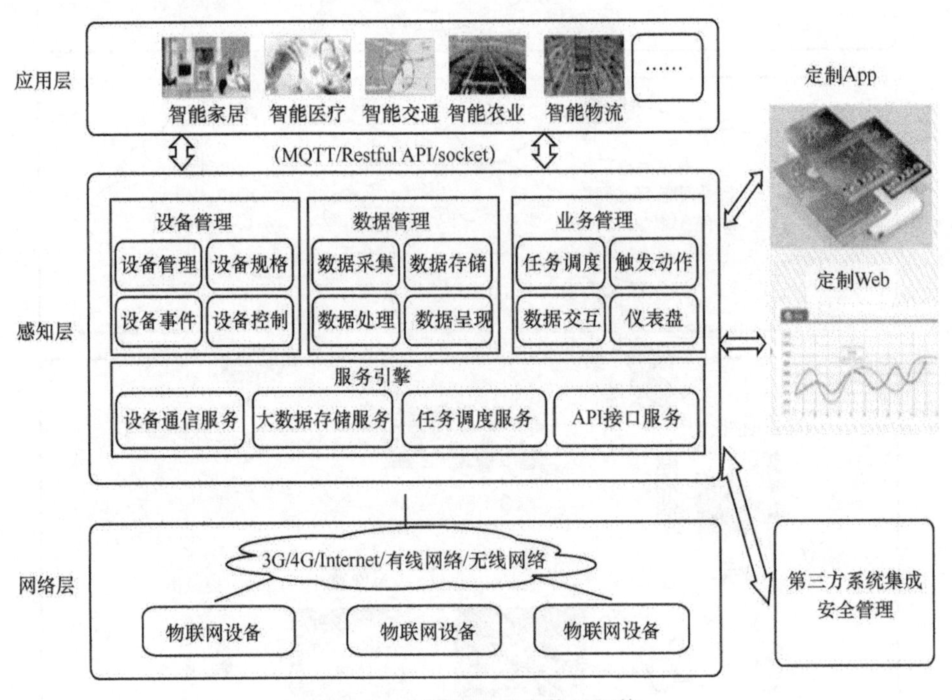

图1–5　物联网云平台体系架构

1. 云后台

云后台处于物联网核心层次中的应用层，其位于物联网三层结构中的最顶层，其功能为“处理”，即通过云计算平台进行信息处理。应用层可以对感知层采集数据进行存储、计算、处理和信息挖掘，从而实现对物理世界的实时控制、精确管理和科学决策。因此，后台开发无疑是整个平台的核心。

云后台的核心功能围绕两个方面：一是“数据”，后台需要完成数据的存储、管理和处理；二是“应用”，仅仅管理和处理数据还远远不够，必须将这些数据与各行业应用相结合。这就需要通过某种协议和智能设备相连，通过对设备产生的数据进行处理和分析，并采取相关措施。

云后台也可称为物联网云平台的中间件，其是一种独立的系统软件或服务程序，提供给物联网应用使用。其需要的核心技术还包括大数据和云计算，智能设备将会实时产生海量数据，大数据进行采集和分析。云计算可以助力大数据的计算和存储。因此，物联网云平台和云计算、大数据是密不可分的。

从功能角度上，云后台包括设备管理、数据管理、任务管理，服务引擎四大模块。

① 设备管理：包括设备管理、设备规格、设备事件，设备控制。

② 数据管理：包括数据采集、数据存储、数据处理，数据可视化。

③ 业务管理：包括任务调度、触发动作、数据交互，仪表盘。

④ 服务引擎：包括设备通信服务、大数据存储服务、任务调度服务，API 接口服务。

设备管理：将设备抽象为模板，通过模板批量生产设备，我们称之为设备规格。

数据管理：设备每天都会产生海量的数据，对于后台来说，我们看不见设备，数据无疑是最能体现设备状态的标准，我们通过数据采集、存储，并对其进行分析和处理，最终通过 Web 可视化展示，便能清楚地了解设备的所有状态。

业务管理：包括时间任务和触发动作，用户通过设定时间计划来控制设备，类似闹钟的工作原理。触发任务则是一种条件触发了一个动作，例如检测到室温达到 30℃，设备就会发出预警，以达到安防的目的。

服务引擎：云平台中的亮点部分

a. 通信服务采用 HTTP 和 MQTT。

b. 数据库根据业务特点采用了关系型数据库和非关系型数据库，关系型数据库强调数据的结构化，适合交易型事务处理；非关系型数据库采用了分布式存储技术，适合大规模并发、非结构化数据存储。

c. 在任务调度上，开发者可以进行自定义，配置时间计划。

d. 开放的 API 接口，其通过 Swagger 可视化，可供 Web、App 和硬件调用，后台接口十分丰富，为身处智能化大潮的传统硬件商家和物联网开发的爱好者提供统一的开发平台。

从技术角度上，云后台采用面向对象程序设计语言 Java 开发，采用的 SSM（Spring+SpringMVC+MyBatis）框架是当下企业中最为流行的开源框架，更易于开发者理解和使用；数据存储采用 MySql 和 MongoDb；API 接口服务采用 Swagger 可视化，它提高了可阅读性，方便统一管理；接口统一使用 token 加密验证，安全可靠。云后台是物联网云平台最核心的模块，也是一切接口调用的基础。

【知识拓展】

什么是 Swagger？

Swagger 是一个规范和完整的框架，其用于生成、描述、调用和可视化 RESTful 风格的 Web 服务。总体目标是使客户端和文件系统作为服务器以同样的速度来更新。

2. 智能硬件

智能硬件属于物联网的感知层，其位于物联网三层结构中的最底层，是信息采集的关键部分。感知层通过传感网络获取环境信息，包括二维码标签和识读器、RFID 标签和读写器、摄像头、GPS、传感器、M2M 终端、传感器等，其主要功能是识别物体、采集信息。通过图 1-5 可以看出，感知层通过网络和云后台相连，3G、4G、Internet、有线网络，无线传感网属于中间层中的网络层，通过某种协议与后台进行通信，其中包括 HTTP 和 MQTT 等。我们着重介绍一下 MQTT，MQTT（Message Queuing Telemetry Transport，消息队列遥测传输协议），是一种基于客户端 - 服务器的消息发布 / 订阅（publish/subscribe）传输协议。它构建于 TCP/IP 上。其最大的优点是轻量、简单、开放、易于实现。由于 MQTT 可以以极少的代码和有限的带宽，为连接远程设备提供实时可靠的消息服务，使其在物联网、小型设备、移动应用等方面有较广泛的应用。图 1-6 为智能硬件整体通信链路图。多个节点和网关相连，网关则通过 HTTP 或者 MQTT 和云后台进行通信。

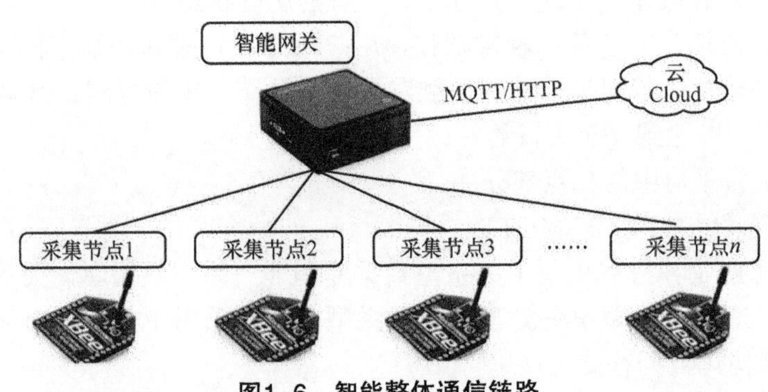

图1-6　智能整体通信链路

智能硬件的开发分为硬件开发和软件开发。硬件设计为智能硬件搭建外部骨骼框架，使其实体化，硬件开发分为：PCB 电路图设计、SMT 回流焊接、电路测试。软件设计则为硬件赋予大脑，使其拥有一定的逻辑处理能力，软件开发分为：MCU 主程序设计和网络程序设计。

3. 移动 App

自从终端智能化的概念兴起，App 就一直是各方关注的中心。智能产品提供的各项功能和服务中，游离于物理产品之外的 App 所承载的用户期待是最多的。移动物联网 App 定制发展预计在 2019 年将会有三分之二的消费者愿意选择投入物联网创业开发中，到了 2020 年全球将有 260 亿商业和工业物联网设备。

我们的 App 的特点是可通用、可定制化、用户体验性强，它主要包含设备模块，消息模块，场景模块，个人中心模块四大模块。设备模块可实现设备的统一管理、控制，历史数据可视化；消息模块可实现设备的实时预警，以及查看历史消息；场景模块可实现自定义场景，包括智能家居、智能医疗、智慧农业、智能交通等；个人中心模块统一管理个人信息，可提交意见反馈，更有利于平台版本的优化。

4. 三大核心之间的关系

图 1-7 所示为三大核心的关系。

移动 App 通过 Wi-Fi 或者蓝牙连接智能硬件，使云、智能硬件、App 能够彼此之间进行通信。通信协议可以是 HTTP、MQTT 等。智能硬件通过后台提供的接口不断地向云后台上传数据，云后台经过数据的分析和处理，提供接口给移动端，App 通过网络请求显示设备的数据。当用户进行操作时，App 将用户操作的数据上传到云平台，云平台经过数据处理，下发消息给智能硬件，智能硬件得到响应，以达到控制设备的目的。智能硬件和 App 的所有交互都要经过云平台这个中间媒介。

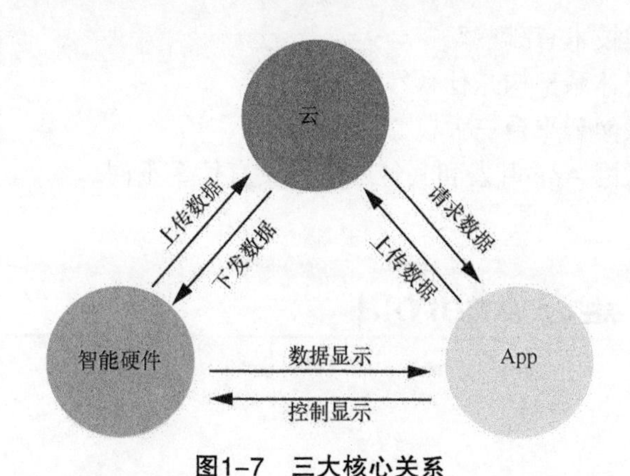

图1-7 三大核心关系

从物联网云平台的三层结构的发展来看，网络层已经非常成熟，感知层的发展也非常迅速，而应用层不管是从受到的重视程度还是实现的技术成果上，以前都落后于其他两个层面。但因为应用层可以为用户提供具体服务，与我们最紧密相关。云后台、Web 前端、移动 App 都是属于应用层，因此应用层的未来发展潜力巨大。

1.1.3 任务回顾

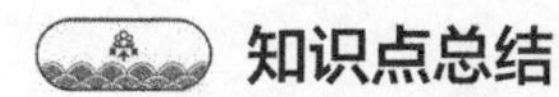

知识点总结

1. 物联网的概念和发展历程。
2. 物联网的关键技术及体系架构。
3. 物联网的应用领域和发展前景。
4. 物联网云平台的三大核心以及三者之间的关系。

学习足迹

图 1-8 所示为任务一的学习足迹。

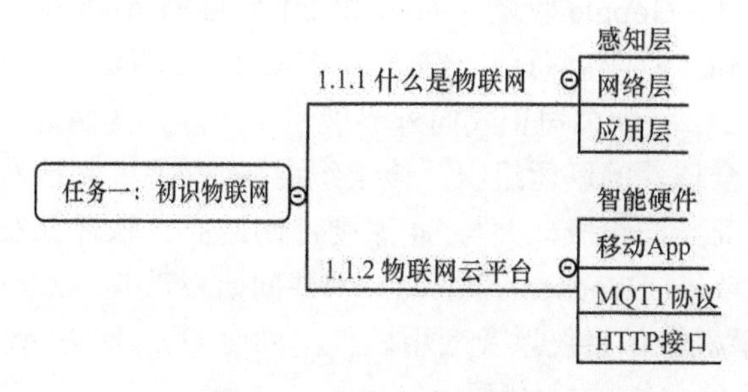

图1-8 任务一学习足迹

思考与练习

1. 物联网的关键技术有哪些？
2. 物联网的三层体系架构是什么？
3. 谈谈你对物联网云平台三大核心的理解。
4. 谈谈移动物联网 App 开发和其他应用开发有什么不同。

1.2 任务二：走进 Android

【任务描述】

Anne：Andrew，你做 Android 开发也有一段时间了，你知道 Android 名字和 Logo 的由来吗？

Andrew：你这样一问真的把我问到了，我只知道 Android 是基于 Linux 的开发源代码的操作系统。早期是由 Andy Rubin 等人创建的 Android 团队，后来被 Google 收购，Andy Rubin 成为了 Google 公司工程部副总裁，继续负责 Android 项目。之后，Google 以 Apache 免费开源许可证的授权方式，发布了 Android 的源代码。

Anne：不错嘛，知道的不少！但是我还要给你普及一下 Android 的前世今生！

1.2.1 Android发展历程

Android 一词最早出现在法国作家利尔亚当在 1886 年发表的科幻小说《未来夏娃》中，作者将外表像人类的机器起名为 Android，这就是 Android 小人名字的由来。Android 的 Logo 由 Ascender 公司设计，诞生于 2010 年，其设计灵感源于卫生间门上的图形符号，在灵感的启发下，设计师布洛克绘制了一个简单的机器人，它的躯干就像锡罐的形状，头上还有两根天线，Android 小机器人从此诞生了。接下来，我们再来看一下 Android 系统的发展历程。正如 Andrew 所说，Android 系统一开始并不是由谷歌研发出来的。

2003 年 10 月，Andy Rubin 等人创建 Android 公司，并组建 Android 团队。

2005 年 8 月 17 日，Google 收购了成立仅 22 个月的 Android 公司及其团队。Andy Rubin 成为 Google 公司工程部副总裁，继续负责 Android 项目。

2007 年 11 月 5 日，谷歌公司正式向外界展示了一款名为 Android 的操作系统，并且在这天宣布成立一个全球性的联盟组织，该组织由 34 家手机制造商、软件开发商、电信运营商以及芯片制造商共同组成，并与 84 家硬件制造商、软件开发商及电信营运商组成开放手持设备联盟（Open Handset Alliance）来共同研发改良 Android 系统，这一联盟将支持 Google 发布的手机操作系统以及应用软件，同时 Google 以 Apache 免费开源许可证的授权方式，发布了 Android 的源代码。

2008 年，在 Google I/O 大会上，Google 提出了 Android HAL 架构图。同年 8 月 18 日，Android 获得了美国联邦通信委员会（FCC）的批准。

2009 年 4 月，Google 正式推出了 Android1.5 操作系统，它被命名为 Cupcake（纸杯蛋糕）。

2009 年 9 月，Google 发布了 Android 1.6 操作系统，它被命名为 Donut（甜甜圈），并且推出了搭载 Android1.6 操作系统的手机，凭借着出色的外观设计以及全新的 Android 1.6 操作系统，它成为当时全球最受欢迎的手机。

2010 年 2 月，Linux 内核开发者 Greg Kroah-Hartman 将 Android 的驱动程序从 Linux 内核“状态树 (staging tree)”上除去。同年 5 月，Google 正式发布了 Android2.2 操作系统，它被命名为 Froyo（冻酸奶）。

2010 年 10 月，Google 宣布 Android 系统在应用市场上获得官方数字认证的 Android 应用数量已经达到了 10 万个，应用数量的增长非常迅速。同年 12 月，Google 正式发布了 Android 2.3 操作系统，它被命名为 Gingerbread（姜饼）。

2011 年 1 月，Google 称 Android 设备的每日新用户数量达到了 30 万部，到 2011 年 7 月，这个数字增长到 55 万部。持有 Android 系统设备的用户总数已达到了 1.35 亿。

2011 年 8 月 2 日，Android 手机已占据全球智能机市场 48% 的份额。

2011 年 9 月，Android 系统的应用数量已经达到了 48 万个。在智能手机市场，Android 系统的占有率已经达到了 43%。同年 Google 发布其全新的 Android 4.0 操作系统，它被命名为 Ice Cream Sandwich（冰激凌三明治）。

2012 年 1 月 6 日，Google Android Market（应用程序商店）已有超过 40 万的应用，大多数的应用程序为免费。

2013 年 11 月 1 日，Android 4.4 操作系统正式发布，其在功能和 UI 上做了很大改进。它新的操作系统更加时尚美观，它被命名为 KitKat (奇巧) 。

2014 年 6 月 26 日，在 Google I/O 开发者大会上，Google 正式推出了 Android 5.1 操作系统，这款系统是 Android 问世以来最大的升级，其在 UI 和性能上给用户以全新的体验，这款操作系统被命名为 lollipop(棒棒糖)。

2015 年，在 Google I/O 大会议上，代号为 Marshmallow（棉花糖）的 Android 6.0 系统正式推出。新操作系统在设备的续航能力上有了很大地提升。

2016 年 5 月 19 日，在美国加州举办的 Google I/O 开发者大会上，Google 发布了 Android N 平台，也就是 Android7.X 版本，并正式命名为 Nougat（牛轧糖）。它主要在运行时和图形处理上做了更新，软件运行效率提升了 3~5 倍，并且引入了全新的 JIT 编译器，使得 App 安装速度提升了 75%，编译代码的规模减少了 50%。

2017 年 8 月 21 日，Google 在纽约向全球同步直播日全食以及 AndroidO 发布会，也就是 Android8.0 版本，并正式命名为 Oreo（奥利奥）。Android O 的升级主要在以下两个方面。

①更流畅体验：画中画功能；Notification Dots，单击小红点显示通知信息；Autofill，更智能的智能填表；智能文本选择，双击自动文本选取。

②核心性能优化：安全升级，加入 Google Play Protect 界面；系统优化，启动速度加速两倍；电量管理，更严格地管控后台运行软件。

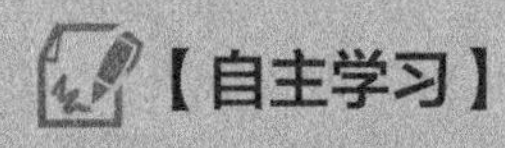

请利用互联网资源，了解 Android 系统发布的正式版本有哪些？

1.2.2 Android系统架构

Android 系统架构和其操作系统一样，采用了分层的架构。如图 1-9 所示，Android 系统分为四层，从高层到低层分别是应用程序层、应用程序框架层、系统运行库层和 Linux 内核层。

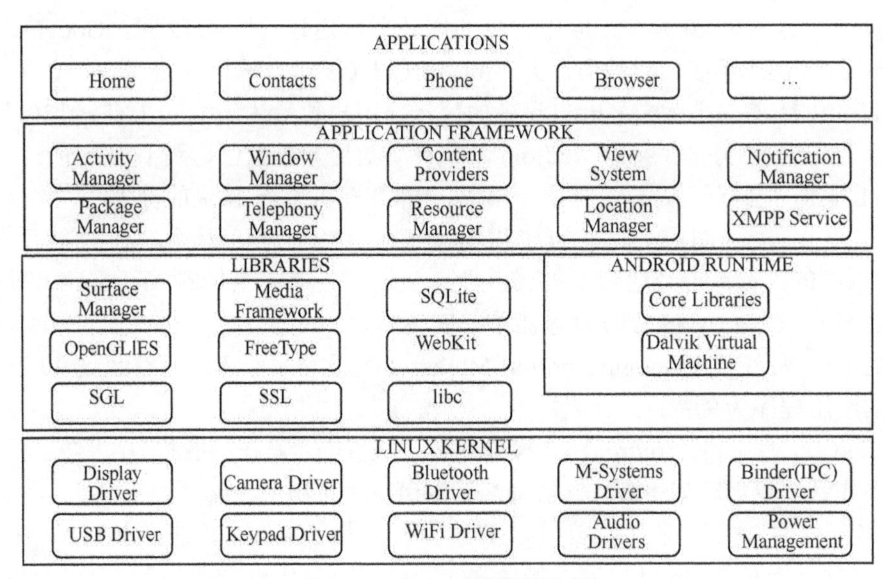

图1-9　Android系统架构图

1. 应用程序层

从图 1-9 中我们可以看出，Android 应用程序层包含了许多应用程序。例如，短信、联系人、电话、电子邮件、浏览器等。同时，开发人员也可以利用 Java 语言设计和编写属于自己的应用程序。相比其他手机操作系统，显得更加灵活和个性化。

2. 应用程序框架层

应用程序框架层是 Android 开发的基础，为应用程序层提供了各种所能用到的 API，很多核心应用程序也是通过这些 API 来实现的。由于其内部的组件重用机制，开发人员可以直接使用其提供的组件来快速地进行应用程序的开发，也可以通过继承来实现个性化的拓展。

在应用层中，各个部分行使着如下的功能。

Activity Manager（活动管理器）：管理各个应用程序的生命周期以及通常的导航回退功能。

Window Manager（窗口管理器）：管理所有的窗口程序。

Content Provider（内容提供器）：使得不同应用程序之间存取或者分享数据。

View System（视图系统）：构建应用程序的基本组件。

Notification Manager（通告管理器）：使得应用程序可以在状态栏中显示自定义的提示信息。

Package Manager（包管理器）：Android 系统内的程序管理。

Telephony Manager（电话管理器）：管理所有的移动设备功能。

Resource Manager（资源管理器）：提供应用程序使用的各种非代码资源，如本地化字符串、图片、布局文件、颜色文件等。

Location Manager(位置管理器)：提供位置服务。

XMPP Service（XMPP 服务）：提供 GoogleTalk 服务。

3. 系统运行库层

系统运行库层包括系统库和 Android Runtime。系统库是应用程序框架的支撑，是连接应用程序框架层与 Linux 内核层的重要纽带。程序在 Android Runtime 中执行，其运行时分为核心库和 Dalvik 虚拟机两部分。

在系统运行层中，各个部分的作用如下。

Surface Manager：执行多个应用程序时，其负责管理显示与存取操作间的互动，另外也负责 2D 绘图与 3D 绘图进行显示合成。

Media Framework：多媒体库，基于 PacketVideo OpenCore；支持多种常用的音频、视频格式录制和回放，编码格式包括 MPEG4、MP3、H.264、AAC、ARM。

SQLite：小型的关系型数据库引擎。

OpenGL ES：根据 OpenGLES 1.0API 标准实现的 3D 绘图函数库。

FreeType：提供点阵字与向量字的描绘与显示。

WebKit：一套网页浏览器的软件引擎。

SGL：底层的 2D 图形渲染引擎。

SSL：在 Andorid 的通信过程中实现握手。

Libc：从 BSD 继承来的标准 C 系统函数库，专门为基于 embedded linux 的设备定制。

核心库：核心库提供了 Java 语言 API 中的大多数功能，同时也包含了 Android 的一些核心 API，如 android.os、android.net、android.media 等。

Dalvik 虚拟机：Dalvik 虚拟机是一种基于寄存器的 Java 虚拟机。每个 Android 应用程序都有一个专有的进程，并且不是多个程序运行在一个虚拟机中，而是每个 Android 程序都有一个 Dalivik 虚拟机的实例，并在该实例中执行。

4. Linux 内核层

Android 操作系统是基于 Linux 内核，其核心系统服务如安全性、内存管理、进程管理、网路协议以及驱动模型都依赖于 Linux 内核。Linux Kernel 也作为硬件和软件之间的抽象层，它隐藏了具体硬件细节并为上层提供统一的服务。

1.2.3　Android应用组件

Android 开发四大组件分别是：活动（Activity)，用于表现功能；服务（Service)，用于后台运行服务，不提供界面呈现；广播接收器（Broadcast Receiver），用于接收广播；内容提供商（Content Provider），支持在多个应用中存储和读取数据，相当于数据库。

1. Activity

一个Activity通常展现为一个可视化的用户界面，它是Android程序与用户交互的窗口，也是Android组件中最基本也是最复杂的一个组件。从视觉效果来看，一个Activity占据当前的窗口，响应所有窗口事件，其具备控件，菜单等界面元素。从内部逻辑来看，Activity需要为了保持各个界面状态，做很多持久化的事情，还需要妥善管理生命周期和一些转跳逻辑。对于开发者而言，需要派生一个Activity的子类，进而进行编码实现各种功能方法。一般一个Android应用是由多个Activity组成的，Activity之间通过Intent进行通信。在Intent的描述结构中，有两个最重要的部分：动作和动作对应的数据。Android应用中每一个Activity都必须要在AndroidManifest.xml配置文件中声明，否则系统将不识别也不执行该Activity。

2. Service

一个Service是一段长生命周期且没有用户界面的程序，只能后台运行，并且可以和其他组件进行交互，它可以用来开发如监控类程序。

我们以音乐播放器为例。当你打开其他应用的时候，音乐还在后台播放。在这个例子中，媒体播放器这个activity会使用Context.startService()来启动一个service，从而可以在后台保持音乐的播放。同时，系统也将保持这个service一直执行，直到这个service运行结束。另外，我们还可以通过使用Context.bindService()方法，连接到一个service上（如果这个service还没有运行将启动它）。当连接到一个service之后，我们可以通过service提供的接口与它进行通信。

服务不能自己运行，它需要通过Contex.startService()或Contex.bindService()启动服务。同Activity一样，Service也必须要在AndroidManifest.xml配置文件中注册。

3. Broadcast Receiver

广播是一种被广泛运用在应用程序之间传输信息的机制，而Broadcast Receiver是对发送出来的广播进行过滤接收并响应的一类组件。广播接收器没有用户界面，但它们可以启动一个activity或service来响应它们收到的信息，或者用NotificationManager来通知用户。通知可以用多种方式来吸引用户的注意力——闪动背灯、震动、播放声音等。一般来说是在状态栏上放一个持久的图标，用户可以打开它并获取消息。Broadcast Receiver既可以在AndroidManifest.xml中注册，也可以在运行时的代码中使用registerReceiver()进行注册。

广播分为：普通广播（Normal Broadcast）、系统广播（System Broadcast）、有序广播（Ordered Broadcast）、粘性广播（Sticky Broadcast）、App应用内广播（Local Broadcast）。

4. Content Provider

内容提供者，作为应用程序之间唯一的共享数据途径，Content Provider主要的功能就是存储并检索数据以及向其他应用程序提供访问数据的接口。在Android中，对数据的保护是很严密的，除了放在SD卡中的数据，一个应用所持有的数据库、文件等内容，都不允许其他应用直接访问。但是可以通过ContentResolver类从该内容提供者中获取或存入数据。

ContentProvider 使用 URI 来唯一标识其数据集，这里的 URI 以 content：// 作为前缀，表示该数据由 Content Provider 来管理。Content Provider 使用时也必须要在 AndroidManifest.xml 配置文件中注册。

Android 四大组件中，除了 Content Provider 是通过 Content Resolver 激活外，其他 3 种组件 Activity、Service 和 Broadcast Receiver 都是由 Intent 异步消息激活的。Intent 在不同的组件之间传递消息，将一个组件的请求意图传给另一个组件。因此，Intent 是包含具体请求信息的对象。针对不同的组件，Intent 所包含的消息内容有所不同，不同组件的激活方式也不同，不同类型组件传递 Intent 的方式更不同。Intent 是一种运行时绑定（runtime binding）机制，它能够在程序运行过程中连接两个不同的组件。

【想一想】

Android 四大组件有什么相同点和不同点呢？

1.2.4 Android平台优势

Android 操作系统发展到今天，已经成为全球用户数量最多、覆盖领域最广的手持设备操作系统，其飞速发展也得益于以固有的特性和优势。

1. 开放性、开源、免费、可定制

Android 最大的优势就是它的开放性，开放的平台吸引着越来越多的开发者，开源的代码库、免费的开发软件、社区、第三方开源共享，在带来巨大竞争的同时也使得 Android 在开放的平台中显得日益成熟。

2. 运营商对网络的发展

网络的不断发展带来了更多强大的用户体验。

3. 更加丰富的硬件选择

由于 Android 的开放性，很多厂商为了吸引用户，会在 Android 系统的基础上加以改造，推出功能特色各具的产品，而同时不会影响到数据同步、甚至软件的兼容，用户体验也不断丰富。

4. 软件开发中的不受限制

由于 Android 的开放性使得第三方开发商可以自由地开发需要的软件，众多的开源代码库也使得开发变得更加简单方便，软件的功能也是不断地推陈出新、不断地强大。也使得 Android 的软件在应用市场中占据着一定的份额。

5. 无缝结合的 Google 应用

Android 手机可以无缝结合 Google 推出的其他服务，如地图、邮件、搜索等，Android 也可以通过第三方应用平台支持与其他应用的结合，如：高德地图、百度地图等。

1.2.5 任务回顾

知识点总结

1. Android 的发展历程。
2. Android 的系统架构。
3. Android 系统四大组件。
4. Android 平台的优势。

学习足迹

图 1-10 所示为任务二的学习足迹。

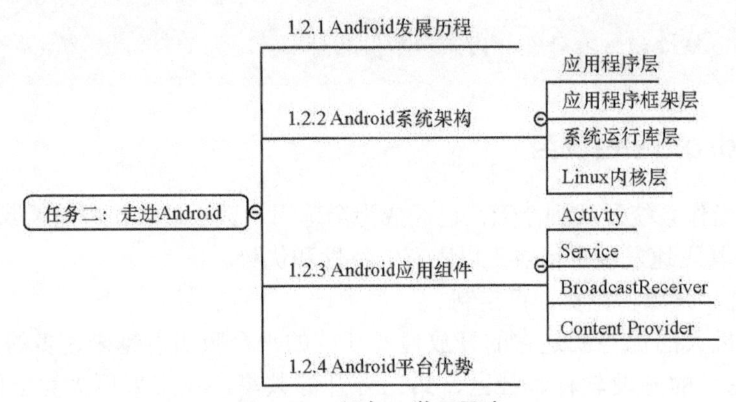

图1–10 任务二学习足迹

思考与练习

1. Android 的系统版本有哪些？它们分别被命名为什么？
2. Android 的系统架构分为哪几层？
3. Android 的四大组件是哪几个？
4. 浅谈 Android 平台的优势有哪些？

1.3 任务三：搭建 Android Studio 开发环境

【任务描述】

Andrew 在熟悉了物联网项目之后，他就开始着手环境搭建了。他在认真地配置 Java 环境变量和 Eclipse。Anne 微笑着拍拍他的肩膀……

Andrew：Anne，难道我们开发不使用 Eclipse 吗？

Anne：Eclipse 是元老级的开发工具，工程师早期开发 Android 都使用过这个软件。2013 年，Google 推出了 Android Studio 开发环境，我们就和 Eclipse 说再见了。

1.3.1　Android Studio简介

1. Android Studio

Android Studio 是基于 IntelliJ IDEA 的 Google 官方 Android 应用开发集成开发环境。除了 IntelliJ IDEA 强大的代码编辑器和开发者工具，Android Studio 提供了更多可提高 Android 应用构建效率的功能。例如以下。

① 基于 Gradle 的灵活构建系统。

② 快速且功能丰富的模拟器。

③ 可针对所有 Android 设备进行开发的统一环境。

④ Instant Run，可将变更推送到正在运行的应用，无需构建新的 APK。

⑤ 可帮助用户构建常用应用功能和导入示例代码的代码模板和 GitHub 集成。

⑥ 丰富的测试工具和框架。

⑦ 可捕捉性能、易用性、版本兼容性以及其他问题的 Lint 工具。

⑧ C++ 和 NDK 支持。

⑨ 内置对 Google 云端平台的支持，可轻松集成 Google Cloud Messaging 和 App 引擎。

【知识拓展】

什么是 Gradle？

Gradle 是基于 Apache Ant 和 Apache Maven 概念的项目自动化建构工具，支持大部分 Java 语言库。它使用一种基于 Groovy 的特定领域语言 (DSL) 来声明项目设置，抛弃了基于 XML 的各种繁琐配置。在 Android Studio 中默认采用 Gradle 作为项目构建工具。

2. Android Studio 安装系统要求

（1）Windows

Windows 系统要求见表 1-1。

表1–1　Windows系统要求

系统	Microsoft® Windows® 8/7/Vista/2003（32位或64位）
内存	最低：2GB RAM，推荐：4GB RAM
存储	400MB 硬盘空间
SDK/模拟器	Android SDK、模拟器系统映像及缓存至少需要1GB空间
分辨率	最低屏幕分辨率：1280 × 800
JDK	Java 开发工具包 (JDK) 7
硬件加速	支持Intel® VT–x、Intel® EM64T(Intel® 64)和禁止执行(XD)位功能的Intel®处理器

（2）Mac OS X

Mac OS X 系统要求见表 1-2。

表1-2　Mac OS X系统要求

系统	Mac® OS X® 10.8.5 或更高版本
存储	400MB硬盘空间
SDK/模拟器	Android SDK、模拟器系统映像及缓存至少需要1GB空间
分辨率	最低屏幕分辨率：1280 × 800
JRE/JDK	Java运行组件环境(JRE) 6, Java 开发工具包 (JDK) 7
硬件加速	支持Intel® VT-x、Intel® EM64T (Intel® 64)和禁止执行(XD)位功能的Intel®处理器

（3）Linux

Linux 系统要求见表 1-3。

表1-3　Linux系统要求

系统	GNU网络对象模型环境或KDE桌面 GNU C Library (glibc) 2.15或更高版本
内存	最低：2GB RAM，推荐：4GB RAM
存储	400MB 硬盘空间
SDK/模拟器	Android SDK、模拟器系统映像及缓存至少需要1GB空间
分辨率	最低屏幕分辨率：1280 × 800
JDK	Oracle® Java开发工具包(JDK) 7
测试	已在Ubuntu® 14.04 (Trusty Tahr)（能够运行32位应用的64位分发）上进行了测试

1.3.2　Java环境变量配置

Android Studio 使用 Java 编译环境构建，因此在开始使用 Android Studio 之前我们需要确保已经安装 Java 开发工具包（JDK）。JDK 包含运行 Java 所必须的 JRE（Java Running Environment）以及开发过程中常用的库文件。图 1-11 为 JDK 下载示意。如果我们的电脑已经安装了 JDK，并且 JDK 运行版本是 1.7 或更高的话，则可以跳过此节。

如图 1-11 所示，接受 Accept License Agreement，根据自己电脑的操作系统版本，下载对应的 JDK 版本。

1. JDK 安装

JDK 的安装很简单，直接双击所下载的 JDK 文件，即可进行安装。以下是主要的安装步骤：

① 双击下载的 JDK 文件后进入安装界面，如图 1-12 所示。

② 单击下一步按钮，进入自定义安装界面，如图 1-13 所示，在本界面可以选择需要安装的功能和自定义安装路径。

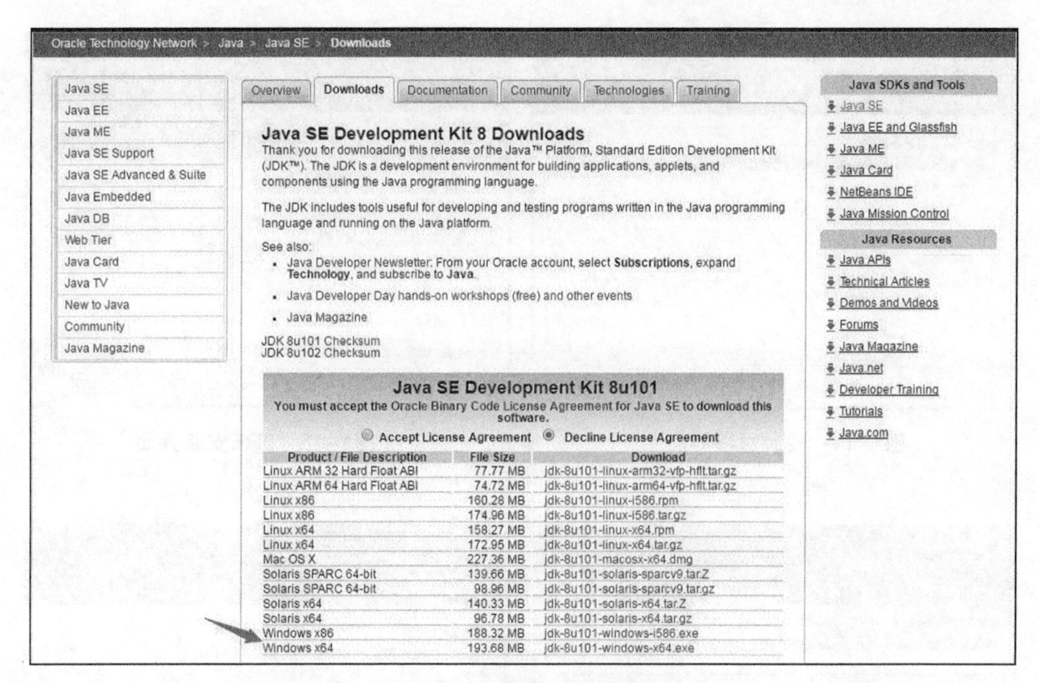

图1-11 JDK下载示意

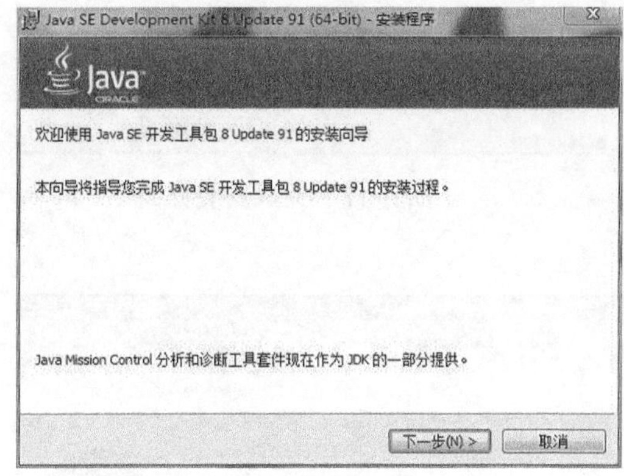

图1-12 JDK安装界面

图1-13 自定义安装界面

③ 单击下一步按钮，执行安装过程，如图 1-14 所示。

④ 安装过程中，弹出 JRE 的安装路径设置界面，如图 1-15 所示，默认安装即可。

⑤ 单击下一步按钮，执行安装过程，如图 1-16 所示。

⑥ 单击完成按钮，完成 JDK 的安装，如图 1-17 所示。

2. 环境变量配置

进行环境变量配置的步骤如下。

①选择“我的电脑”或者“计算机”，右键属性，显示系统界面，如图 1-18 所示。

② 打开高级系统设置，选择高级选项卡，如图 1-19 所示。

③ 单击环境变量按钮，进入环境变量配置界面，如图 1-20 所示。

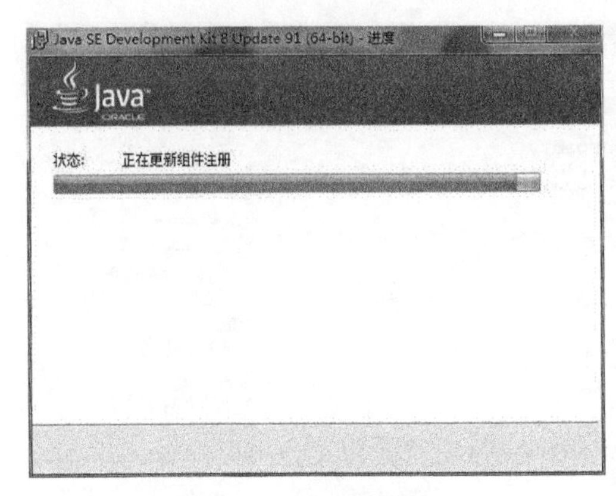

图1-14 安装过程界面

图1-15 JRE安装界面

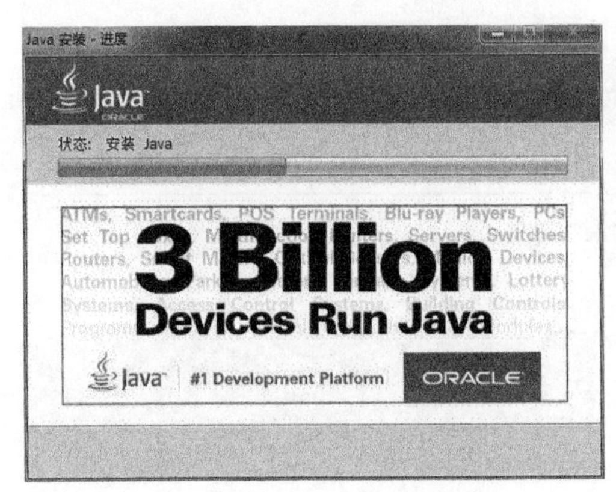

图1-16 JRE安装过程界面

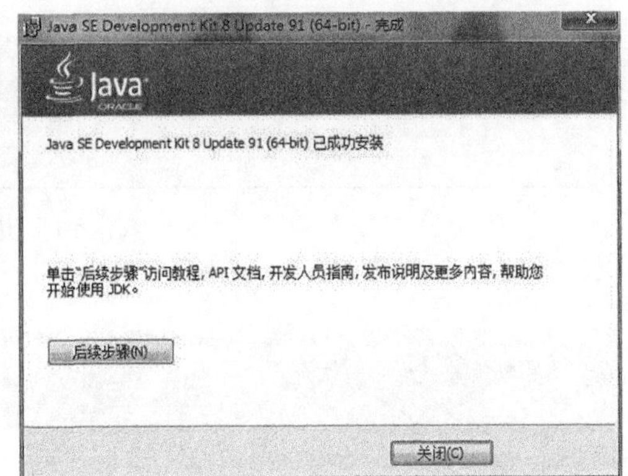

图1-17 完成安装界面

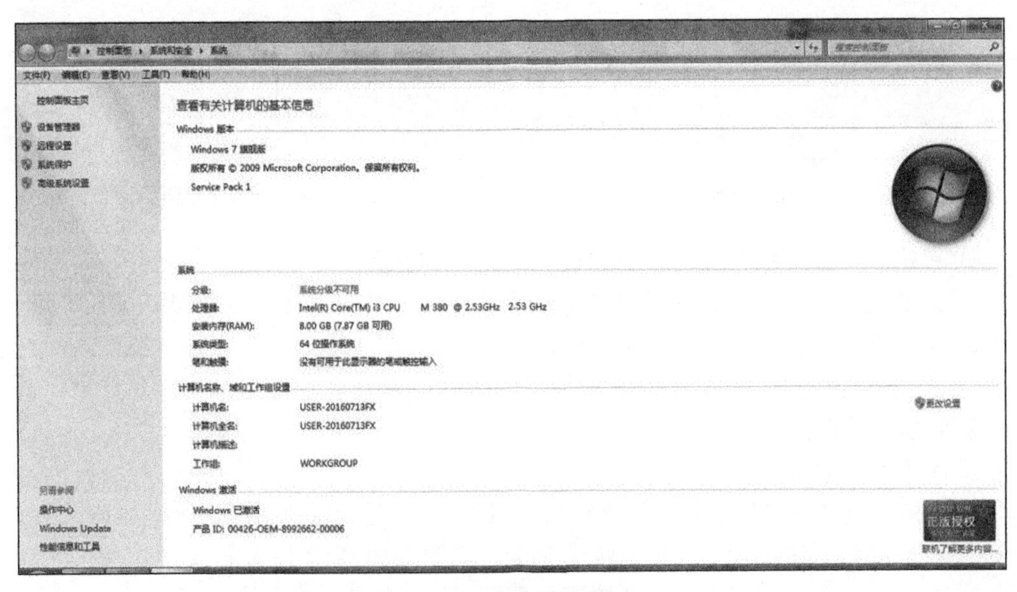

图1-18 电脑系统界面

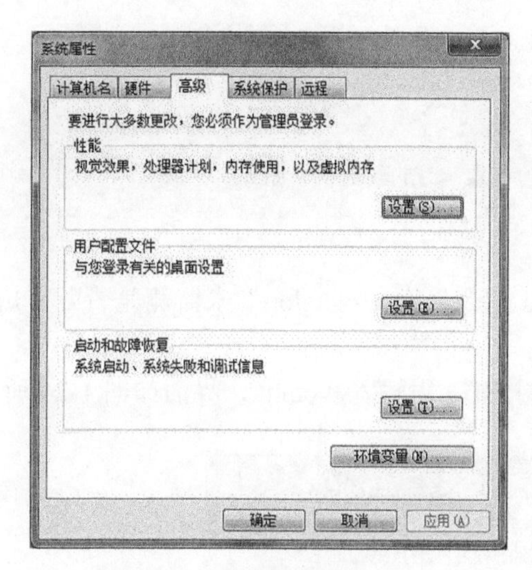

图1-19　系统属性界面

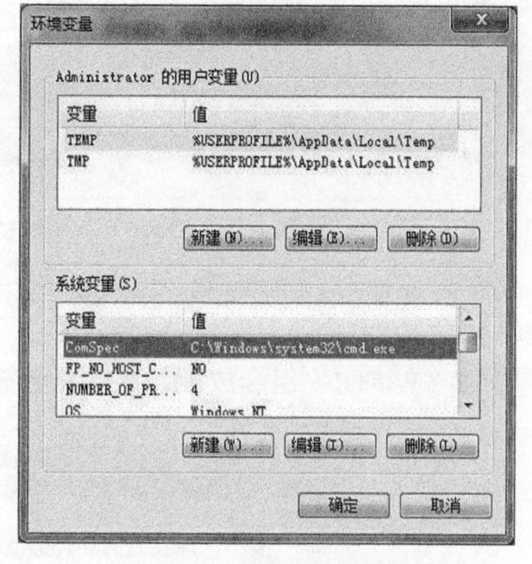

图1-20　环境变量设置界面

④ 在用户变量下，新建用户变量。变量名“JAVA_HOME”，变量值“C:\Program Files\Java\jdk1.8.0_91”（这个是 JDK 的安装路径），如图 1-21 所示。

⑤ 在系统变量下寻找 Path 变量（这个是系统自带的），在变量值的最前面添加变量值“：%\bin：%JAVA_HOME%\jre\bin;c:\Progra”，如图 1-22 所示。

图1-21　配置用户变量

图1-22　配置Path变量

⑥ 在系统变量下，新建系统变量。变量名“CLASSPATH”，变量值“HOME%\lib;%JAVA_ HOME%\lib \tools.jar”，如图 1-23 所示。

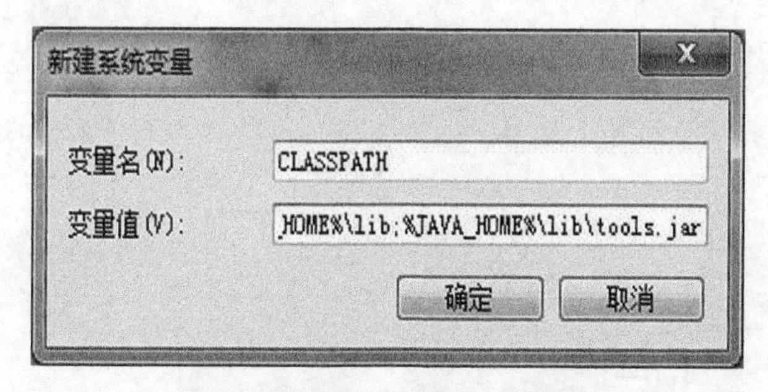

图1-23　配置CLASSPATH变量

⑦ 单击确定，关闭环境变量配置窗口，完成配置过程。

【注意】

这里在结尾有个英文分号，用于和后面的变量值间隔。

3. 检测是否配置成功

配置完 Java 环境变量后，可以使用 cmd 指令“java -version”来监测是否配置成功。步骤如下。

① 按“Win+R”组合按键，运行界面被打开，再输入“cmd”，界面如图 1-24 所示。

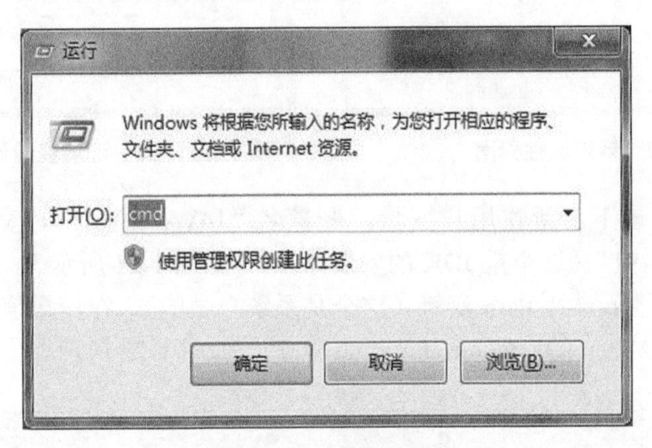

图1-24　系统运行窗口

② 单击“确定”，输入“Java-version”，返回 JDK 版本信息，如图 1-25 所示，它表示 JDK 环境变量配置成功，并会显示你安装的 JDK 版本等信息。

图1-25　JDK配置检测界面

1.3.3　Android Studio的下载和安装

1. 下载

Google 官网下载界面如图 1-26 所示。

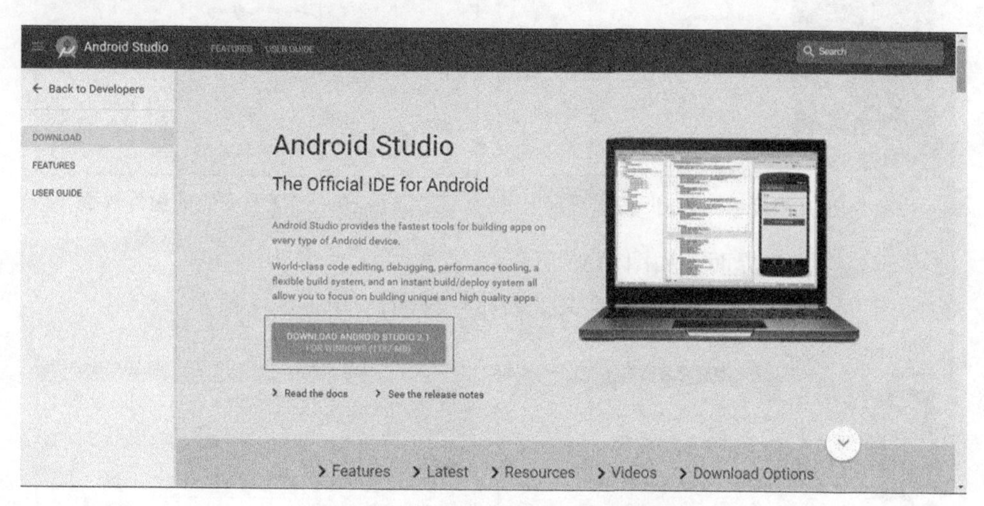

图1-26　Android Studio下载界面

国内的下载界面如图 1-27 所示。

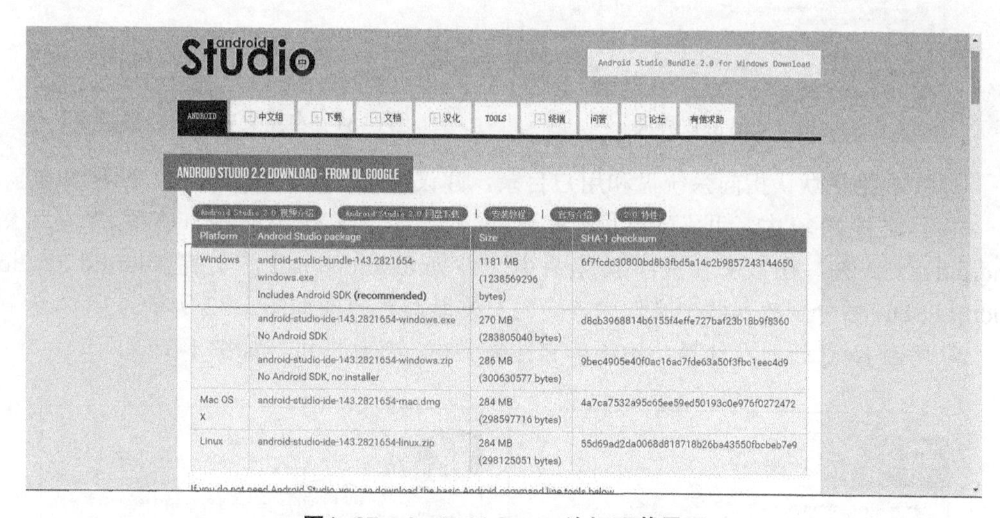

Platform	Android Studio package	Size	SHA-1 checksum
Windows	android-studio-bundle-143.2821654-windows.exe Includes Android SDK **(recommended)**	1181 MB (1238569296 bytes)	6f7fcdc30800bd8b3fbd5a14c2b9857243144650
	android-studio-ide-143.2821654-windows.exe No Android SDK	270 MB (283805040 bytes)	d8cb3968814b6155f4effe727baf23b18b9f8360
	android-studio-ide-143.2821654-windows.zip No Android SDK, no installer	286 MB (300630577 bytes)	9bec4905e40f0ac16ac7fde63a50f3fbc1eec4d9
Mac OS X	android-studio-ide-143.2821654-mac.dmg	284 MB (298597716 bytes)	4a7ca7532a95c65ee59ed50193c0e976f0272472
Linux	android-studio-ide-143.2821654-linux.zip	284 MB (298125051 bytes)	55d69ad2da0068d818718b26ba43550fbcbeb7e9

图1-27　Android Studio论坛下载界面

2. 安装 Android Studio

Android Studio 安装很简单，下面我们来详细介绍一下。

①双击下载的 exe 可执行文件，执行安装，安装界面如图 1-28 所示。

②单击 Next 按钮，Select components to install（选择要安装的组件），默认都勾选。完成后单击 Next 按钮，如图 1-29 所示。

图1-28　Android Studio安装界面

图1-29　选择要安装的组件界面

③ 显示安装协议界面，如图 1-30 所示。

④ 单击 I Agree 按钮，进入自定义安装路径界面，如图 1-31 所示。

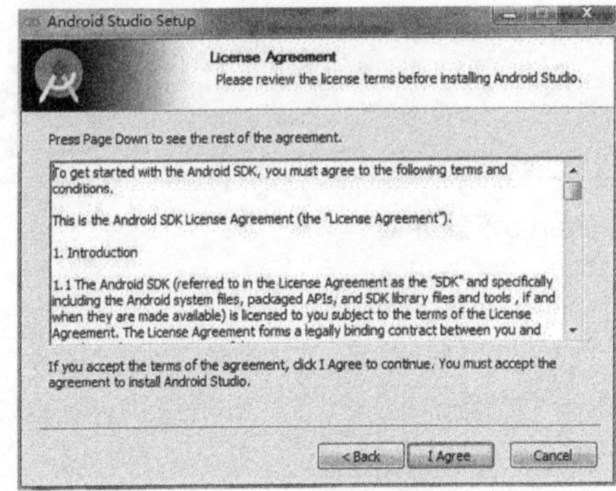

图1-30　安装协议界面

图1-31　自定义安装路径界面

⑤ 安装路径默认指向系统盘和用户目录，建议使用自定义安装路径，示例如下。

由于软件比较大，我们可以参考下面进行自定义安装路径，在系统盘下新建 Android1 文件夹，在该文件夹下新建两个文件夹 Studio 和 sdk，安装 Android Studio 和 Android SDK 后分别放入两个文件中，自定义安装路径界面如图 1-32 所示。

⑥ 单击 Next 按钮，选择开始菜单文件夹名称，默认即可，如图 1-33 所示。

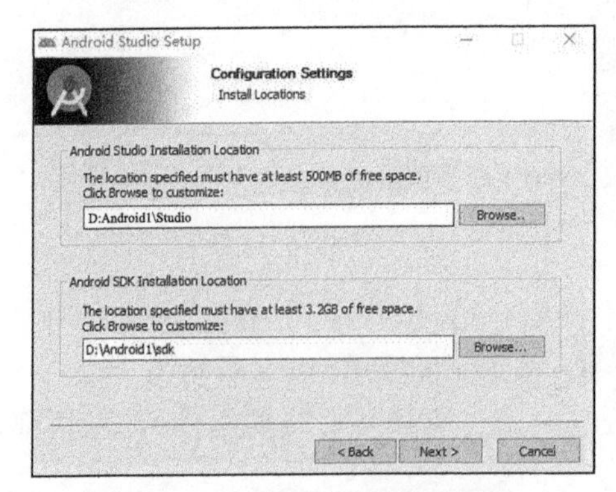

图1-32　自定义安装路径界面

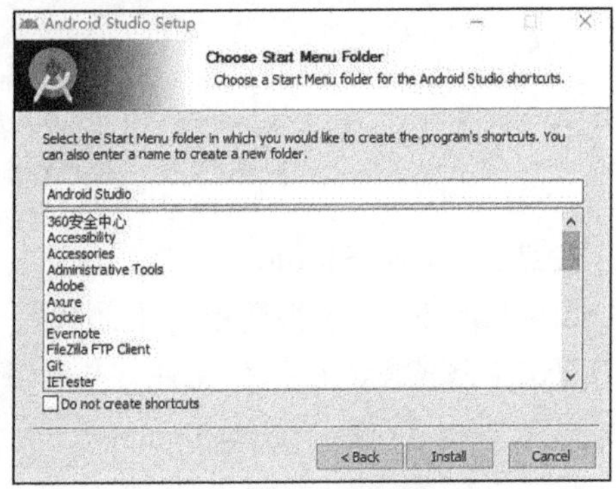

图1-33　自定义启动菜单文件夹名称

⑦ 单击 Install 按钮，开始安装，安装过程如图 1-34 所示。

⑧ 安装完成，如图 1-35 所示，单击 Finish 按钮完成 Android Studio 的安装。

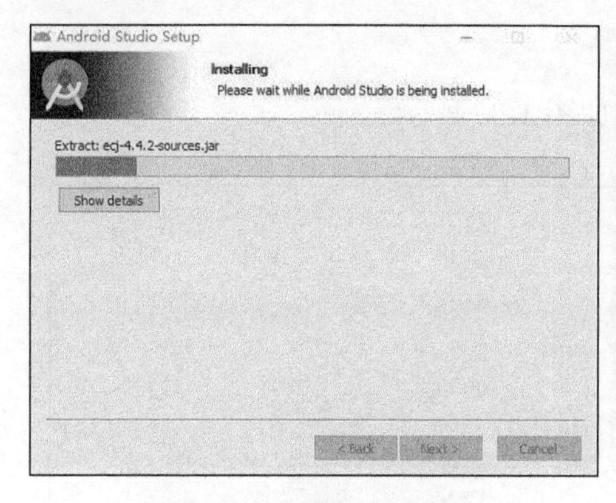

图1-34　安装过程界面

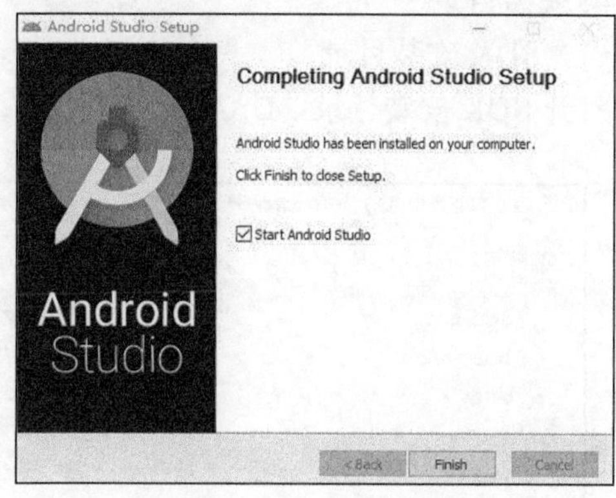

图1-35　安装完成界面

3. 启动 Android Studio

Android Studio 启动界面如图 1-36 所示。

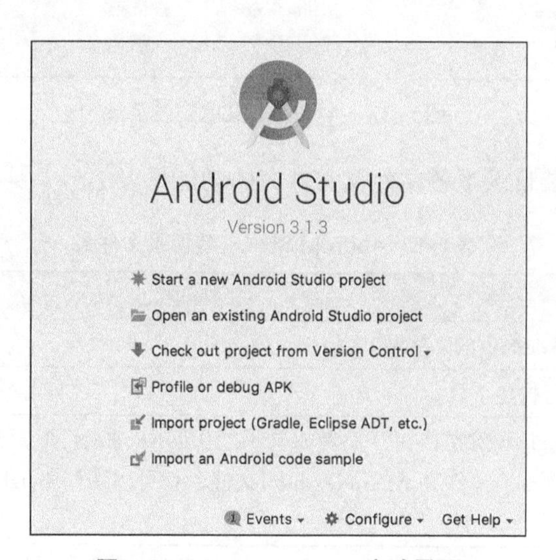

图1-36　Android Studio启动界面

Android Studio 启动界面说明见表 1-4。

表1-4　Android Studio启动界面说明

名称	功能
Start a new Android Studio project	新建一个Android Studio项目
Open an existing Android Studio project	打开一个Android Studio项目
Check out project from Version Control	从版本仓库中检出一个项目
Import project（Eclispe ADT, Gradle, etc.）	导入Eclipse +ADT的Android项目
Import an Android code sample	导入Android系统的示例代码

为了更好地使用 Android Studio 和 SDK，我们分别来了解一下它们的安装目录，以及各个文件或文件夹的功能。

4. 安装目录

（1）SDK 安装目录

打开 SDK 安装目录：D:\Android1\sdk，如图 1-37 所示。

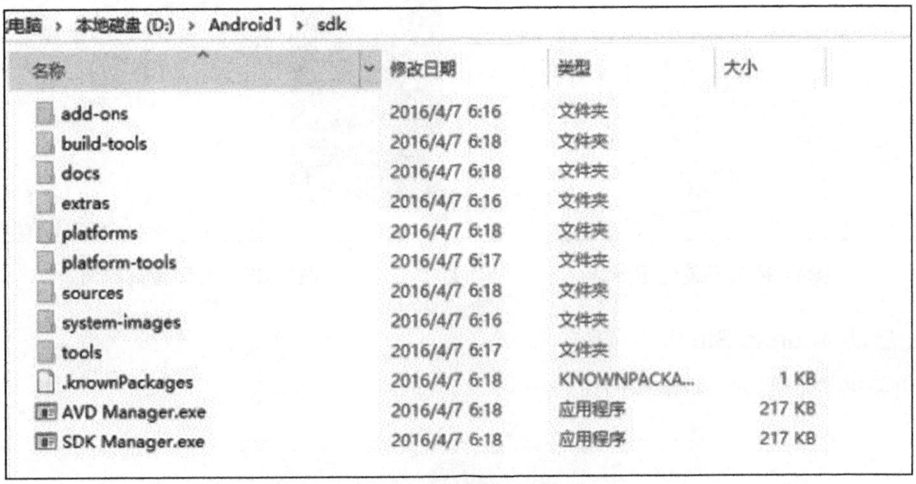

电脑 › 本地磁盘 (D:) › Android1 › sdk

名称	修改日期	类型	大小
add-ons	2016/4/7 6:16	文件夹	
build-tools	2016/4/7 6:18	文件夹	
docs	2016/4/7 6:18	文件夹	
extras	2016/4/7 6:16	文件夹	
platforms	2016/4/7 6:18	文件夹	
platform-tools	2016/4/7 6:17	文件夹	
sources	2016/4/7 6:18	文件夹	
system-images	2016/4/7 6:16	文件夹	
tools	2016/4/7 6:17	文件夹	
.knownPackages	2016/4/7 6:18	KNOWNPACKA...	1 KB
AVD Manager.exe	2016/4/7 6:18	应用程序	217 KB
SDK Manager.exe	2016/4/7 6:18	应用程序	217 KB

图1-37　Android SDK安装目录

Android SDK 安装目录下各文件及文件夹的功能见表 1-5。

表1-5　Android SDK安装目录文件夹

名称	功能
add-ons	Google提供的一些API文档
build-tools	项目构建工具
docs	Google开发文档，开发者如果不能访问Google官网，可以断开电脑网络连接，打开docs文件夹下的index.html文件，就可以访问Google提供的全部开发文档资料了
extras	一些新增的资源包，里面包含Android开发中高版本向低版本兼容
platform	当前sdk中拥有的Android编译平台，也就是可编译到的android版本
platform-tools	平台工具，里面的adb.exe比较常用
sources	Android系统和应用的源码
system-images	系统虚拟机镜像
tools	包含一些辅助开发工具，里面的draw9patch.bat工具比较常用，用于制作9patch图片
AVD Manager.exe	查看当前的虚拟机列表
SDK Manager.exe	查看SDK，可以在里面下载编译平台、辅助工具、构建工具等

（2）Android Studio 安装目录

打开 Android Studio 安装目录：D:\Android\Studio，如图 1-38 所示。

此电脑 › 本地磁盘 (D:) › Android1 › Studio

名称	修改日期	类型	大小
bin	2016/4/27 15:30	文件夹	
gradle	2016/4/27 15:30	文件夹	
lib	2016/4/27 15:30	文件夹	
license	2016/4/27 15:30	文件夹	
plugins	2016/4/27 15:30	文件夹	
build.txt	2016/4/5 16:04	文本文档	1 KB
LICENSE.txt	2016/4/5 16:05	文本文档	12 KB
NOTICE.txt	2016/4/5 16:05	文本文档	1 KB
uninstall.exe	2016/4/6 4:04	应用程序	2,303 KB

图1–38　Android Studio 安装目录

Android Studio 安装目录下各文件及文件夹的功能见表 1-6。

表1–6　Android Studio安装目录文件夹

名称	功能
bin	与Android Studio有关的一些工具
gradle	Android Studio采用的工程构建工具
lib	开发环境依赖的一些架包
license	开发环境的相关证书文件
plugins	Android Studio集成的一些插件，你也可以自己安装额外的插件
uninstall.exe	可以干净地卸载Android Studio

1.3.4 Android Studio基本使用

1. 新建工程

① 在软件启动完成界面，单击“Start a new Android Studio project”，我们开始创建第一个 Android Studio 项目——My Application，这里需要指定项目名称、公司域名和项目位置，这里只作为测试，因此全部选择默认。如图 1-39 所示。我们在正式开发时需要按实际情况填写。

② 单击 Next 按钮，选择开发目标设备和兼容的最低版本，如图 1-40 所示。

③ 单击 Next 按钮，添加一个启动运行页面（默认选择 Empty Activity），如图 1-41 所示。

④ 单击 Next 按钮，Activity Name 默认即可，如图 1-42 所示。

⑤ 单击 Finish，完成项目的创建，如图 1-43 所示。注意第一次创建项目，需要完成项目的初始化，加载会需要一些时间。

图1-39　新建项目界面

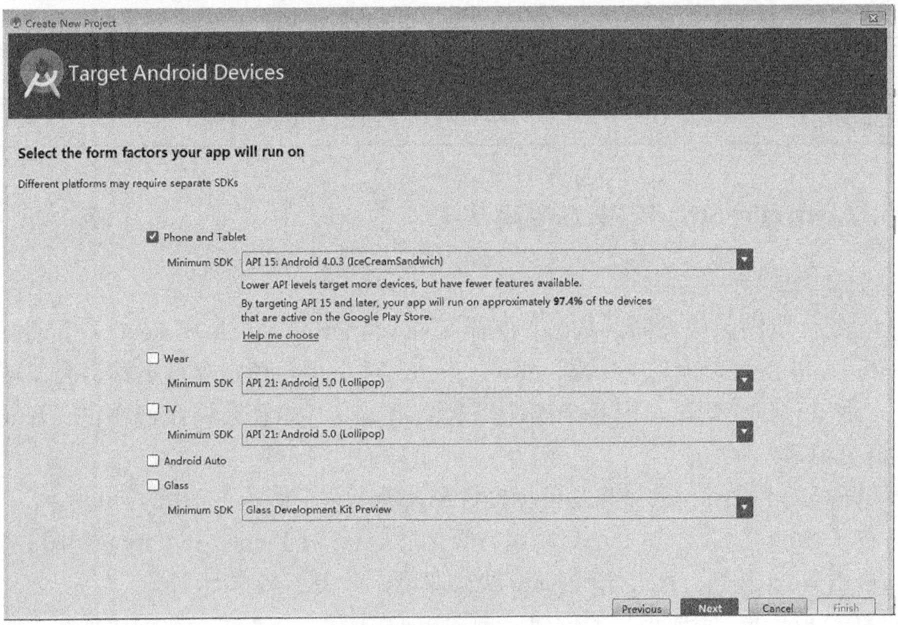

图1-40　运行设备配置界面

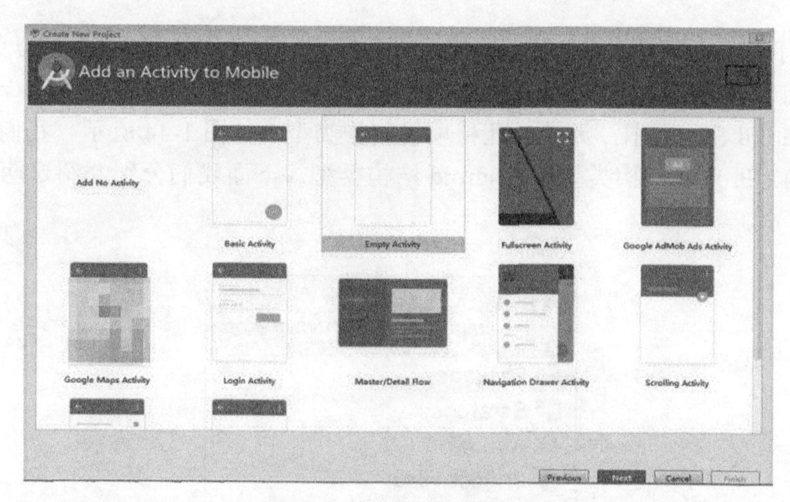

图1-41　添加Activity界面

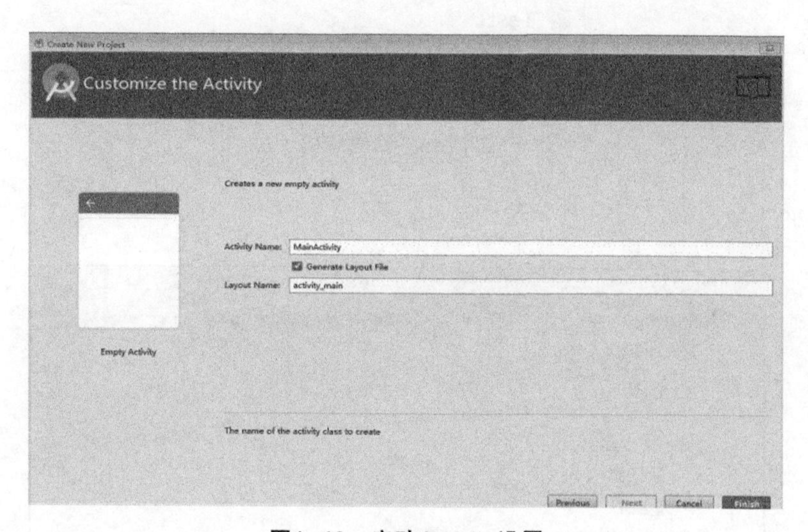

图1-42　启动Activity设置

MainActivity.java

```
1   package com.example.mgxc2.test;
2
3   import ...
5
6   public class MainActivity extends AppCompatActivity {
7
8       @Override
9       protected void onCreate(Bundle savedInstanceState) {
10          super.onCreate(savedInstanceState);
11          setContentView(R.layout.activity_main);
12      }
13  }
14
```

图1-43　MainActivity创建完成

至此，我们的项目创建就完成了，接下来我们来学习一下 Android Studio 的目录结构。

2. 项目目录结构介绍

在 Android Studio 中，提供了几种项目结构类型，如图 1-44 所示。我们一般常用的有两种结构：Project 结构类型和 Android 结构类型。下面我们分别介绍这两种目录的常用文件。

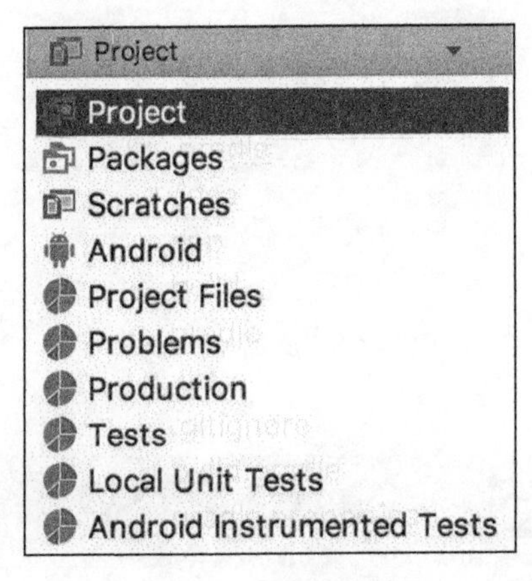

图1-44　目录结构

① Project 结构类型，如图 1-45 所示。

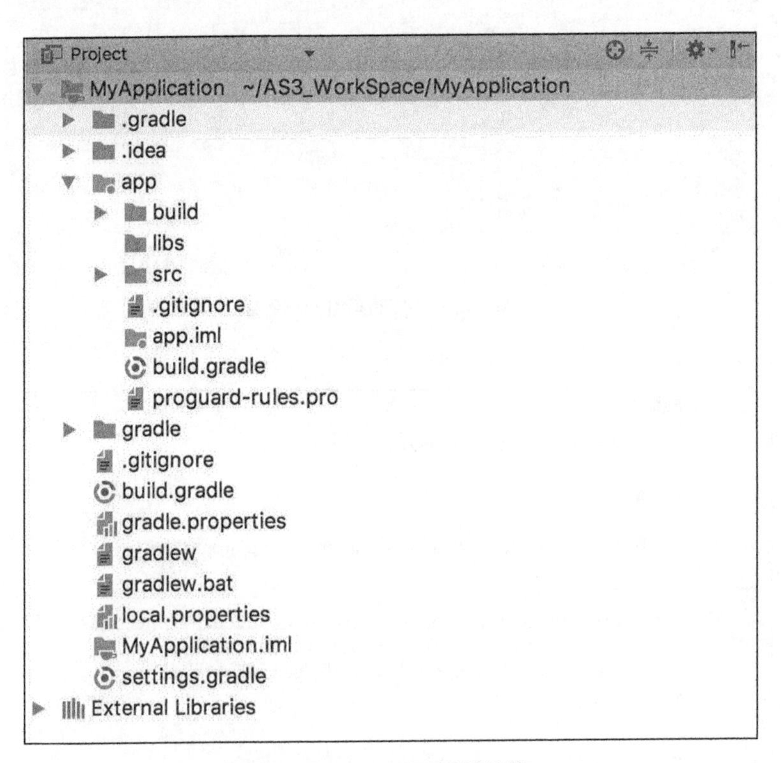

图1-45　Project 目录结构

表 1-7 为 Project 目录结构下常用文件功能介绍。

表1-7 Project 目录结构表

名称	功能
app/build/	app模块build编译输出的目录
app/build.gradle	app模块的gradle编译文件
app/app.iml	app模块的配置文件
app/proguard-rules.pro	app模块proguard文件
build.gradle	项目的gradle编译文件
settings.gradle	定义项目包含哪些模块
gradlew	编译脚本，可以在命令行执行打包
local.properties	配置SDK/NDK
MyApplication.iml	项目的配置文件
External Libraries	项目依赖的Lib, 编译时自动下载

② Android 结构类型，如图 1-46 所示。

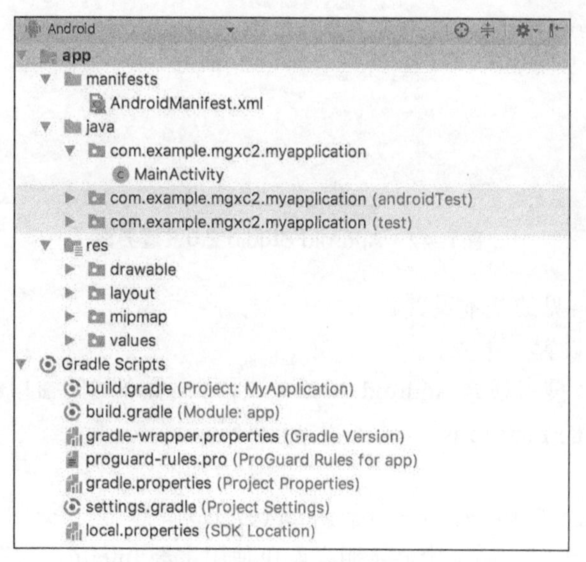

图1-46 Android目录结构

表 1-8 为 Android 目录结构下常用文件功能介绍。

表1-8 Android 目录结构表

名称	功能
app/manifests AndroidManifest.xml	配置文件目录
app/java	源码目录
app/res	资源文件目录
Gradle Scripts	gradle编译相关的脚本

3. Android Studio 的基本设置

在 Android Studio 启动完成界面的 Configure 下拉菜单中选择 Settings，可以进入软件设置界面。如果已经打开了工程，我们可在通过菜单栏 File → Setting 进入设置界面，如图 1-47 所示。

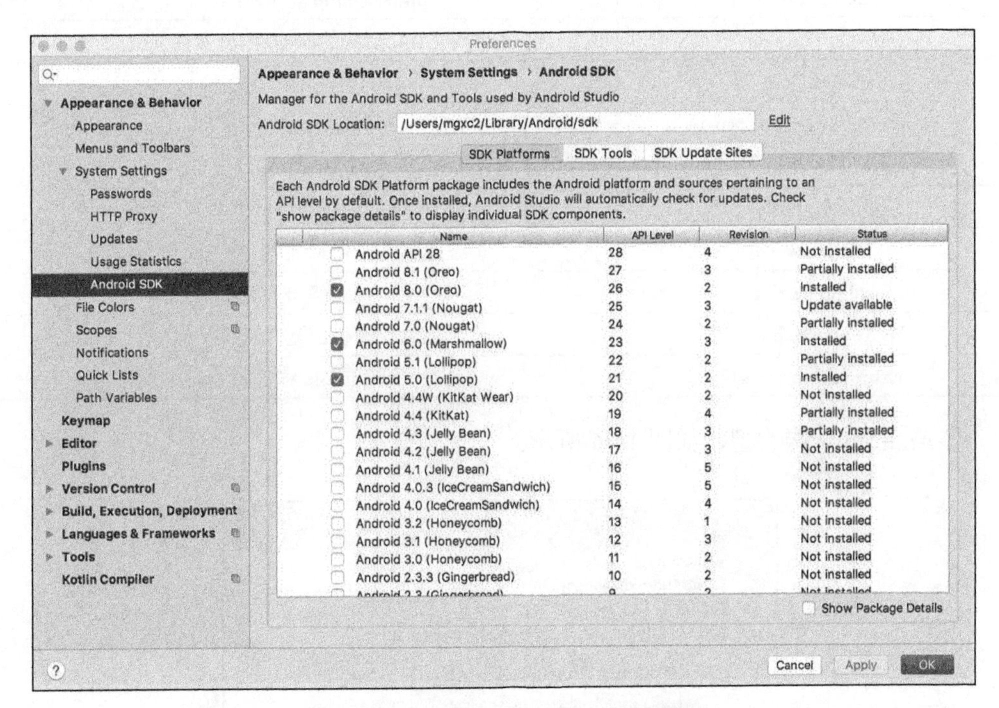

图1-47　Android Studio 2.0设置界面

下面介绍一些常见的基本设置。

（1）SDK 相关设置

如图 1-47 所示，搜索找到 Android SDK 分支，可出现右边的窗口。可配置 SDK 路径，可查看和下载 SDK 的 Platforms、Tools，Update Sites。

（2）设置主题

打开 Appearance & Behavior → Appearance，如果想显示护眼色调，可使用主题 Darcula，如图 1-48 所示。如果想显示明亮，可使用主题 Intellij，如图 1-49 所示。

（3）设置字体

打开路径为 Editor → Colors & Fonts → Font，单击 Save As，保存名为“MyFont”，它会继承原有字体的所有特性，我们可以修改其中的字体属性。默认推荐设置字体样式为 Consolas，字体大小为 14，如图 1-50 所示。我们可以根据实际设备情况和个人需求调整。

（4）去除竖线和显示行号

打开路径为 Editor → General → Appearance，如图 1-51 所示，取消勾选“Show right margin”(configured in Code Style options)，勾选“Show line numbers”。

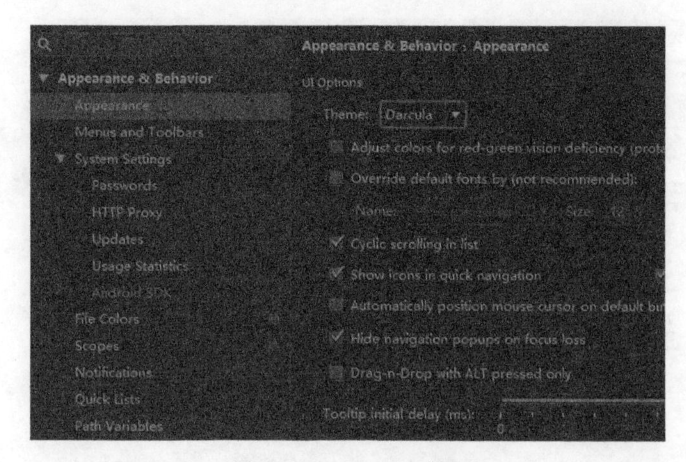

图1-48　Darcula主题

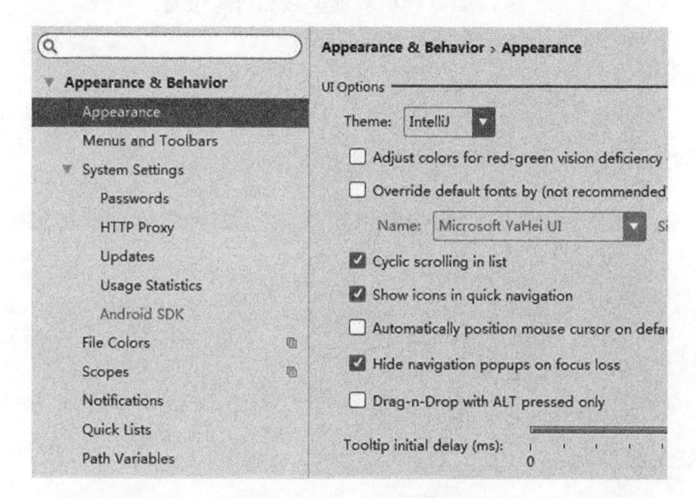

图1-49　Intellij主题

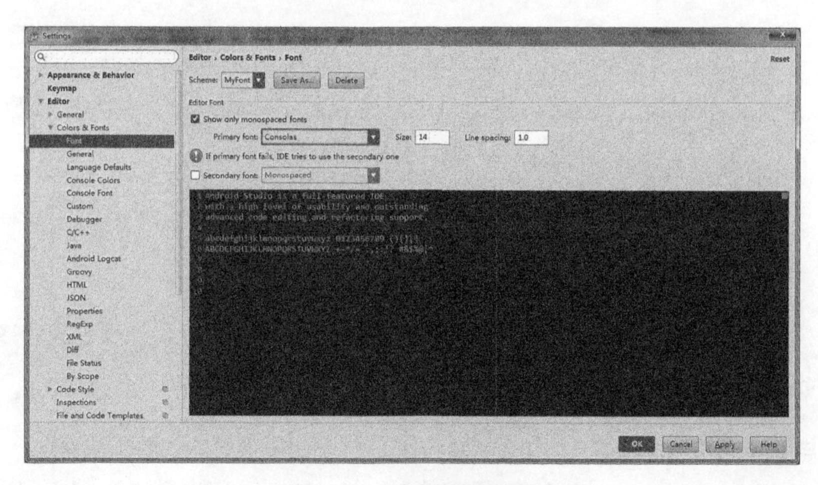

图1-50　字体设置界面

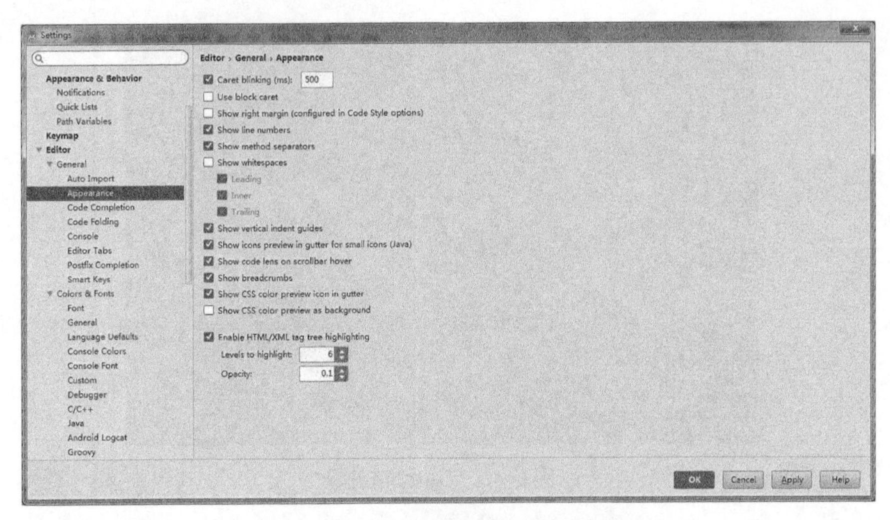

图1-51　代码界面竖线和行号设置

（5）快捷键偏好设置

系统提供了很多种快捷键方式，默认是 Default。如果有使用 Eclipse 软件快捷键习惯的，可以将 Keymap 设置成 Eclipse，如图 1-52 所示。

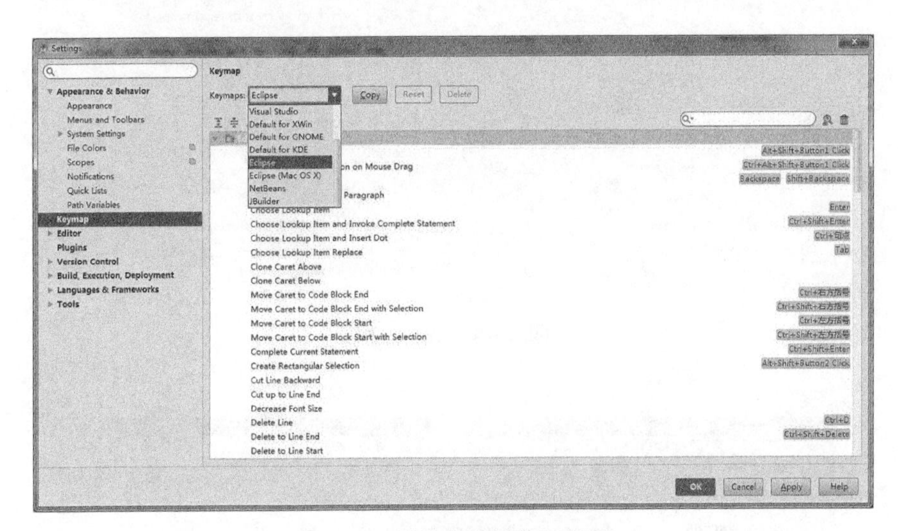

图1-52　软件快捷键偏好设置

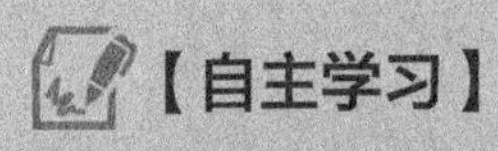【自主学习】

在 Android Studio 中还有很多功能配置，例如：在团队开发过程中使用版本控制工具 svn、git 等。

4. 开启 Intel 硬件加速

Intel HAXM (Hardware Accelerated Execution Manager) 使用基于 Intel(R) Virtualization

Technology (VT) 的硬件加速，因此需要 CPU 支持 VT，而且仅限于 Intel CPU。如果你的电脑是 Intel 处理器的话，那么 Intel HAXM 的加速技术，会让模拟器在启动和执行速度上有非常大的提升。接下来我们来配置硬件加速器。

【知识拓展】

VT 是什么？如何开启呢？

VT（Virtualization Technology）是一种虚拟化技术，开启 VT 可以较大地提高 Android 模拟器的性能。如果你的电脑已经默认开启，可以直接使用模拟器。如果没有默认开启，我们需要重启电脑进入 BIOS 环境，找到 Virtualization Technology 选项，把 Disabled 改为 Enabled，选择 Save & Exit Setup，按 Y 确定就可以了。

① 工具栏上的 SDK Manager 快捷图标如图 1-53 所示。

图1-53　工具栏上的SDK Manager快捷图标

② 单击 SDK Manager 图标，打开 SDK Manager 界面，在 SDK Tools 栏下找到 Intel x86 Emulator Accelerator（HAXM Installer）选项，如图 1-54 所示，选中该选项，条目前面会出现安装的小图标，单击进行安装。

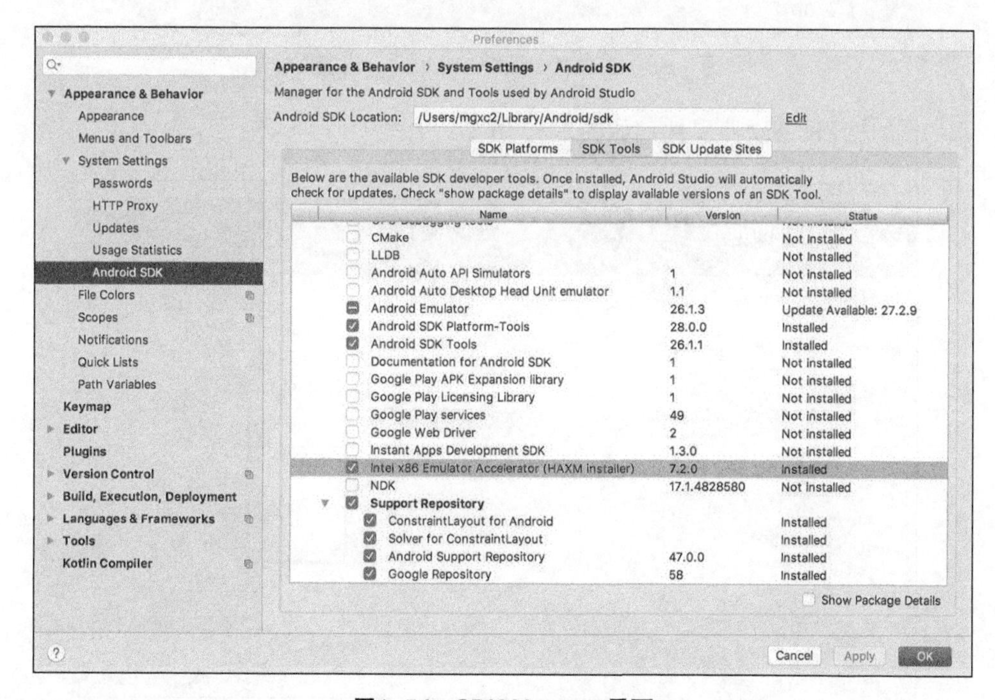

图1-54　SDK Manager界面

如果因为某些原因，导致安装失败，你可以尝试在Intel官网上下载该软件并手动安装。如图 1-55 所示。

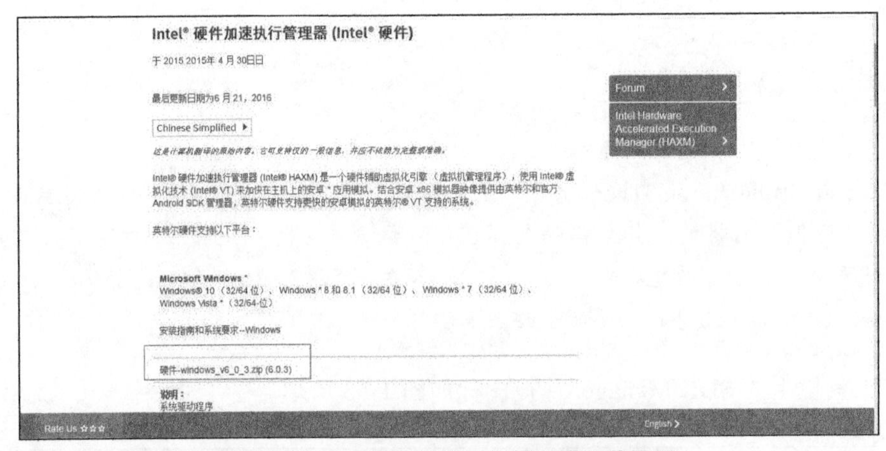

图1-55　Intel硬件加速执行管理器下载界面

5. 新建模拟器

新建模拟器的步骤如下。

① 在工具栏查找 AVD Manager 快捷图标，如图 1-56 所示。单击快捷图标打开 AVD Manager 界面。

图1-56　工具栏上的AVD Mnager快捷图标

② 开始选择设备硬件属性，如图 1-57 所示。

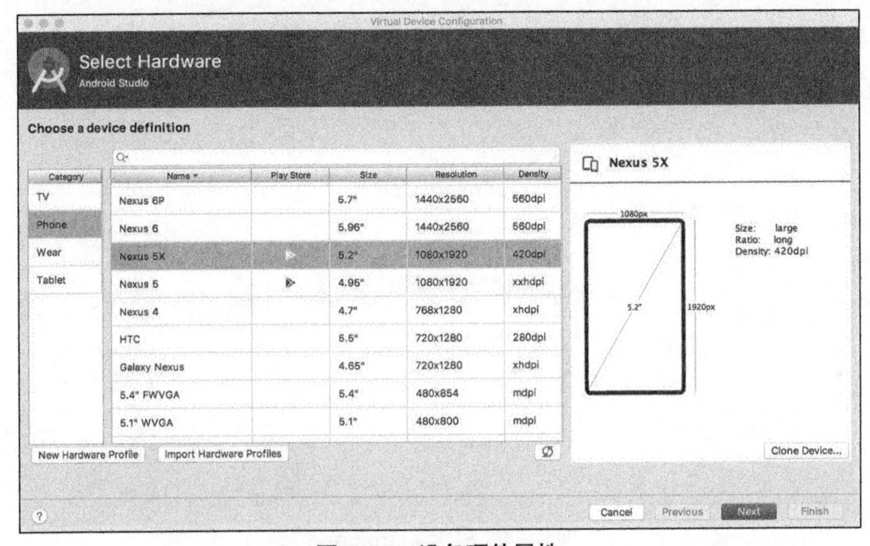

图1-57　设备硬件属性

③ 单击 Next 按钮，进入图 1-58 所示的界面，选择模拟器镜像版本和系统版本，这里选择 API 25 和 x86，如果想要使用其他版本的镜像，单击 Download 即可。

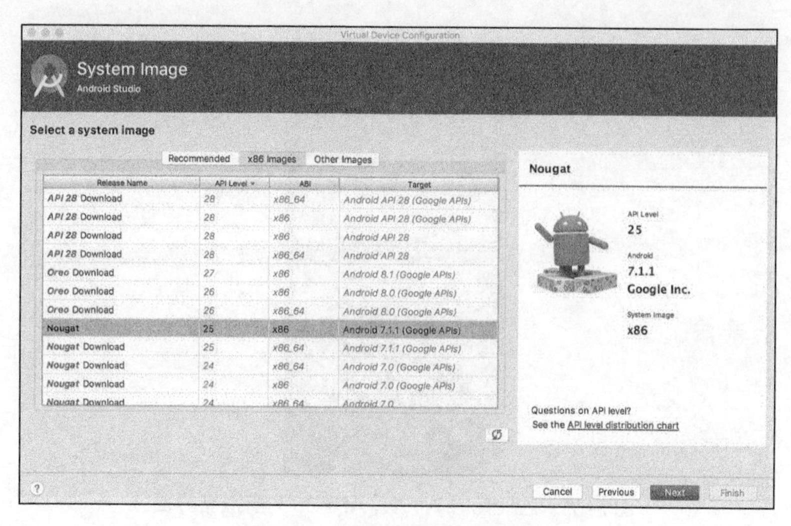

图1-58　模拟器镜像选择界面

④ 单击 Next 按钮，进入图 1-59 所示的界面，开始设置模拟器的一些具体参数，这里默认即可。

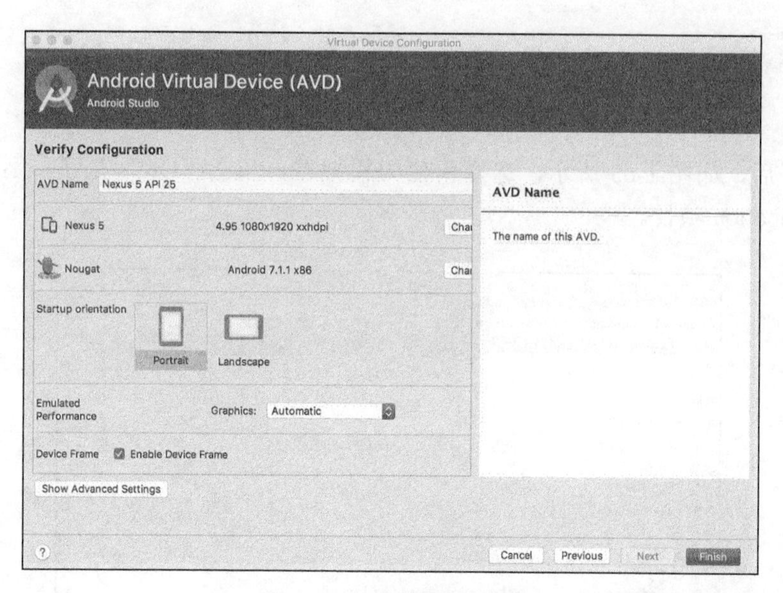

图1-59　模拟器参数设置

⑤ 单击 Finish 按钮，完成模拟器的创建，图 1-60 所示为新建的模拟器。

图1-60　模拟器列表界面

⑥ 在模拟器列表界面，单击 Actions 栏中的三角按钮，等待模拟器启动完成，启动完成后如图 1-61 所示。

图1-61　Android 7.1.1（API 25）模拟器界面

6. 启动第一个项目

①如图 1-62 所示，单击“▶”按钮，启动项目的 app module。

图1-62　Module启动快捷图标

②打开后，如图 1-63 所示，选择新建的模拟器，单击“OK”按钮，运行之前创建的 My Application 项目。

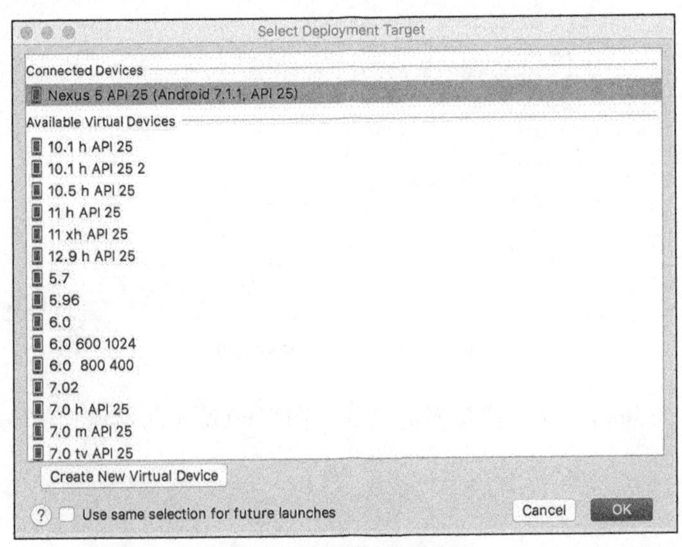

图1-63　模拟器列表

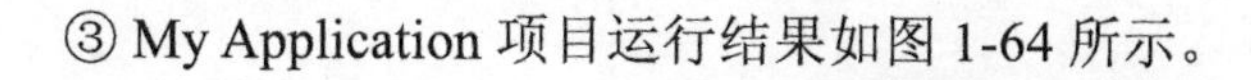

③ My Application 项目运行结果如图 1-64 所示。

图1-64　My Application项目运行结果

如果出现无法将项目部署到模拟器的情况，很有可能是 adb 调试桥出了问题，这时需要重启 adb 调试工具。adb 调试工具位于 SDK/platform-tools 目录下，这里的 adb 所在路径为“D:\android\sdk\platform-tools”。快捷键“Win+R”打开系统的运行窗口，并输入 cmd，单击确定按钮系统的 cmd 窗口被打开，按照顺序执行下面的指令。

① 指令“D:”进入 D 盘。

② 指令“cd D:\android\sdk\platform-tools”，进入 adb 所在路径。

③ 指令“adb kill-server”“杀死”adb 进程。

④ 指令“adb start-server”启动 adb 进程，显示 daemon started successfully 表示启动成功。

⑤ 指令“adb devices”查看结果，显示 List of devices attached，表示 adb 调试桥正常。

指令执行结果如图 1-65 所示。

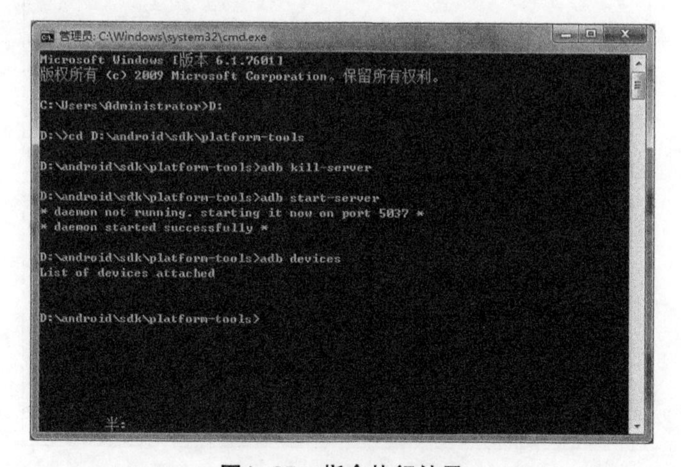

图1-65　指令执行结果

7. 真机调试

真机调试，也就是在真实的 Android 手机上运行 Android 项目。

① 首先，使用 USB 线连接计算机与手机，有些手机是会自动获取并安装 USB 驱动的。

② 打开手机 USB 调试功能。打开手机设置中的开发者选项，勾选“USB 调试”。不同类型的 Android 手机的开发者选项所在位置可能有所差异，但大致在手机设置中心都可以找到。以某款手机为例，USB 调试页面如图 1-66 所示。

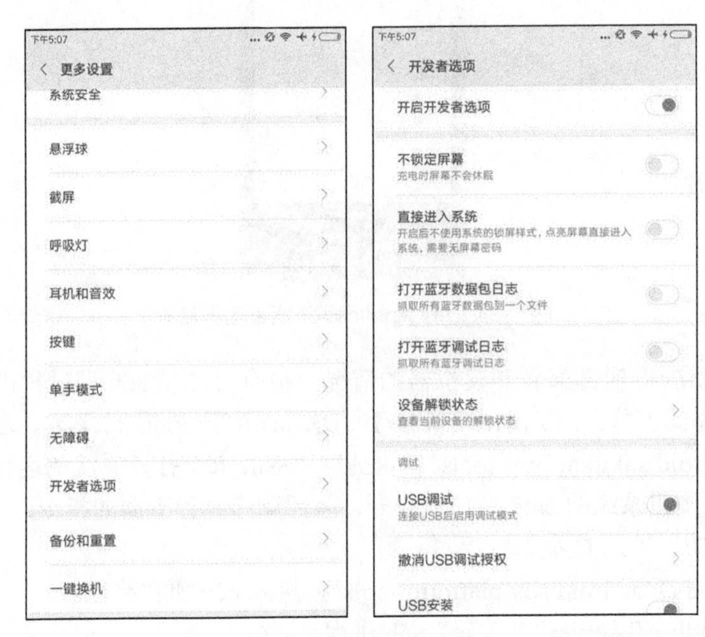

图1-66　USB调试界面

③ 单击 Android Studio 栏中的运行按钮，运行 app module，在模拟器列表中，就可以看到自己的真机设备名称了，如图 1-67 所示。

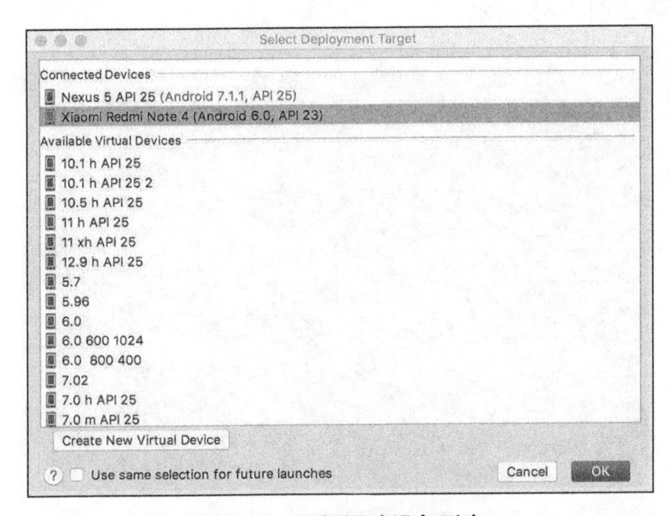

图1-67　运行调试设备列表

④ 选择自己的真机设备“Xiaomi Redmi Note 4”开始运行，运行结果如图 1-68 所示。

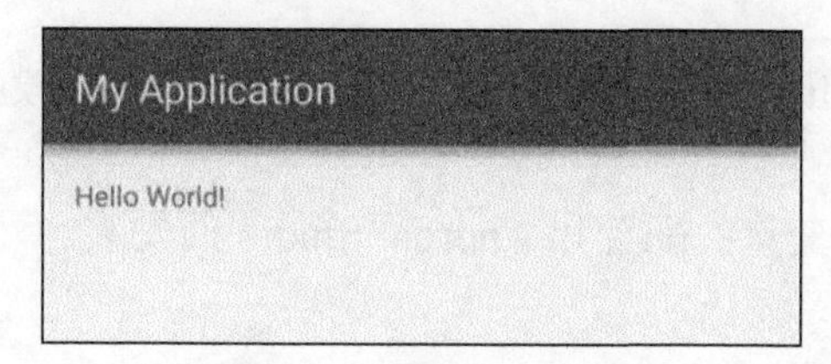

图1-68 真机运行结果

使用真机调试相对于模拟器速度更快，真机定制化系统较多，相对于模拟器有很多不同之处，使用真机调试也可以避免在 App 上线之后发生不可预见的错误。在企业开发中，常选取不同品牌、不同系统、不同像素，不同屏幕大小的真机进行适配测试，以保证 App 安全运行。

1.3.5 任务回顾

知识点总结

1. 了解 Android Studio 的基本概念。
2. JDK 的下载、安装与配置。
3. Android Studio 的下载与安装。
4. 了解 Android Studio 及 sdk 的安装目录。
5. 了解 HAXM 模拟器硬件加速。
6. 创建模拟器并运行项目。
7. 真机调试。

学习足迹

图 1-69 所示为任务三的学习足迹。

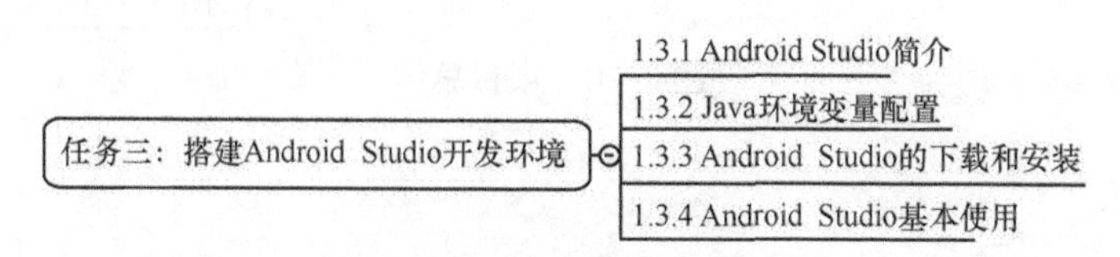

图1-69 任务三学习足迹

思考与练习

1. Android Studio 它是由______公司基于______而开发的。
2. Android Studio 是默认采用哪种工具构建项目。

3. Android Studio 是跨平台的 Android 开发环境，支持______和______系统。

4. JDK 和 JRE 全称____________。

5. 如果你的电脑是 Intel 处理器的话，______加速技术会让模拟器在启动和执行速度上有非常大的提升。

6. 请完成 Java 环境变量的配置和 Android Studio 的安装。

1.4 项目总结

本项目是完成物联网移动 App 设计与开发的第一步，通过本项目的学习，我们掌握了物联网的概念、体系架构、关键技术以及未来发展的趋势；通过对物联网的认知，我们能够更加深刻地理解物联网云平台三大核心的关系以及 App 开发的重要性；通过对 Android 平台的基础学习，以及开发环境的搭建，使我们能够更加快速地投入到项目中来，提高开发效率。

通过本项目的学习，不仅提高了学生的分析能力、学习能力，还提高了开发工具的使用能力，为培养学生的独立开发能力奠定了坚实基础。

图 1-70 所示为项目总结。

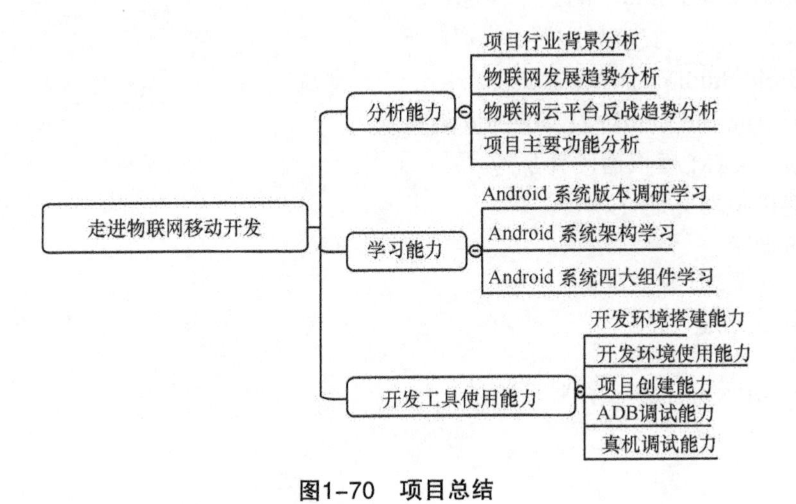

图1-70　项目总结

1.5 拓展训练

自主实践：Android Studio 环境搭建及使用

Android Studio 是目前 Android 开发中主流的开发工具，通过任务三的学习，我们了解到它提供了更多可提高 Android 应用构建效率的功能。在今后的开发过程中，我们将使用它进行项目开发，因此，我们需要掌握它的基本使用，才能提高开发效率。此次拓展训练的目的就是掌握 Android Studio 软件的安装和基本使用。

◆ **拓展训练要求**

① 掌握 Java 环境变量的配置以及 Android Studio 的安装。

② 熟悉软件的功能界面、工具栏、菜单栏和侧边栏等。由于软件界面是全英文的，可以先熟悉大致描述的是什么意思，这样在以后开发中才能逐渐熟悉和运用。

③ 掌握 Project 和 Module 的区别和创建方式。

④ 熟悉 Android Studio 开发中常用的快捷键。

⑤ 熟悉软件的基本设置，学会使用软件强大的搜索功能。

◆ **格式要求**：采用上机操作。

◆ **考核方式**：采取课内演示。

◆ **评估标准**：见表 1-9。

表1-9 拓展训练评估表

项目名称： Android Studio环境搭建及使用	项目承接人： 姓名：	日期：
项目要求	**评分标准**	**得分情况**
Java环境变量配置（共10分）	① 安装JDK，JRE（5分） ② Path环境变量配置（5分）	
Android Studio安装及配置（共20分）	① Android Studio下载（5分） ② Android Studio安装（10分） ③ SDK配置（5分）	
Android Studio可视化窗口功能（共30分）	① 工具栏（10分） ② 菜单栏（10分） ③ 侧边栏（10分）	
Project和Module区别和创建方式（共20分）	① Project和Module区别（10分） ② 创建方式（10分）	
常用快捷键（共20分）	① 页面搜索（5分） ② 全局搜索（5分） ③ 全局替换（5分） ④ 代码格式化（5分）	
评价人	**评价说明**	**备注**
个人		
老师		

项目 2
物联网移动 App 架构设计

项目引入

启动会议之后，我们针对项目经理 Philip 做的需求文档进行了分析，大家讨论之后也有了不同见解。Philip 决定召开一次需求评审会，讨论需求文档中的细节和不足之处。

Philip：Amy 根据我之前的需求文档已经做好了初版的原型图，包括移动端和 Web 端，这段时间辛苦 Amy 了。我们的整体流程和原型图一样，具体细节我们还要根据前端和移动端的实现难易度做一些改变。今天会议的目的就是确定项目需求，原型评审，最终定稿。

……

Jack: 后台这边流程没有什么问题，考虑到 Web 端和移动端原型不同，评审定稿之后，我和 Jane 会确定接口的返回格式。

Anne：原型定稿之后，我们就可以进行架构的设计了，开发的时间也有了把控。

Amy：我会根据大家的意见，修改原型，把最终敲定的原型图发给大家，移动端和 Web 端需要什么素材，什么尺寸的图片都要及时和我沟通！谢谢大家对我工作的肯定。

……

会后，Andrew 悄悄对我说：“Anne，为什么我们还要召开一次原型评审会呢？我们直接和 Amy 说不就可以了吗？”

我似乎早就看出来 Andrew 的想法，我笑着说：“我们是按照正规的项目开发流程进行的，这些都是我们的前辈总结出来的经验，在项目开发过程中，一些重要的会议会让你的工作事半功倍。”

Andrew：“您说得对，大家达成共识，开发的时候才不会有矛盾。那接下来我们还有什么会议呢？”

Anne：“接下来就是你我的架构讨论会了，Amy 一会把原型图发给我们，我们开始架构的整体设计。”

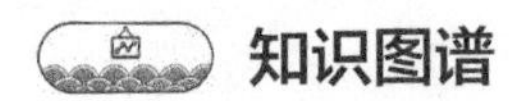

知识图谱

图 2-1 为项目 2 的知识图谱。

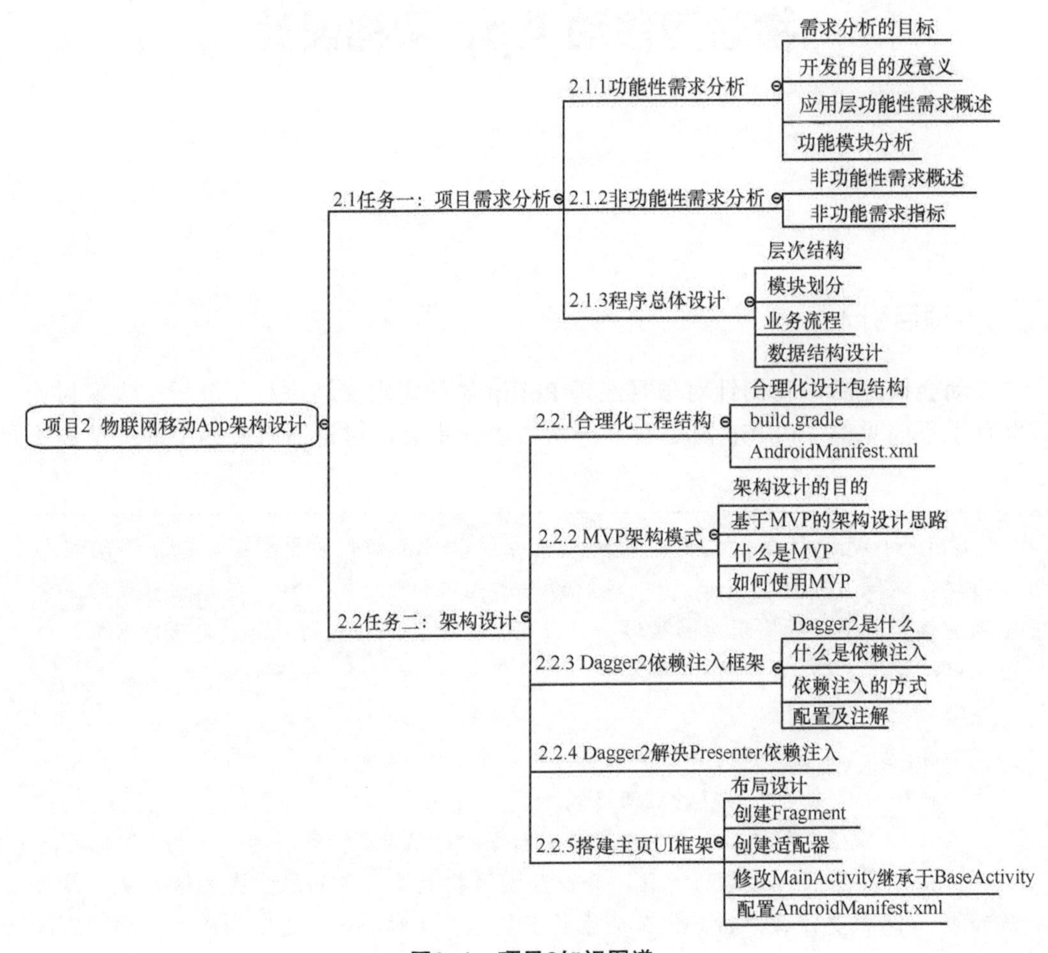

图2-1 项目2知识图谱

2.1 任务一：项目需求分析

【任务描述】

Anne：“Andrew，今天我要考一考你在大学学到的基础知识了。”

Andrew：“你要问我什么问题呢？”

Anne："你知道软件工程中有哪些重要的文档吗？"

Andrew:"有可行性分析报告、软件需求说明书、概要设计说明书、详细设计说明书、还有用户操作手册等，总之有十多种文档。"

Anne:"说得不错！很多同学在学习这些文档的时候一头雾水，不知道它们有何用处，有何重要性。还记得之前我们召开了项目启动会和需求研讨会吗？经过了项目的可行性分析之后，Philip 经理给我们介绍了整个项目的开发计划和需求文档，并让 Amy 为我们设计了原型图。原型化法就是为了促进软件研发工作的规范化、科学化所提出的一种需求分析方法。因此，你们学到的理论知识总会在工作过程中发挥作用。我们接下来的工作，就是要进行移动端项目的需求分析和总体设计。"

2.1.1 功能性需求分析

1. 需求分析的目标

需求分析是软件生存周期中的一个重要环节，该阶段是分析系统在功能上需要"实现什么"，而不是考虑如何去"实现"。需求分析的目标是把用户对待开发软件提出的"要求"或"需要"进行分析与整理，确认后形成描述完整、清晰与规范的文档，确定软件需要实现哪些功能，完成哪些工作。此外，软件的一些非功能性需求(如软件性能、可靠性、响应时间、可扩展性等)，软件设计的约束条件，运行时与其他软件的关系等也是软件需求分析的目标。

2. 开发目的及意义

本次开发的目的是研发一个基于物联网云平台的通用的 Android 客户端，其功能是通过以云后台为媒介与智能设备进行通信，以达到实时显示设备数据和控制设备的目的。其适用于智能家居、智慧医疗、智能交通、智慧农业等多种场景。云后台将数据归结为数值型、开关型、文本型和 GPS 型 4 种类型，其目的是将海量数据进行分类，客户端可以根据类型进行展示。该客户端适用于用户和个人开发者，页面采用扁平化设计，简洁美观，操作方便。物联网 App 是物联网产品中必不可少的角色，它与用户紧密相关，其开发有着重大的意义和作用。

3. 功能性需求概述

功能性需求即软件必须完成哪些事，必须实现哪些功能，以及为了向其用户提供有用的功能所需执行的动作。功能性需求是软件需求的主体，常与用户需求混淆。这里讲一下用户需求和功能性需求的区别。

用户需求：即用户需要在应用系统中实现什么东西，为实现这个目标，需要用户提供全部详细的业务说明、业务流程、表格样式等。

功能性需求：即将用户需求归类分解为计算机可以实现的子系统和功能模块，用设计语言描述和解释用户的需求，以达到可以指导程序设计的目的。

4. 功能模块分析

我们通过表格的形式对项目的功能模块做整体的描述，具体见表 2-1。

表2-1 功能模块分析

主功能模块	子功能模块	功能模块描述
用户管理	注册	进行用户的注册，包括输入用户名、密码、邮箱等
	登录	进行用户的登录，包括输入用户名、密码等
	忘记密码	通过邮箱进行密码找回，邮箱为注册时绑定的邮箱
	退出登录	进行用户的退出登录
	修改密码	通过旧密码，新密码确认，进行密码修改
	修改头像	可通过拍照或相册进行头像的修改
	修改邮箱	修改注册时绑定的邮箱
	意见反馈	给平台提供意见反馈
	关于我们	关于公司的介绍
设备模块	添加设备	使用“扫一扫”二维码功能实现设备添加
	解绑设备	通过长按将设备和用户解绑
	设备联网	通过同一Wi-Fi环境与智能设备进行联网
	搜索设备	通过设备名称进行搜索
	设备列表	用户添加智能设备列表
	设备详情	设备的实时数据展示
	设备控制	控制智能设备
	历史数据	设备的历史数据展示，通过图表、地图等
消息模块	未读消息	未读的设备发送的预警消息
	已读消息	已读的设备发送的预警消息
	搜索消息	通过消息内容进行搜索
	消息详情	预警消息历史详情
场景模块	添加场景	用户自定义添加场景
	定制场景	通过“扫一扫”绑定设备场景
	编辑场景	修改场景信息，包括名称、描述、图片等
	删除场景	删除用户场景
	场景列表	用户绑定的所有场景
	添加模式	选择一组设备设定为一种模式
	编辑模式	对模式进行编辑，包括名称、图片、设备组等
	删除模式	删除模式
	模式列表	某场景下设备组列表
	模式详情	模式的详情，包括模式图片、名称及其设备组
	一键设置	设备的组合控制，例如一键关闭等

2.1.2 非功能性需求分析

1. 非功能性需求概述

软件产品的需求可以分为功能性需求和非功能性需求，其中非功能性需求常常被轻视。其实，软件产品非功能性定义不仅决定产品的质量，还在很大程度上影响产品的功能需求定义。如果事先缺乏很好的非功能性需求定义，结果往往是使产品在非功能性需求面前捉襟见肘，甚至淹没功能性需求给用户带来的价值。

所谓非功能性需求，是指软件产品为满足用户业务需求而必须具有且除功能需求以外的特性。下面对其中的某些指标加以说明。

2. 非功能需求指标

（1）可用性

保证所有功能模块，逻辑处理严密，正常运行。同时对于UI设计也有一定的约束，UI设计采用扁平化设计风格，符合App页面设计规范，页面简洁，易操作，给予用户良好的体验效果。模块分明，业务流程清晰，易理解。数据准确，安全可靠，后台备有正式库和测试库，先确保测试库上验证无问题，再使用正式库发布。

（2）安全性

前端与后台提供一定级别的密码安全防护，登录作为唯一入口，登录密码采用MD5加密。用户注册时要求提供密码强度校验，密码设置至少为6位，要求包括字母和数字。为了确保系统及信息的安全性，防止被恶意地访问，对所有接口采用Token令牌机制，在请求服务器数据之前先请求Token令牌，携带令牌数据作为请求API接口的参数。

（3）兼容性

a. 系统兼容：系统API版本范围为API 15 ~ API 23，API15对应Android系统4.0.3版本和4.0.4版本，API 23对应Android系统6.0版本。针对市场已有的Android系统版本，可以做到覆盖绝大部分用户。对于Android系统6.0版本以上的敏感权限，也做了相应处理。

b. 屏幕适配：随着Android系统被越来越多用户使用，越来越多的定制化Android系统涌现出来，包括华为、小米、三星等。品牌众多，型号众多，屏幕及其分辨率也是不计其数。对于不同屏幕大小，分辨率不同的手机，采取了屏幕适配的兼容方案，要求能覆盖市场上绝大部分手机。

（4）性能

Android系统对于UI线程有着严格的要求，要求响应时间不超过5s，否则将会出现ANR提示用户无响应。这种问题的出现主要是由于大量计算、网络请求等耗时操作阻塞了UI线程，项目中所有的耗时操作均采用子线程运行，避免了ANR发生。对于复杂的列表，往往会出现卡顿的现象，项目中采用可回收列表RecyclerView进行优化。对于图片的处理，如果不得当很容易出现OOM，也就是内存泄漏。经过众多图片加载框架的对比分析，最终选取高性能图片加载框架Glide，并配置其缓存策略，防止OOM，图片加载配有动画效果，更加流畅。对于边界条件、空指针等问题常会引起程序崩溃，为了防患于未然，所有可能导致数组越界，空指针现象的问题都做了条件判断，保证系统的安全高效运行。

（5）可维护性

系统的可维护性是容易被忽略的一个内容，它对于客户是透明的，不可见的，因此客户通常不关心这个。但是对于我们开发人员，项目的可维护性和扩展性尤为重要。我们不能因为一个功能，而改动一个项目的架构。更合理的方式是，在项目的初期，就考虑到整个项目的可维护性和可扩展性。以下简要说明几点项目可维护性的指标。

a. 架构模式：本项目采用MVP的架构模式，将数据层（M）和视图层（V）分离，逻辑处理交给控制层（P），再配合dagger2依赖注入框架，符合软件工程低耦合高内聚的思想。项目中用到的其他第三方开源框架也是主流的，不存在严重的安全或逻辑漏洞。

b. 代码规范：代码中标有注释、说明类、方法、属性以及逻辑判断语句的意思。清晰的目录结构和命名规范，可以快速定位相关的类、方法或者控件的位置。对于无用的debug信息剔除，以免给出错误的引导。

c. 系统配置：提供友好的错误提示，可以帮助用户找原因，也有助于开发人员维护。完善系统配置管理，而且是持续的更新系统配置信息，例如百度地图的SDK升级、系统的升级等。系统版本的管理，保证系统生产环境找出对应的版本库的源代码。

2.1.3 程序总体设计

1. 层次结构

在传统的Android系统设计中，数据库的访问、业务逻辑和UI设计混淆在一起，这样虽然直观，但一旦需求有所改动，就会对日后的维护带来很多不便。为了解决这个问题，相关人员提出了分层的架构思想“将解决方案的组件分隔到不同的层中，每一层中的组件应保持内聚性，各层保持松散耦合”。分层模式是最常见的一种架构模式，按照层次结构，我们的项目可分为视图层、逻辑层、数据层三层，如图2-2所示，下面我们分别介绍一下3个层次的作用。

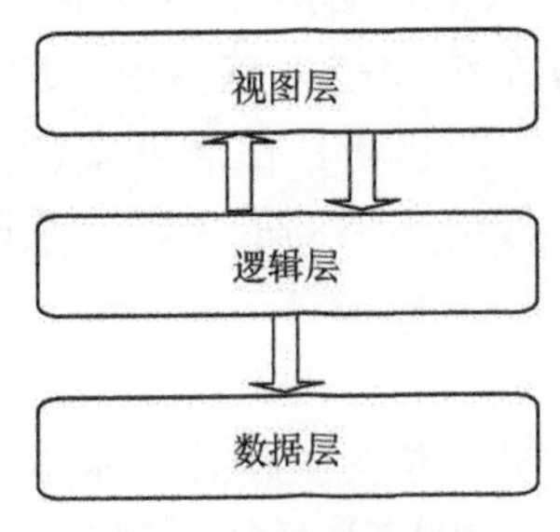

图2-2　三层结构图

①视图层：处于三层结构中的最上层，由控件组成，起到与用户直接交互的作用，包括xml布局文件、Activity和Fragment。

②逻辑层：处于视图层和数据层中间，进行业务逻辑的处理。负责从数据层中获取数据，然后返回给视图层，同时决定视图上交互的处理。

③数据层：处于三层结构的最底层，负责本地持久化或远程服务端数据的处理。通常服务和广播也会放在这层中。

2. 模块划分

在项目工 1 的任务一中，我们已经对四大功能模块做了简要的介绍，我们可以清晰地了解每个主功能模块下子功能模块的功能，对整个项目的功能性需求也更加明确。但对于功能模块的结构我们无法一目了然。那么，接下来，我们将通过项目结构图来确定各个模块之间的关系，如图 2-3 所示。

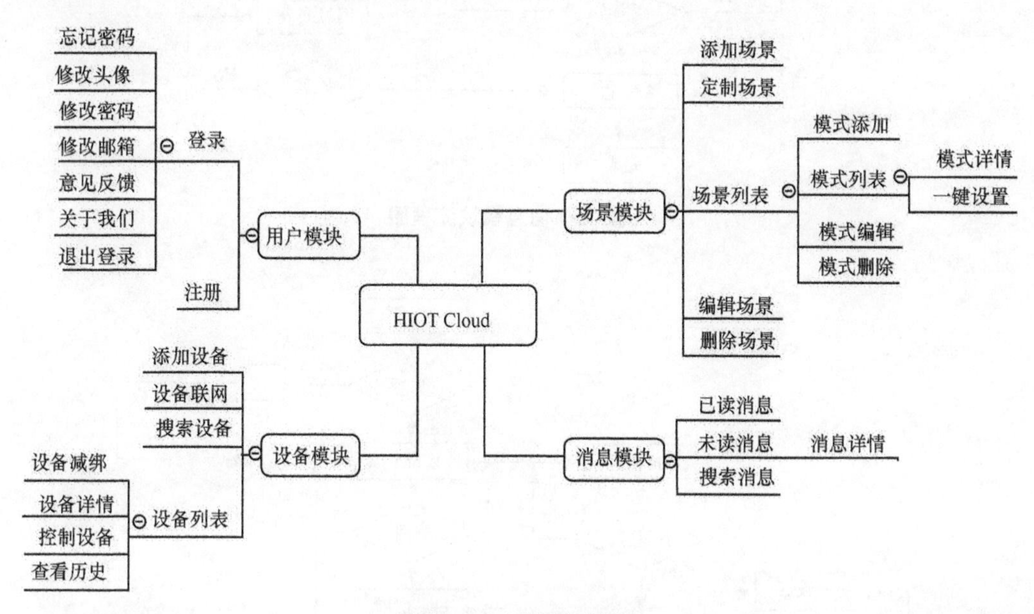

图 2-3　项目结构图

3. 业务流程

我们分析了项目功能模块的结构，了解了各个功能模块之间的关系，接下来，我们将根据原型图来确定各个模块的业务流程，如图 2-4、图 2-5、图 2-6、图 2-7、图 2-8 所示。

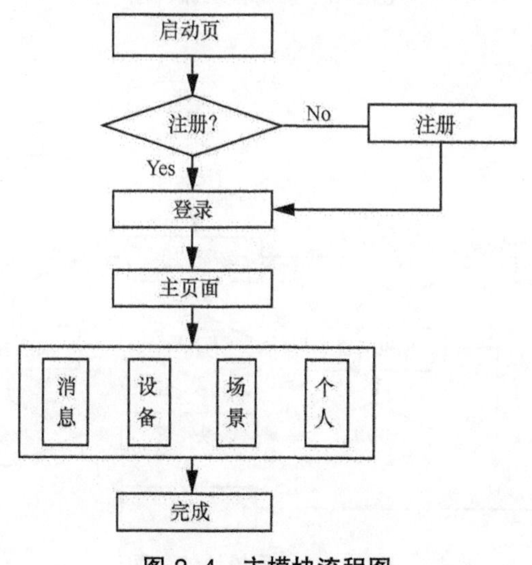

图 2-4　主模块流程图

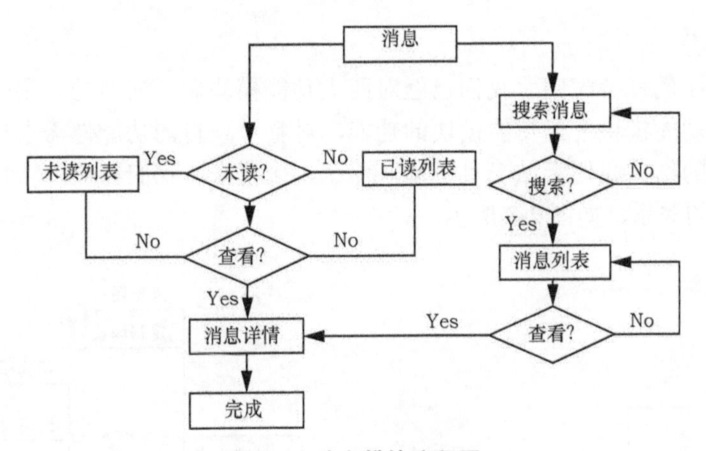

图2-5　消息模块流程图

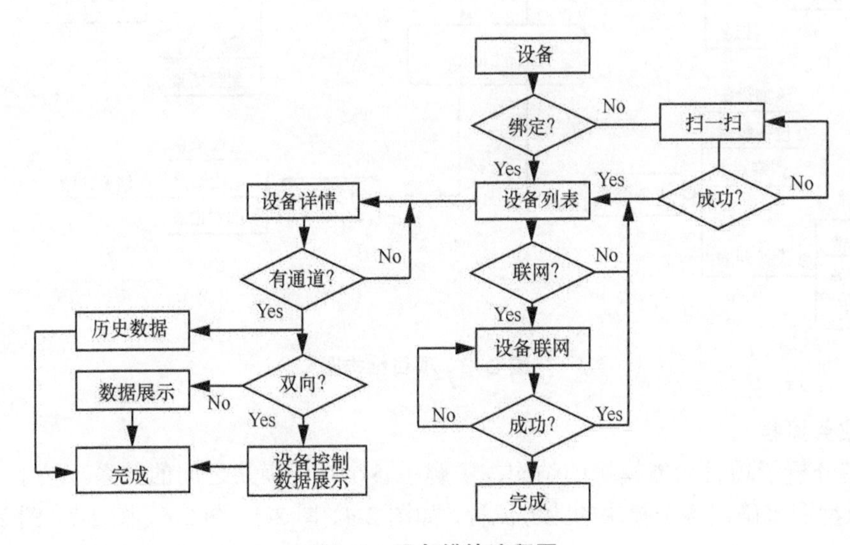

图2-6　设备模块流程图

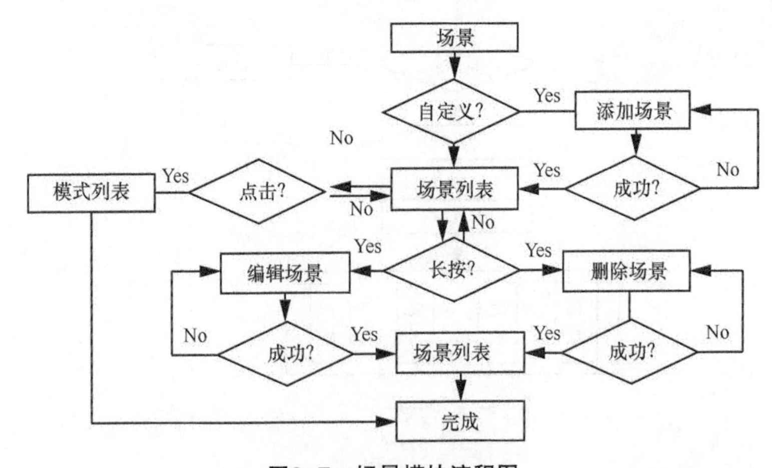

图2-7　场景模块流程图

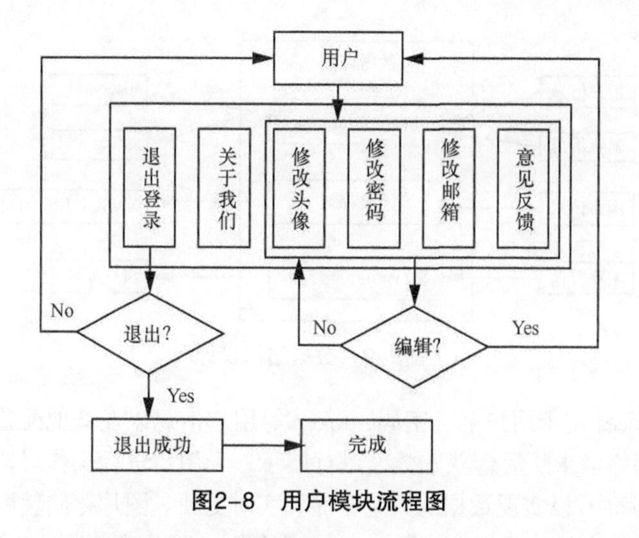

图2-8 用户模块流程图

【做一做】

请根据自己的理解，画出四大模块的流程图。

4. 数据结构设计

Android 中有 5 种数据存储方式，分别是 SharedPreferences 持久化存储、SQLite 数据库存储、文件存储、ContentProvider 存储、网络存储。我们需要了解 5 种数据存储的适用场景才能更好地进行数据结构的设计。

① SharedPreferences：保存少量的数据，且这些数据的格式非常简单。其核心原理是保存基于 XML 文件存储的 key-value 键值对数据，通常用来存储一些简单的配置信息。

② SQLite：轻量级嵌入式数据库引擎，它支持 SQL 语言，并且只利用很少的内存就有很好的性能。现在的主流移动设备像 Android、iPhone 等都使用 SQLite 作为复杂数据的存储引擎。

③ 文件存储：进行文件的读写操作，分为内部存储和外部存储。

内部存储：内部存储位于系统中很特殊的一个位置，如果你想将文件存储于内部存储中，那么文件默认只能被你的应用访问到，且一个应用所创建的所有文件都在和应用包名相同的目录下。内部存储空间十分有限，尽量避免使用，内部存储一般用 Context 来获取和操作。

外部存储：包括移动的 sdcard 或者手机自带的存储（外部存储）。外部存储中的文件是可以被用户或者其他应用程序修改的。在使用外部存储之前，你必须要先检查外部存储的当前状态，以判断是否可用。

④ ContentProvider：通过 ContentProvider 来获取其他与应用程序共享的数据。

⑤ 网络存储：通过网络来实现数据的存储和获取，Android 的网络存储使用 HTTP，它是开发中使用最多的数据存储方式。

在项目开发中，数据结构设计是非常重要的，它属于项目三层结构中的数据层，负责整个项目的数据存储和处理。本项目中一共使用了 3 种数据存储方式，如图 2-9 所示。

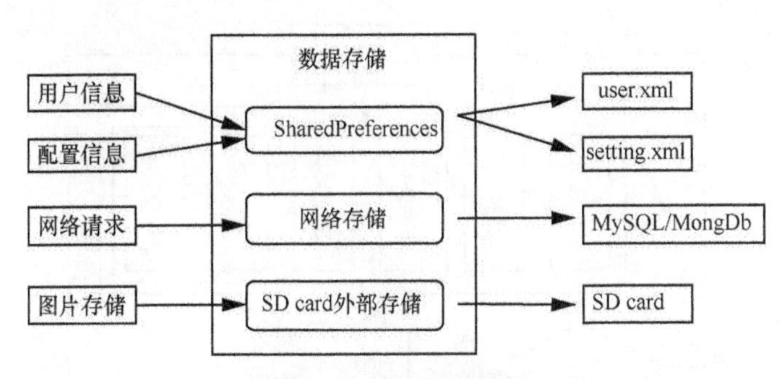

图2-9　数据结构设计

SharedPreferences 用于用户名、密码、token 等用户信息以及其他配置信息的存储，网络存储通过 HTTP 网络请求从后台获取数据进行展示，当用户进行操作时，数据上传到后台存储在 MySQL 数据库中，以实现数据的大量存储和实时更新。图片存储使用 SD card 外部存储，避免占用内部存储的空间，我们在使用 SD card 存储时，要注意判断 SD card 是否可用。

2.1.4　任务回顾

知识点总结

任务一主要涉及的知识点如下所述。

1. 项目功能性需求分析的概念、意义、目标。
2. 项目模块化分析，包括主功能模块及子功能模块的作用。
3. 非功能性需求分析的概念及需求指标。
4. 程序总体设计的层次结构、业务流程，数据库设计等。

学习足迹

图 2-10 所示为任务一的学习足迹。

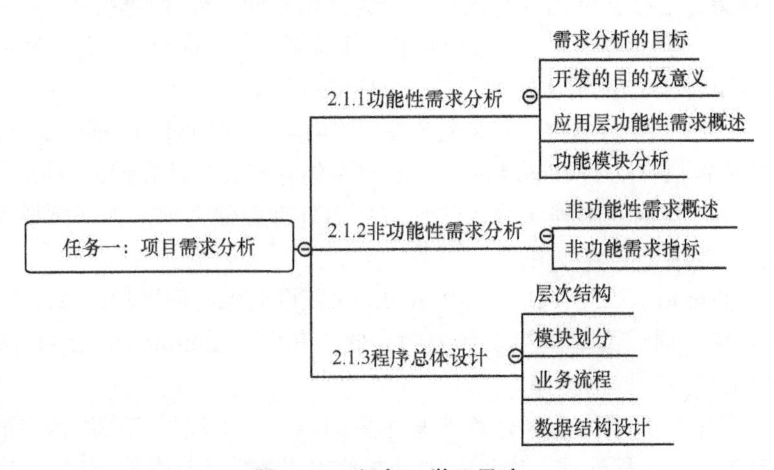

图2-10　任务一学习足迹

思考与练习

1. 需求分析的目的和意义？
2. 请解释什么是功能性和非功能性需求分析？
3. 项目中四大模块分别是_______、_______、_______和_______。
4.Android 中 5 种数据存储分别是_______、_______、_______、_______和_______。
5. 以下哪种数据存储方式是持久化存储？
   A. 网络存储　　B.Sdcard 存储　　C. SQLite 存储　　D. SharedPreferences 存储

2.2 任务二：架构设计

【任务描述】

Anne：“Andrew，现在需求分析和程序总体设计已经确定了，我们开始项目的架构设计，你要打起 12 分的精神来学习了。最近 MVP 这种架构模式很火，我前段时间研究了一下，这次我们将它用起来。”

Andrew：“我没听错吧！ MVP 不是全场最佳吗？什么时候成了架构模式了？”

Anne：“如果你能把全场最佳的技能用到 MVP 上，相信你会更有成就感的！这是有关 MVP 设计模式的资料，留给你的时间不多，赶紧学起来！”

2.2.1 合理化工程结构

在项目开发之前，我们首先要对包结构进行合理化划分，规范的包结构，让开发事半功倍。

1. 合理化设计包结构

项目的基本信息如下：

项目名称：HIOT Cloud

公司域名：huatec.com

项目包名：com.huatec.iot_hiot

在开发过程中，大多数的开发人员采用公司名、项目名、模块名等，在互联网上域名作为自己程序包的唯一前缀，因此我们的项目包名为 com.huatec.iot_hiot。

接下来根据工程名称和包名新建项目，创建项目时会默认创建一个 MainActivity 作为项目的启动界面。项目创建完毕，为了使项目的源代码文件结构更加清晰，在项目的包名下大致设置了一些命名空间，分别用于存放不同类型的源代码文件，实际开发可以根据实际情况进行调整。

①切换到 Project 结构模式，如图 2-11 所示。查看整个项目完整的代码结构。

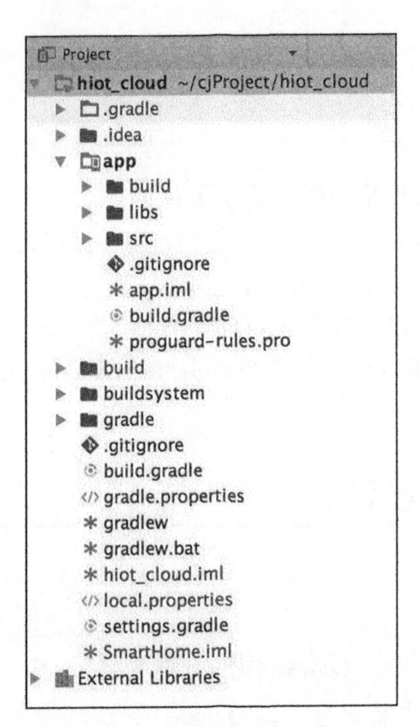

图2-11 Project结构模式

表 2-2 为 Project 目录结构下常用文件功能介绍。

表2-2 Project 目录结构表

名称	功能
hiot_cloud	项目名称
app/build/	app模块build编译输出的目录
app/build.gradle	app模块的gradle编译文件
app/src	Java代码及res资源文件
app/app.iml	app模块的配置文件
app/proguard-rules.pro	app模块proguard文件
buildsystem	自定义文件夹，存放keystore文件
build.gradle	项目的gradle编译文件
settings.gradle	定义项目包含哪些模块
gradlew	编译脚本，可以在命令行执行打包
local.properties	配置SDK/NDK
MyApplication.iml	项目的配置文件
External Libraries	项目依赖的Lib，编译时自动下载

② 展开 src 目录结构，包含 Java 代码和 res 资源文件，以及 AndroidManifest.xml 主配置文件，如图 2-12 所示。

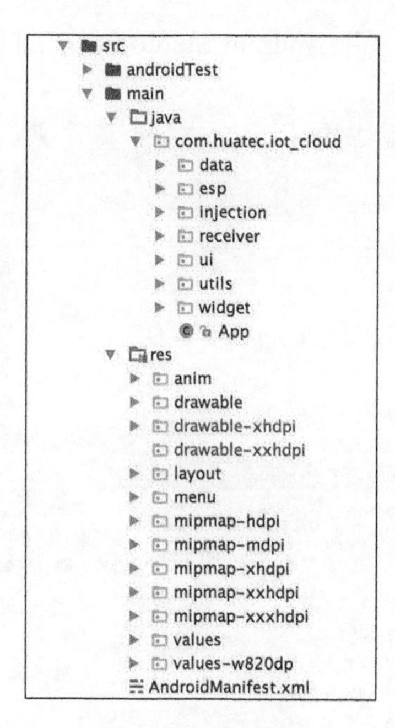

图2-12　src结构

表 2-3、表 2-4 为 src 目录结构下常用文件夹功能介绍。

表2-3　src-Java目录结构表

文件夹名称	说明
com.huatec.iot_cloud	项目主包名
data	实体类，数据存储，网络请求，相当于M层
esp	硬件联网通信
injection	Dagger2框架配置
receiver	广播
ui	Activity、Presenter、IView接口、Adapter，包括V层和P层
utils	工具类
widget	自定义View
App	Application全局配置，程序入口

表2-4　src-res目录结构表

资源文件夹	说明
Anim	自定义的动画资源文件
Drawable	各类选择器和与选择器有关的图片
drawable-hdpi/ldpi/mdpi/xhdpi/xxhdpi	不同分辨率的图片，用于适配不同分辨率的屏幕
Layout	布局文件
mimmap-hdpi/mdpi/xhdpi/xxhdpi	App Logo和一些需要优化显示效果的icon等
values/values-w820dp	样式、尺寸、文字、颜色资源等

在这里我们需要注意，使用 Android Studio 创建项目时，默认是不创建 drawable-hdpi 等文件夹的，需要手动添加。

步骤一：在 Project 目录结构下，单击 res 文件夹，选择 New->ANdroid resource directory，如图 2-13 所示。

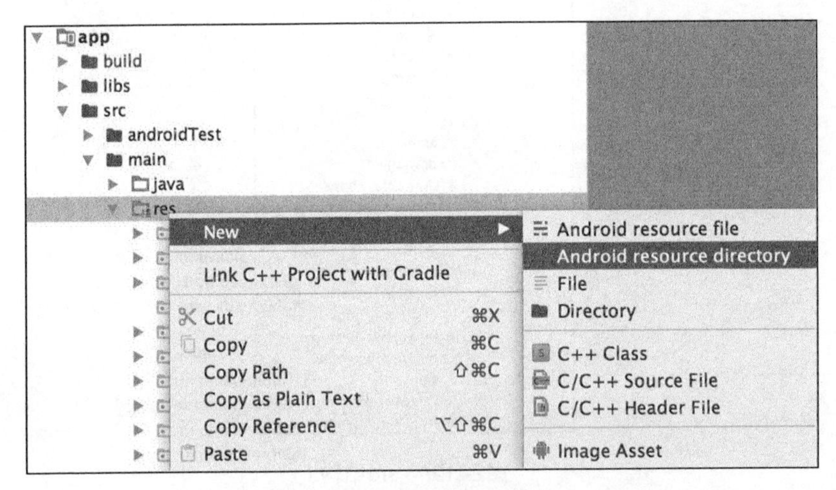

图2-13　新建资源文件夹

步骤二：在弹出的界面中，选择 Resources type 为“drawable”，选择 Available qualifiers 为“Density”，如图 2-14 所示。

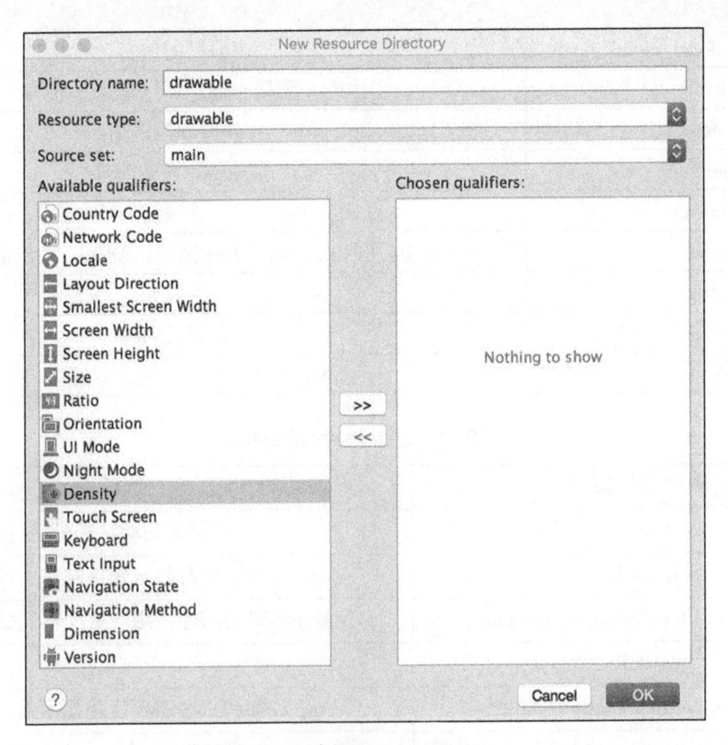

图2-14　选择Resources type

步骤三：在 Density 下拉列表中选择“XX-High Density”，相应的 Directory name 自动生成我们想要的结果，单击 OK 按钮，即可完成资源文件夹的创建，如图 2-15 所示。

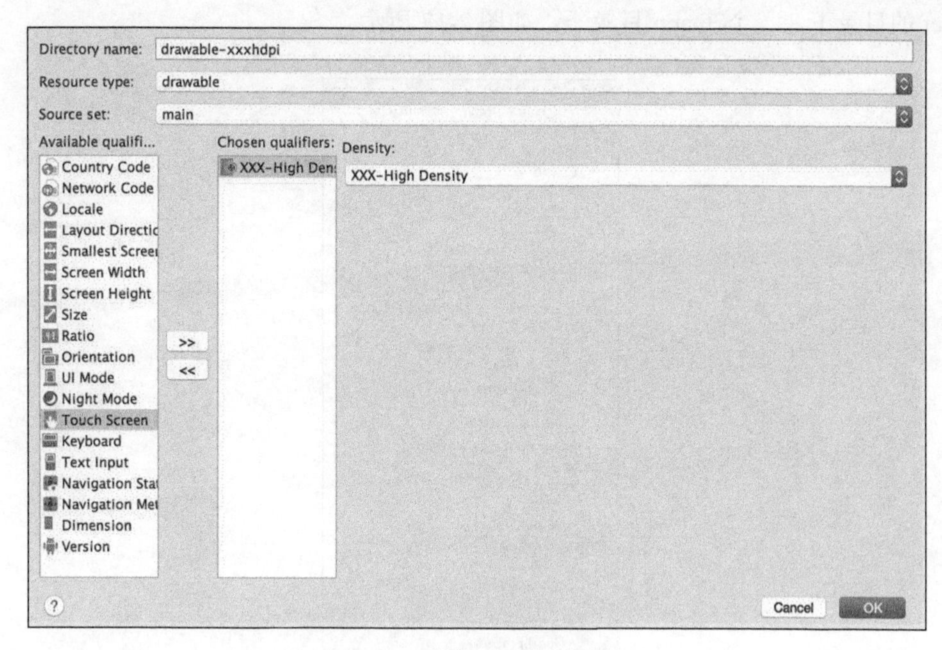

图2-15　添加Density文件夹

其余资源文件夹的创建过程与以上步骤类似，如图 2-16 所示。

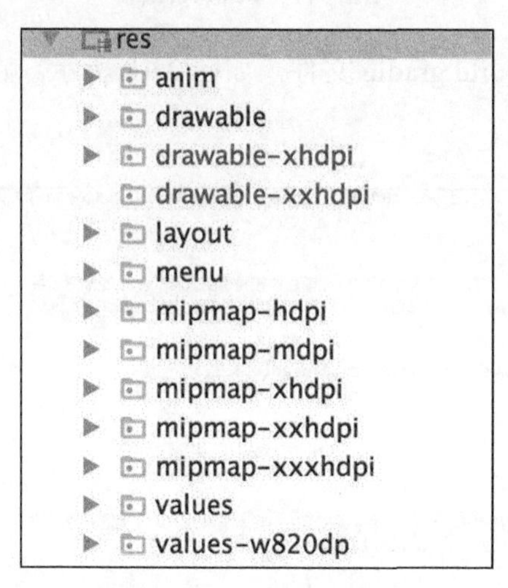

图2-16　项目资源文件夹

接下来，我们展开介绍一下 Project 和 module 下的 build.gradle 以及 AndroidManifest.xml 文件。

2. build.gradle

Android Studio 采用 Gradle 构建项目，Gradle 是一个非常先进的项目构建工具，它使用了一种基于 Groovy 的领域特定语言（DSL）来声明项目设置，摒弃了 XML（如 Ant 和 Maven）的各种烦琐配置。项目中一般会出现 2 个或者多个 build.gradle 文件，一个在 Project 的目录下，一个在 app 目录下，如图 2-17 所示。

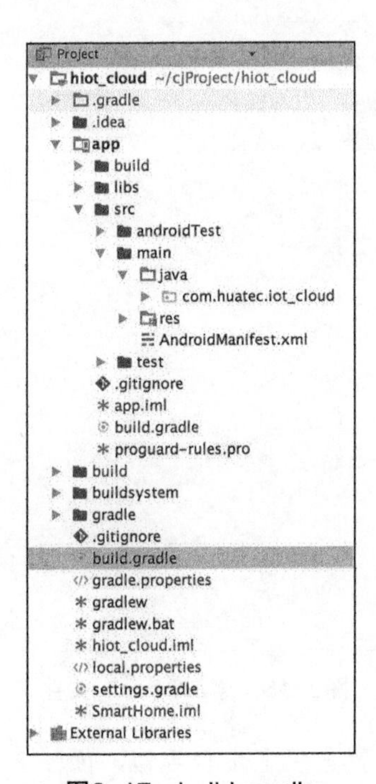

图2-17　build.gradle

① Project 目录下的 build.gradle 文件，如图 2-18 所示。它主要配置一些第三方插件和代码托管库。

```
// Top-level build file where you can add configuration options common to all sub-projects/modules.

buildscript {
    repositories { //闭包
        jcenter() //代码托管库：设置之后可以在项目中轻松引用Jcenter上的开源项目
        google()//代码托管库：设置之后可以在项目中轻松引用google上的开源项目
    }
    dependencies {
        classpath 'com.android.tools.build:gradle:3.1.3'
    }
}

allprojects {
    repositories {
        google()
        jcenter() //代码托管库：设置之后可以在项目中轻松引用jcenter上的开源项目
        maven { url 'https://jitpack.io' }
    }
}
subprojects {
    task allDeps(type: DependencyReportTask) {}
}
task clean(type: Delete) {
    delete rootProject.buildDir
}
```

图2-18　Project下build.gradle

② app 目录下的 build.gradle 文件，如图 2-19 所示。

```
apply plugin: 'com.android.application'

android {
    compileSdkVersion 24 //编译版本
//lib so包
    sourceSets {
        main {
            jniLibs.srcDirs = ['libs']
        }
    }

    defaultConfig {...}
//签名
    signingConfigs {...}

    buildTypes {...}
//    多渠道打包
    productFlavors {...}
//自定义apk输出名字
    productFlavors.all {flavor -> flavor.manifestPlaceholders = [UMENG_CHANNEL_VALUE: name]}

    compileOptions {...}
}

dependencies {
    implementation fileTree(include: ['*.jar'], dir: 'libs')
    //noinspection GradleCompatible
    implementation 'com.android.support:appcompat-v7:24.2.0'
    implementation 'com.android.support.constraint:constraint-layout:1.1.1'
    testImplementation 'junit:junit:4.12'
    androidTestImplementation 'com.android.support.test:runner:1.0.2'
    androidTestImplementation 'com.android.support.test.espresso:espresso-core:3.0.2'
    implementation 'com.google.dagger:dagger:2.5'
    annotationProcessor 'com.google.dagger:dagger-compiler:2.5'
    implementation 'com.jakewharton:butterknife:8.2.1'
```

图2-19　app下build.gradle

app 目录下的 build.gradle 可用于配置第三方库的依赖 dependencies、sdk 版本、apk 签名、多渠道打包、plugin、so 文件、NDK 等资源，具体使用需根据实际需求配置。

3. AndroidManifest.xml

AndroidManifest.xml 是 Android 应用的入口文件，它描述了 Android 四大组件：Activitiy、Service、ContentProvider、BroadcastReceiver，以及它们各自的实现类，各种能被处理的数据和启动位置，如图 2-20 所示。

```
<application
    android:name=".App"
    android:allowBackup="true"
    android:icon="@mipmap/ic_launcher"
    android:label="华晟物联"
    android:supportsRtl="true"
    android:theme="@style/AppTheme">
    <!--高德-->
    <meta-data
        android:name="com.amap.api.v2.apikey"
        android:value="d26af68feef5da5f8a20d1940c4712fc" />
    <service android:name="com.amap.api.location.APSService"></service>

    <!--友盟多渠道打包-->
    <meta-data
        android:name="UMENG_CHANNEL"
        android:value="${UMENG_CHANNEL_VALUE}" />

    <activity
        android:name=".ui.SplashActivity"
        android:configChanges="orientation|keyboardHidden|screenSize|"
        android:screenOrientation="portrait"
        android:theme="@style/welcom">
        <intent-filter>
            <action android:name="android.intent.action.MAIN" />

            <category android:name="android.intent.category.LAUNCHER" />
        </intent-filter>
    </activity>
```

图2-20　application标签内部配置

除了能声明程序中的四大组件及其实现类，还能指定 permissions 和 instrumentation（安全控制和测试），如图 2-21 所示。

```
manifest
<?xml version="1.0" encoding="utf-8"?>
<manifest xmlns:android="http://schemas.android.com/apk/res/android"
    package="com.huatec.iot_cloud">
    <!--非敏感权限-->
    <uses-permission android:name="android.permission.INTERNET" />
    <uses-permission android:name="android.permission.FLASHLIGHT" />

    <uses-feature android:name="android.hardware.camera" />
    <uses-feature android:name="android.hardware.camera.autofocus" />

    <uses-permission android:name="android.permission.VIBRATE" />
    <uses-permission android:name="android.permission.WAKE_LOCK" />
    <!--敏感权限-->
    <uses-permission android:name="android.permission.CAMERA" />
    <uses-permission android:name="android.permission.READ_EXTERNAL_STORAGE" />
    <uses-permission android:name="android.permission.WRITE_EXTERNAL_STORAGE" />
```

图2-21　权限配置

AndroidManifest.xml 的根标签是 manifest，manifest 下包含 package（包名）、permisssion（权限）和 application 标签。Android 系统 6.0 版本以上，将权限分为敏感权限和非敏感权限。例如，一些联系人、短信、照片等被归为敏感权限，在使用时，既需要在配置文件中注册，也需要动态获取权限。application 标签对应 Application 类，可配置主题、应用图标、名称等。除此之外，四大组件的注册也是在 application 标签下，如果使用了第三方开发平台 SDK，还需要配置 <meta-data> 标签。

2.2.2　MVP架构模式

1. 架构设计的目的

架构设计的目的是为了提高工作效率，通过设计使程序模块化，做到模块内部的高聚合和模块之间的低耦合。使得程序在开发的过程中，开发人员只需要专注于一点，提高程序开发的效率，并且更容易进行后续的测试以及定位问题。但设计不能违背目的，对于不同量级的工程，具体架构的实现方式是不同的。例如：一个 App 只有 5 个 Java 文件，它只需要做到模块和层次的划分就可以，引入框架或者架构反而提高了工作量，降低了工作效率。如果我们开发的 App 最终代码量在几十万行以上，且有很多复杂和重复性的操作，例如网络请求、数据解析等，就需要考虑到团队人员之间的相互配合，那就需要在架构上进行一些思考。

2. 基于 MVP 的架构设计思路

在 App 开发过程中，经常出现的问题就是某一部分的代码量过大，虽然做了模块划分和接口隔离，但也很难完全避免。从实践中看到，这更多地出现在 UI 部分，也就是 Activity 里。如果你遇到代码几千行以上基本不带注释的 Activity，你的第一反应可能就是头脑发麻。Activity 内容过多的原因其实很好解释，因为 Activity 本身需要担负与用户之间的操作交互，再加上现在大部分的 Activity 还对整个 App 起到控制器的作用，这又带入了大量的逻辑代码，造成 Activity 的“臃肿”。为了解决这个问题，我们引入了 MVP 框架思路。

3. 什么是 MVP

MVP 是一种使用广泛的基础架构模式，使用基于事件驱动的应用框架。MVP 是从更早的 MVC 框架演变过来的一种框架，与 MVC 有一定的相似性。MVP 框架由 View 负责视图、Presenter 负责逻辑处理、Model 提供数据三部分组成。MVP 与 MVC 之间最主要的区别在控制层上，在 MVP 框架中，View 与 Model 并不直接交互，所有的交互放在 Presenter 中；而在 MVC 里，View 与 Model 会直接产生一定的交互。MVP 的 Presenter 是框架的控制者，承担了大量的逻辑操作，而 MVC 的 Controller 更多时候承担一种转发的作用。因此在 App 中引入 MVP 的原因，是为了将此前在 Activty 中包含的大量逻辑操作放到控制层中，避免 Activity 的"臃肿"。MVP 的变种有很多，其中使用最广泛的是 Passive View 模式，即被动视图。在这种模式下，整个框架内部模块之间的逻辑操作均由 Presenter 控制，View 仅仅是整个操作的汇报者和结果接收者，Model 根据 Presenter 的单向调用返回数据。并且 MVP 模式使得 View 与 Model 的耦合性更低，降低了 Presenter 对 View 的依赖，实现了关注点分离的初衷，方便开发人员的编码和测试工作。

图 2-22 所示为 MVP 与 MVC 模式对比。

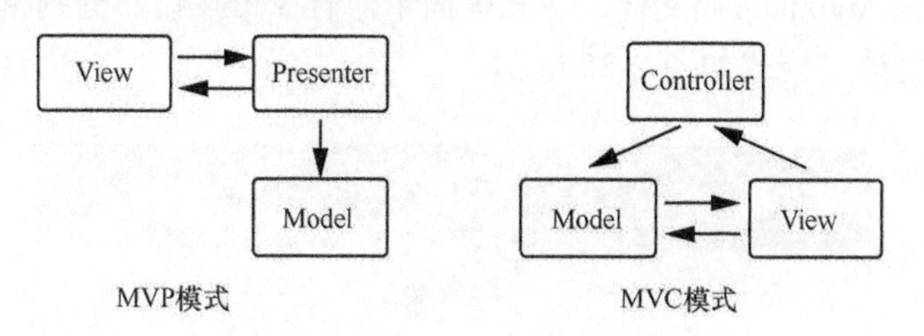

图2-22 MVP与MVC模式对比图

4. 如何使用 MVP

具体到 Android App 中，我们一般将 App 根据程序的结构进行纵向划分，对应 MVP 分别为模型层、视图层和逻辑层。模型层用于提供数据源，负责对数据的存取操作，例如数据库的读写、网络数据的请求等；视图层负责 UI 处理，具体是一个 View 接口，由 Activity 或 Fragment 实现；逻辑层，顾名思义，用于实现业务逻辑，既可以调用 UI 逻辑，也可以处理网络请求逻辑，该层为纯 Java 类，不涉及任何 Android API。三层之间的调用顺序是：View → Presenter → Model，那 Model 层如何反馈给 Presenter 层的呢？Presenter 又是如何操控 View 层呢？它们之间的关系如图 2-23 所示。

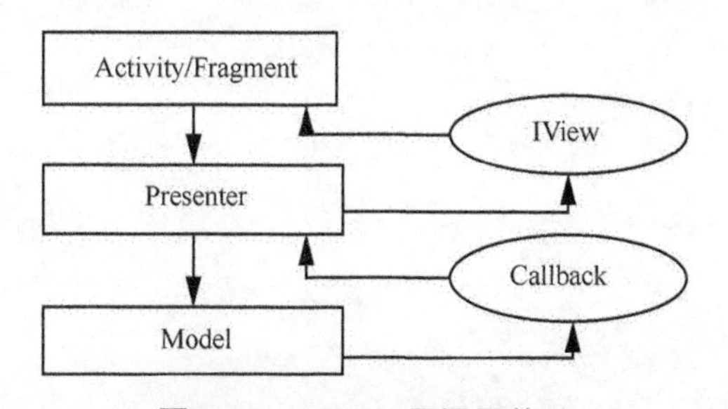

图2-23 MVP三层调用关系

低层次的不会直接给上一层做反馈，而是通过 IView、Callback 为上级做出反馈，这样就解决了请求数据与更新界面的异步操作。图 2-23 中 IView 和 Callback 都是以接口的形式存在的，其中 IView 是经典 MVP 架构中定义的，Callback 是我们自己定义的。IView 中定义了 Activity/Fragment 的具体操作，主要是将请求的数据在界面中进行更新。Callback 是 Model 层给 Presenter 层反馈请求信息的载体，定义了请求数据时反馈的各种状态：成功、失败、异常等。我们以 MVP 模式模拟一个网络请求的小例子，代码结构如图 2-24 所示。

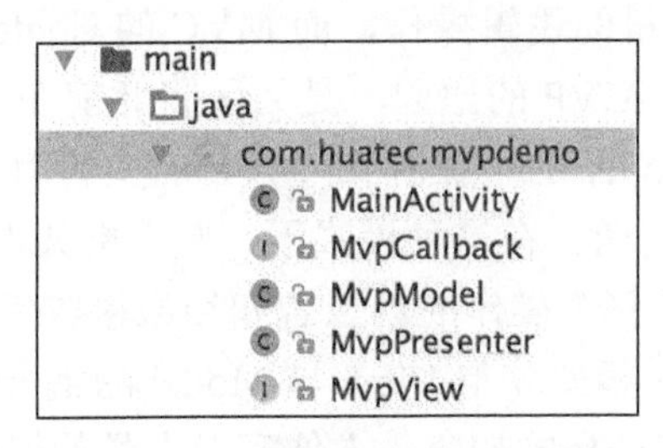

图2-24　MVPdemo代码结构

第一步：定义 layout 布局文件，样式很简单，有 3 个按钮，分别模拟网络请求成功、请求失败、请求完成，样式如图 2-25 所示。

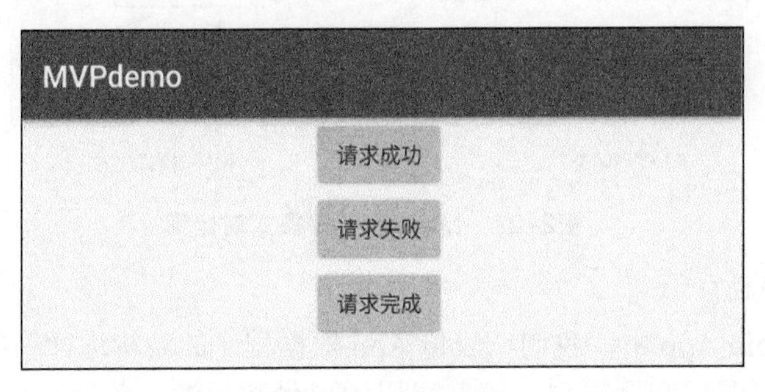

图2-25　页面设计

第二步：在 MainActivity 中加载布局并定义 Button 的单击事件。

第三步：创建 MvpCallback 接口，并定义网络请求时成功、失败、完成的方法，代码路径如下：

【代码 2-1】 MvpCallback.java

```
public interface MvpCallback {
    /**
     * 数据请求成功
     * @param data 请求到的数据
     */
    void onSuccess(String data);
    /**
     * 请求数据失败：
     */
    void onError(String error);
    /**
     * 当请求数据完成
     */
    void onComplete();
}
```

第四步：创建 MvpModel 类，MvpModel 类中定义了具体的网络请求操作，通过判断请求参数反馈不同的请求状态，代码路径如下：

【代码 2-2】 MvpModel.java

```
public class MvpModel {
   /**
    * 获取网络接口数据
    * @param param     请求参数
    * @param callback 数据回调接口
    */
   public static void getNetData(final String param, final MvpCallback
callback) {
        switch (param) {
            case "normal":
                callback.onSuccess(" 请求网络数据成功 ");
                break;
            case "error":
                callback.onError(" 请求异常 ");
                break;
            case "complete":
                callback.onComplete();
                break;
        }
   }
}
```

第五步：创建 MvpView 接口，它的作用是实现 Presenter 与 Activity 的通信，为 Presenter 提供 Activity 中具体 UI 逻辑操作的方法。这里我们创建了 3 个更新 UI 的方法，分别对应网络请求的 3 种状态，代码路径如下：

【代码 2-3】 MvpView.java

```
public interface MvpView {
    /**
     * 当数据请求成功后，调用此接口显示数据
     * @param data 数据源
     */
    void showData(String data);
    /**
     * 当数据请求异常，调用此接口提示
     */
    void showErrorMessage(String error);
    /**
     * 当数据请求异常，调用此接口提示
     */
    void showComplete();
}
```

第六步：创建 MvpPresenter 类，处理网络请求的业务逻辑，并对数据请求的反馈进行处理，代码路径如下：

【代码 2-4】 MvpPresenter.java

```
public class MvpPresenter {
    // View 接口
    private MvpView mView;
    public MvpPresenter(MvpView view) {
        this.mView = view;
    }
    /**
     * 获取网络数据
     * @param params 参数
     */
    public void getData(String params) {
        // 调用 Model 请求数据
        MvpModel.getNetData(params, new MvpCallback() {
            @Override
            public void onSuccess(String data) {
                //调用 view 接口显示数据
                mView.showData(data);
            }
            @Override
            public void onError(String error) {
                //调用 view 接口提示请求异常
                mView.showErrorMessage(error);
            }
            @Override
            public void onComplete() {
                // 隐藏正在加载进度条
                mView.showComplete();
            }
        });
    }
}
```

MvpPresenter 的构造方法中有一个 MvpView 参数，该参数作为 MvpPresenter 与 Activity 之间沟通的媒介，可以通知 Activity 更新 UI。

第七步：在 MainActivity 中实例化 MvpPresenter，可以通过 button 单击事件调用 getData() 方法。MvpPresenter 实例化需要依赖 MvpView，因此，MainActivity 需要实现 MvpView，并实现其定义的更新 UI 的方法，代码如下：

【代码 2-5】 MainActivity.java

```
public class MainActivity extends AppCompatActivity implements
OnClickListener, MvpView {
    private Button button1, button2, button3;
    private MvpPresenter mvpPresenter;
    @Override
    protected void onCreate(Bundle savedInstanceState) {
        super.onCreate(savedInstanceState);
        setContentView(R.layout.activity_main);
        //…
```

```
        mvpPresenter = new MvpPresenter(this);
    }
    @Override
    public void onClick(View view) {
        switch (view.getId()) {
            case R.id.bt1:
                mvpPresenter.getData("normal");
                break;
            case R.id.bt2:
                mvpPresenter.getData("error");
                break;
            case R.id.bt3:
                mvpPresenter.getData("complete");
                break;
        }
    }
    @Override
    public void showData(String data) {
        Toast.makeText(this, data, Toast.LENGTH_SHORT).show();
    }
    @Override
    public void showErrorMessage(String error) {
        Toast.makeText(this, error, Toast.LENGTH_SHORT).show();
    }
    @Override
    public void showComplete() {
        Toast.makeText(this, "请求完成", Toast.LENGTH_SHORT).show();
    }
}
```

至此，一个简易的MVP架构就部署完成了。但是MVP架构仍存在漏洞，例如，没有考虑到View调用时可能会引发的空指针异常、代码冗余、通用性情况，所以此MVP架构还不能用于实际的开发当中。接下来，我们要封装优化MVP架构，主要体现在以下两个方面：

① View调用时可能引发的空指针异常；

② 在分层的基础上加入模板方法（Template Method），构建Base层。

调用View引发空指针异常的条件是：Presenter请求网络数据时需要等到后台反馈数据后才能更新界面，但是在请求过程中，如果当前Activity突然因为某种原因被销毁，Presenter收到后台反馈并调用View接口处理UI逻辑时会引发空指针异常。

解决的办法是Presenter每次调用View接口前都要监测宿主Activity的生命状态。之前Presenter在构造方法中引用View接口，现在我们需要修改Presenter引用View接口的方式让View接口与宿主Activity共存亡，代码路径如下：

【代码2-6】　MvpPresenter.java

```
public class MvpPresenter {
    // View接口
    private MvpView mView;
    public MvpPresenter(){
```

```
            // 构造方法中不再需要 View 参数
        }
        /**
         * 绑定 view，一般在 Activity 的 onCreate 中调用该方法
         */
        public void setView(MvpView  mvpView) {
            this.mView= mvpView;
        }
        /**
         * 断开 view，一般在 Activity 的 onDestroy 中调用
         */
        public void detachView() {
            if (null!=mView){
                this.mView= null;
            }
    }
        /**
         * 是否与 View 建立连接
         * 每次调用业务请求的时候都要先调用该方法检查 Presenter 是否与 View 建立
连接
         */
        public boolean isViewAttached(){
            return mView!= null;
        }
       // 获取网络数据
        public void getData(String params){…}
    }
```

以上 MvpPresenter 代码中增加了 3 个方法。

① setView()：绑定 View 引用。

② detachView()：断开 View 引用。

③ isViewAttached()：判断 View 引用是否存在。

其中 setView() 和 detachView() 是为 Activity 准备的，isViewAttached() 作用是在 Presenter 内部每次调用 View 接口中的方法时判断 View 的引用是否存在的，例如，getData() 方法中调用 MvpView 的 showData()，代码路径如下：

【代码 2-7】 MvpModel.java

```
public void getData(String params) {
        // 调用 Model 请求数据
        MvpModel.getNetData(params, new MvpCallback() {
            @Override
public void onSuccess(String data) {
// 判断 View 引用是否存在
                if (isViewAttached()) {
                    // 调用 view 接口显示数据
                    mView.showData(data);
                }
            }
        // 其他方法省略，同理
```

```
        });
    }
```

Activity 中的做法是：在 onCreate() 中初始化 Presenter，绑定 View 的引用，在 onDestroy() 中断开 View 的引用，代码路径如下：

【代码 2-8】 MainActivity.java

```
public class MainActivity extends AppCompatActivity implements
OnClickListener, MvpView {
    private MvpPresenter mvpPresenter;
    @Override
    protected void onCreate(Bundle savedInstanceState) {
        super.onCreate(savedInstanceState);
        setContentView(R.layout.activity_main);
        mvpPresenter = new MvpPresenter();
        mvpPresenter.setView(this);
    }
    @Override
    protected void onDestroy() {
        super.onDestroy();
        if (mvpPresenter != null) {
            mvpPresenter.detachView();
        }
    }
}
```

至此，调用 View 引发的空指针异常就完成优化了。

接下来，开始构建 Base 层。具体的做法是：MVP 中的所有单元都设计一个顶级父类来减少重复的冗余代码，最后将所有父类单独分到一个 base 包中供外界继承调用。

Base 层代码结构如图 2-26 所示。

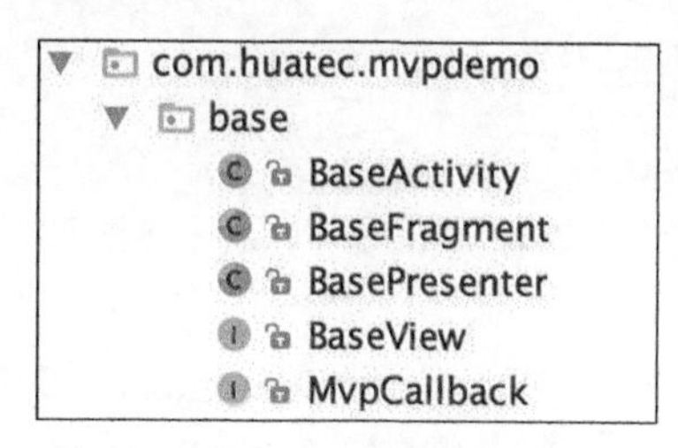

图2-26 Base层目录结构

MvpCallback 接口中定义了网络请求的各种状态，其中 onSuccess() 方法需要根据请求数据的类型设置不同类型的参数，所以每当出现新的数据类型时都需要新建一个 MvpCallback，具体方法是引入泛型的概念，调用者可以定义具体想要接收的数据类型，代码路径如下：

【代码 2-9】 MvpCallback.java

```
public interface MvpCallback<T> {
    /**
     * 数据请求成功
```

```
        * @param data 请求到的数据
        */
       void onSuccess(T data);
       /**
        * 请求数据失败，指在请求网络 API 接口请求方式时，出现无法联网、
        * 缺少权限，内存泄露等原因导致无法连接到请求数据源
        */
       void onError(String error);
       /**
        * 当请求数据结束时，无论请求结果是成功还是失败或是抛出异常都会执行此方法
给用户做处理，通常做网络
        * 请求时可以在此处隐藏 " 正在加载 " 的等待控件
        */
       void onComplete();
   }
```

View 接口中定义了 Activity 的 UI 逻辑，这里暂且定义为空，由子类继承后再扩展代码路径如下：

【代码 2-10】 BaseView.java

```
   public interface BaseView {}
```

Presenter 中可共用的代码有两类：一类是引用 View 接口；二类是网络请求的业务逻辑。这里的 View 接口我们希望都是 BaseView 的子类，它需要使用泛型约束，代码路径如下：

【代码 2-11】 BasePresenter.java

```
   public abstract class BasePresenter <V extends BaseView>{
       private V view;
       public void setView(V mvpView) {
           this.view = mvpView;
       }
       public V getView(){
           return view;
       }
   }
```

网络请求逻辑的通用性需要依赖 Model 以及网络框架的配置，这部分内容将在项目 3 中详述。

BaseActivity 有两个职责：一是实例化 Presenter，绑定或解绑 View；二是负责实现 BaseView 中通用的 UI 逻辑方法。由于每个 Activity 都可能有自己对应的 Presenter 和 View，我们可以设置实例化 Presenter 这部分操作由目标 Activity 完成，base 层只提供抽象的方法：代码路径如下：

【代码 2-12】 BaseActivity.java

```
   public abstract class BaseActivity<V extends BaseView, P extends
BasePresenter<V>> extends AppCompatActivity implements BaseView {
       private P mvpPresenter;
       @Override
       protected void onCreate(@Nullable Bundle savedInstanceState) {
           super.onCreate(savedInstanceState);
```

```
        //实例化 Presenter
        mvpPresenter = createPresenter();
       // 绑定 view
        if (mvpPresenter != null) {
            mvpPresenter.setView((V) this);
        }
    }
    /**
     * 抽象的实例化 Presenter 方法
     */
    protected abstract P createPresenter();
    @Override
    protected void onDestroy() {
        super.onDestroy();
        //断开 View
        if (mvpPresenter != null) {
            mvpPresenter.detachView();
        }
    }
}
```

BasePresenter 和 BaseView 都使用了泛型约束，因此，BaseActivity 也需要使用泛型约束。

在日常开发中，并不是所有的 UI 处理都在 Activity 中进行，Fragment 也是很重要的一员，那么如何将 Fragment 结合到 MVP 中呢？

封装 BaseFragement 的做法跟 BaseActivity 很类似，需要注意的是 Fragement 的生命周期和 Activity 的生命周期不同，图 2-27 是 Activity 与 Fragment 生命周期对比。

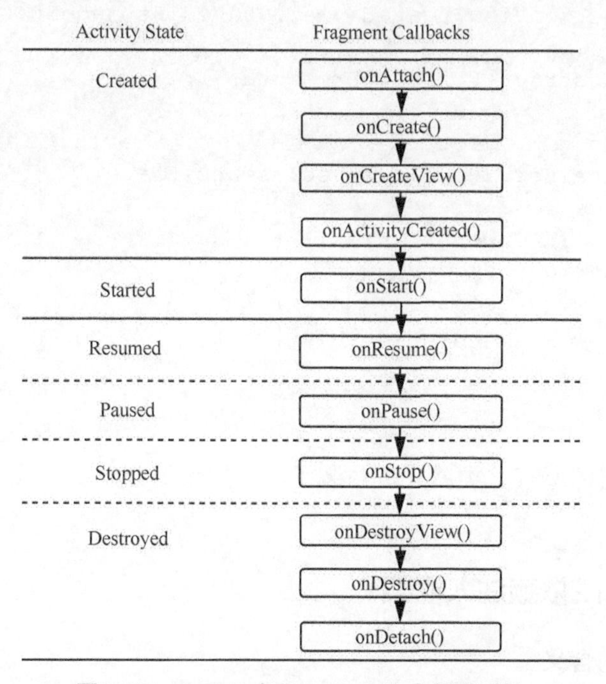

图2-27 Activity与Fragment生命周期对比

Fragment 中使用 onCreateView() 创建其对应的视图，也可使用 onViewCreated() 进行初始化操作，例如，Presenter 实例化和 View 绑定，该方法在 onViewCreated() 之后调用。Fragment 调用 onDestroyView() 时可以销毁与 Fragment 有关的视图，在这个方法里可以解绑 View。实例化 Presenter 和初始化视图都可以写成抽象方法，供子类使用代码路径如下：

【代码 2-13】 BaseFragment.java

```
  public abstract class BaseFragment<V extends BaseView, P extends
BasePresenter<V>> extends Fragment implements BaseView {
      private P mvpPresenter;
      @Nullable
      @Override
       public View onCreateView(LayoutInflater inflater, ViewGroup
container, Bundle savedInstanceState) {
             View view = initView(inflater, container,
savedInstanceState);
          return view;
      }
      @Override
  public void onViewCreated(View view, Bundle savedInstanceState) {
  //创建 Presenter 实例
          mvpPresenter = createPresenter();
          if (mvpPresenter != null) {
            //绑定 View
              mvpPresenter.setView((V) this);
          }
          super.onViewCreated(view, savedInstanceState);
      }
  protected abstract P createPresenter();
  //初始化视图
       public abstract View initView(LayoutInflater inflater,
ViewGroup container, Bundle savedInstanceState);
      @Override
      public void onDestroyView() {
          super.onDestroyView();
          if (mvpPresenter != null) {
              mvpPresenter.detachView();
          }
      }
  }
```

至此，Base 层的所有父类就完成封装了。在后续的开发中，我们还可以根据实际需扩展优化父类。

2.2.3 Dagger2依赖注入框架

1. Dagger2 的含义

Dagger2 是一个给 Android 和 Java 使用的快速依赖注射器。其最大的好处是模块间解耦，这个耦合是由类之间的依赖引起的。依赖注入的配置独立于初始化处，配置更改方便，可提高代码的健壮性和可维护性。

2. 依赖注入的含义

依赖注入是目标类（需要进行依赖初始化的类）中所依赖的其他的类的初始化过程，它不是通过手动编码的方式创建的，而是通过技术手段把其他类中已经初始化的实例自动注入目标类中。

3. 依赖注入的方式

例如，我们在写面向对象的程序时，会用到组合，即在一个类中引用另一个类，从而可以调用引用类中的方法完成某些功能，具体代码如下：

【代码 2-14】 A 依赖 B

```
public class A {
    ...
    B b;
    ...
    public A() {
        b = new B();
    }
    public void do() {
        ...
        b.doSomething();
        ...
    }
}
```

这时就产生了依赖问题，A 必须借助 B 的方法，才能完成一些功能。但是我们在 A 的构造方法里面直接创建了 B 的实例，这种做法，违背了单一职责原则，而且 B 实例的创建不应由 A 来完成；其次耦合度增加，扩展性差，我们如果想在实例化 B 的时候传入参数，就必须改动 A 的构造方法，这种操作不符合开闭原则。

因此，我们需要一种注入方式，将依赖注入到目标类（或者叫宿主类）中，从而解决上面所述的问题。依赖注入有以下几种方式。

（1）通过接口注入

接口注入代码如下：

【代码 2-15】 接口注入

```
interface BInterface {
      void setB(B b);
  }
  public class A implements BInterface {
      B b;
      @override
      void setB(B b) {
          this.b = b;
      }
}
```

（2）通过 set 方法注入

Set 方法注入代码如下：

【代码 2-16】 set 方法注入

```
public class A {
        B b;
        public void setB(B b) {
            this.b= b;
        }
}
```

（3）通过构造方法注入

构造方法代码如下：

【代码 2-17】 构造方法注入

```
public class A {
        B b;
        public void A(B b) {
            this.b = b;
        }
}
```

（4）通过 Java 注解注入

Java 注解注义如下：

【代码 2-18】 Java 注解注入

```
public class A {
        //此时并不会完成注入，还需要依赖注入框架的支持
        @inject B b;
        public A() {}
}
```

Dagger2 中使用的是 Java 注解注入方式，它通过注解的方式，将依赖注入目标类中。

4. 将 Dagger2 引入 MVP 中的意义

传统的 MVP 模式将 Activity 拆解为三层并产生了大量的类，也产生了类与类之间的依赖，它主要表现在以下两个方面。

（1）Presenter 在 Activity 的耦合

传统的 MVP 中 Presenter 是在 Activity 中初始化的，即系统显示新增了一个对象，那么这个 Activity 中就有了耦合在里面。假如项目中多次用到 Presetner，但 Presenter 却依赖某个对象，因此，我们需要在构造方法中传入这个对象，那么，我们是不是要找到所有初始化 Presenter 的对象，并修改它呢？如果项目使用的是 Dagger2，我们则不用关心 Presenter 是如何创建的，只需要使用它的注解，并独立配置即可。

（2）model 在 Presenter 中的耦合

传统的 MVP 中 model 也是在 Presenter 中初始化的，即系统显示新增了一个对象，同样也会有一个耦合在里面。多个 Presenter 共用一个 model 类时，需求要更改，则 model 需要传入一个对象完成实例化，那么所有用到这个 model 的 Presenter 都需要改动。在这种情景下，可以通过 dagger2 注入 model，在 dagger2 的 module 中修改这个 model 就

可以了。

Dagger2 通过注解的方式，可以实现对象的统一管理（简化初始化）。目标类无需关心所依赖对象的初始化过程，由 Dagger2 独立配置。

5.Dagger2 配置

在 Module gradle 中加入以下依赖，具体代码如下：

【代码 2-19】 Module gradle 配置

```
dependencies {
implementation 'com.google.dagger:dagger:2.5'
annotationProcessor 'com.google.dagger:dagger-compiler:2.5'
    }
```

6. 注解

Dagger2 有几个基础注解，分别是：@Inject、@Component、@Module、@Provide，下面我们分别介绍它们的作用。

@Inject：主要有两个作用，一个是在构造函数上使用，通过标记构造函数让 Dagger2 来使用它，Dagger2 通过 Inject 标记可以在使用时通过标记找到这个构造函数并把相关实例 new 出来，从而提供依赖代码如下：

【代码 2-20】 com.huatec.dagger2test.Presenter

```
public class Presenter {
    @Inject
    public Presenter() {
Log.e(TAG, "log: " + "Presenter 使用 @Inject 标注在构造方法上完成注入 ");
}
}
```

@Inject 的另一个作用就是标记在需要依赖的变量上，让 Dagger2 为其提供依赖，代码路径如下：

【代码 2-21】 MainActivity .java

```
public class MainActivity extends AppCompatActivity {
  @Inject
Presenter mPresenter;
}
```

【注意】

变量不能是被 private 修饰的。

那么 Inject 的构造函数如何与 Inject 的变量联系起来呢？答案是：需要一个桥梁来把它们之间连接起来，这个桥梁就是 Component。

@Component：一般用来标注接口，被标注了 Component 的接口在编译时会产生相应的类的实例来作为提供依赖方和需要依赖方之间的桥梁，并把相关依赖注入其中，代码路径如下：

【代码 2-22】 PresenterComponent.java

```
@Component
public interface PresenterComponent {
void inject(MainActivity mainActivity);
}
```

Component 桥梁是如何工作的呢？

Component 需要引用目标类的实例 (MainActivity)，并查找目标类中用 Inject 注解标注的属性，查找到相应的属性后，会接着查找该属性对应的被 Inject 标注的构造函数，这时就产生联系了，如图 2-28 所示；最后初始化该属性的实例，并把实例赋值。因此我们也可以形象地把 Component 比作注入器（Injector）。

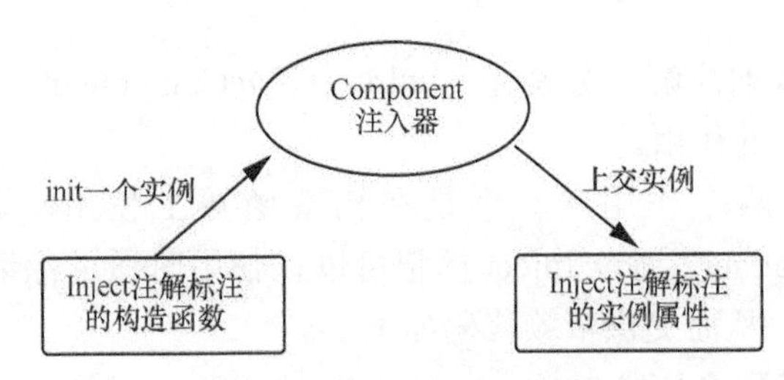

图2-28 Component原理

现在有个新问题：项目中使用了第三方的类库，例如，网络请求数据解析等，我们又不能修改第三方类库，所以根本不可能把 Inject 注解加入这些类中，这时我们的 Inject 就失效了，那该怎么办呢？因此，Dagger2 为我们提供了 @Module 注解。

@Module：被 Module 标注的类是专门提供依赖的，Module 可以给不能修改源码的类提供依赖，当然，能用 Inject 标注的类通过 Module 也可以提供依赖，而且 Module 优先级高于 Inject。Module 其实是一个简单的工厂模式，Module 里面的方法基本都是创建类实例的方法。

Module 的写法很简单，只要提供一个 Module 类，给类打上 @Module 的注解即可，具体代码如下：

【代码 2-23】 PresenterModule.java

```
@Module
public class PresenterModule {
    @Provides
    Presenter providePresenter(){
        Log.e(TAG, "Presenter 使用 @Module 的方式注入 ");
        return new Presenter();
    }
}
```

@Provides：Provides 被用来标注方法，该方法可以在需要提供依赖时调用，从而把预先提供好的对象当作依赖给标注了 @Inject 的变量赋值，provide 被用于标注 Module 里的方法。上述代码中 providePresenter() 返回了一个 Presenter 对象，并使用 @Provides 标注，可提供给 @Inject 标注的 Presenter 变量。

【注意】

Module 提供实例的方法，其方法名可以任意取，但最好是以 provide 开头，这样能增加代码的可读性。

接下来问题来了，因为 Component 是注入器（Injector），Component 怎么才能与 Module 有联系呢？

上文中讲到 Component 一端连接目标类，另一端连接目标类依赖的实例，Module 的作用是提供实例，因此，它和 Component 的实例端站在一个队伍里。Component 的新职责是管理 Module，它的 modules 属性可以将其加入 Component 中，并告诉 Dagger2 它需要依赖哪一个 modules，如图 2-29 所示。modules 可以加入多个 Module，代码如下：

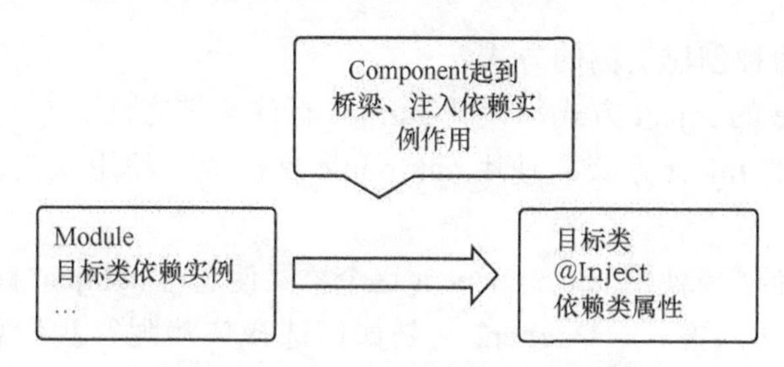

图2–29　Component管理Module

【代码 2-24】 PresenterComponent.java

```
@Component(modules = PresenterModule.class)
public interface PresenterComponent {
    void inject(MainActivity mainActivity);
}
```

Module 和 Component 的工作原理我们都已经了解了，还剩下最后一步“注入”。使用 Android Studio 的 Build 菜单编译项目，使它自动生成我们编写的 Component 所对应的类，生成的类的名字的格式为“Dagger+ 我们所定义的 Component 的名字”；然后调用自动生成的 Component 类的方法，方法有 create() 或 builder().build()，然后 inject 到当前类，完成 Component 的初始化。在这之后就可以使用 @Inject 注解标注的变量了，代码如下：

【代码 2-25】 MainActivity.java

```
public class MainActivity extends AppCompatActivity {
    @Inject   // 使用 @Inject 标注变量
    Presenter mPresenter;
    private PresenterComponent presenterComponent;
    @Override
    protected void onCreate(Bundle savedInstanceState) {
        super.onCreate(savedInstanceState);
        setContentView(R.layout.activity_main);
```

```
            //注入
            DaggerPresenterComponent.create().inject(this);
            mPresenter.log();
        }
    }
```

至此，Dagger2 基础注解就讲解完了。最后，我们通过图 2-30 表示四大注解之间的关系和作用。

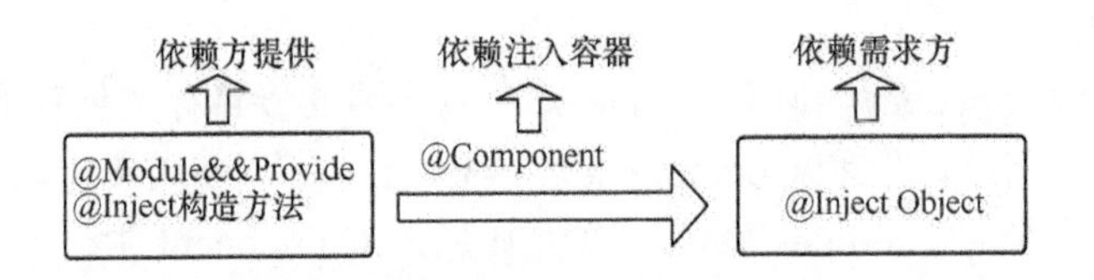

图2-30　Dagger2基础注解关系

Dagger2 提供两种创建实例的方式。

① 不带 Module 的 Inject 方式，使用 @Injec 标注构造方法。

② 带 Module 的 Inject 方式，使用 @Module 标注类，使用 @Provides 标注提供实例的方法。

以上两种方式都需要使用 @Component 这个桥梁使之与 @Inject 标注的变量产生联系。

面对以上两种注入方式，Dagger2 又是如何选择依赖呢？我们总结了 Dagger2 的注入规则，若 Dagger2 在 Module 中找不到创建该类的方法，则查看该类的构造方法是否标注 @Inject。

7. 注入规则

步骤 1：查找 Module 中是否存在创建该类的方法。

步骤 2：若存在创建类的方法，并查看该方法是否存在参数。

步骤 2.1：若不存在参数，则直接初始化该类实例，完成一次依赖注入。

步骤 2.2：若存在参数，则按步骤 1 开始依次初始化每个参数。

步骤 3：若不存在创建类方法，则查找 Inject 注解的构造函数，看构造函数是否存在参数。

步骤 3.1：若不存在参数，则直接初始化该类实例，完成一次依赖注入。

步骤 3.2：若存在参数，则从步骤 1 开始依次初始化每个参数。

从注解了 @Inject 的对象开始，Dagger2 从 Module 和注解过的构造方法中获得实例，若在获取该实例的过程中需要使用其他类的实例，则继续获取被使用类的实例对象的依赖，方法同样是从 Module 和标注过的构造方法中获取，并不断递归这个过程直到所有被需要的类的实例创建完成，在这个过程中 Module 的优先级高于注解过的构造方法。

2.2.4　Dagger2解决Presenter依赖注入

在 MVP 中，最常见的两种依赖关系就是 Activity 持有 Presenter 的引用，Presenter 持有 Model 的引用。

如何解决 Presenter 的依赖注入问题？

① 在 MVP 封装的基础上，我们引入 Dagger2 的配置。

Dagger2 代码目录结构如图 2-31 所示。

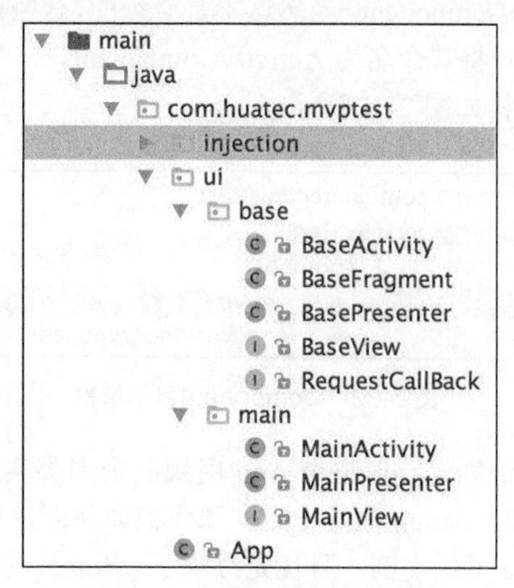

图2-31　引入dagger目录结构

injection 存放与 Dagger2 相关的类，Base 层调整到 ui 包下，App 作为全局的 Application 放于主包下。

② 新建 MainPresenter 使其继承于 BasePresenter，MainPresenter 持有 View 接口的引用。所以，还需要创建 MainView 接口使其继承于 BaseView。

③ 在 MainPresenter 的构造方法上使用 @Inject 标注代码路径如下：

【代码 2-26】 MainPresenter.java

```
public class MainPresenter extends BasePresenter<MainView> {
    @Inject
    public MainPresenter() {}
}
```

④ 在 MainActivity 中使用 @Inject 标注 MainPresenter 变量代码路径如下：

【代码 2-27】 MainActivity.java

```
public class MainActivity extends BaseActivity<MainView,MainPrese
nter> implements MainView {
    @Inject
    MainPresenter presenter;
}
```

⑤ 创建 Component 注入器。

创建 Component 注入器时要考虑如何划分 Component 的颗粒度。如果只有一个 Component，会因为职责太多而导致维护难、变化率高等问题。所以，Component 被划分为粒度小的 Component。

有以下划分的规则如下。

1）划分一个全局的 Component，将其命名为 ApplicationComponent，它负责管理整个 App 的全局类实例，这些类基本都是单例。

2）每个页面对应一个 Component，比如一个 Activity 页面定义一个 Component，一个 Fragment 页面定义一个 Component。当然这不是必须的，有些页面的依赖的类是一样的，可以共用一个 Component，将其命名为 ActivityComponent。

Component 的代码结构如图 2-32 所示。

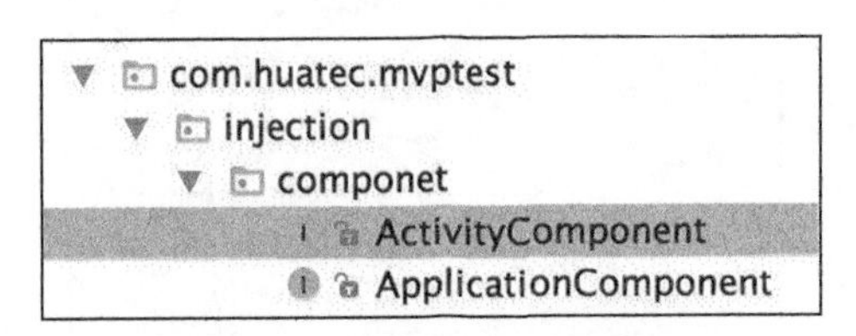

图2-32　Component目录结构

ApplicationComponent 负责管理整个 App 用到的全局类实例，这些全局类实例都是单例的，且生命周期和 Application 保持一致，那我们如何创建单例呢？

我们可以利用 Module 提供实例，且优先级高于 @Inject 的特点创建单例。

1）在 Module 中定义创建全局类实例的方法。

2）ApplicationComponent 管理 Module。

3）保证 ApplicationComponent 只有一个实例（在 App 的 Application 中实例化 ApplicationComponent）。

依照以上几点，我们开始创建 ApplicationModule 和 ApplicationComponent。

⑥ 新建 ApplicationModule 类，并使用 @Module 标注代码路径如下：

具体代码如下：

【代码 2-28】 ApplicationModule.java

```
@Module
public class ApplicationModule {
private final App application;
//Application 不能 new，这里通过构造方法传递
    public ApplicationModule(App application) {
        this.application = application;
    }
    // 提供 Application 实例
    @Provides
    Application provideApplication() {
        return application;
}
}
```

⑦ 新建 ApplicationComponent 接口，并使用 @Component 标注，使用 modules 管理 ApplicationModule 代码路径如下：

【代码 2-29】 ApplicationComponent.java

```
@Component(modules = ApplicationModule.class)
```

```
public interface ApplicationComponent {
void inject(App application);
}
```

⑧ 保证 ApplicationComponent 只有一个实例，新建 App 类继承于 Application，在 App 中实例化 ApplicationComponent 代码路径如下：

【代码 2-30】 com.huatec.mvptest.App.java

```
public class App extends Application {
   private ApplicationComponent component;
   @Override
    public void onCreate() {
        super.onCreate();
        initializeInjector();
}
// 初始化 ApplicationComponent
    private void initializeInjector() {
        component = DaggerApplicationComponent.builder()
                .applicationModule(new ApplicationModule(this))
                .build();
        component.inject(this);
}
// 提供给外部调用获取 ApplicationComponent 对象
    public ApplicationComponent component() {
        return component;
    }
}
```

至此，全局的 ApplicationComponent 及其 ApplicationModule 就完成创建了。

⑨ 创建 ActivityComponent 和 ActivityModule。

ActivityComponent 负责管理提供给 Activity 或 Fragment 的类实例，所以其生命周期应该与 Activity 保持一致。如果 ActivityComponent 想要将 ApplicationComponent 提供的全局的类实例注入到目标类中，这就涉及类实例共享的问题。这里 Component 为我们提供了 dependencies 属性，该属性实现 Component 之间的依赖，具体代码如下：

【代码 2-31】 ActivityComponent.java

```
@PerActivity
@Component(dependencies = ApplicationComponent.class, modules =
ActivityModule.class)
public interface ActivityComponent {
    void inject(MainActivity mainActivity);
}
```

交互窗口实现 Component 依赖需要注意以下几点。

1）父 Component 中要显示可提供给子 Component 的依赖。

2）子 Component 的实例化需要依赖父 Component。

3）为 ActivityComponent 提供 ActivityModule 代码路径如下：

【代码 2-32】 ActivityModule.java

```
@Module
```

```
public class ActivityModule {
    private final Activity activity;
    public ActivityModule(Activity activity) {
        this.activity = activity;
    }
    @Provides
    @PerActivity
    Activity activity() {
        return this.activity;
    }
}
```

@PerActivity 是我们自定义的注解，它使用了 Dagger2 中的 Scope（作用域）。Scope 默认实现 @Singleton。Scope 的作用是保证依赖对象在作用范围内单例，并提供局部范围的单例，局部范围是它的生命周期范围。

⑩ Scope 的真正作用在 Component 的组织中。

1）使用自定义的 Scope 注解标注 Component 可以更好地管理 Component 之间的依赖方式或包含方式，Scope 的名字必须是不同的，这样可以区分出 Component 之间的组织方式。编译器会检查有依赖关系或包含关系的 Component，若发现有 Component 没有用自定义 Scope 注解标注，则会报错。

2）更好地管理 Component 与 Module 之间的匹配关系。编译器会检查 Component 管理的 Modules，若发现标注 Component 的自定义 Scope 注解与 Modules 中标注创建类实例方法的注解不一样，就会报错。

3）增加可读性，如使用 @Singleton 标注全局类或方法，可以立马让开发者明白这是单例。

⑪ 管理 Component 与 Module 之间的匹配关系。

如果 Module 的提供实例的方法上标注了自定义 Scope，则与它相关的 Component 也必须标注。

1）新建 PerActivity 注解，使用 @interface 关键字修饰，并使用 @Scope 标注。我们通过名字就可以知道它的作用域与 Activity 相同代码路径如下。

【代码 2-33】 PerActivity.java

```
@Scope
@Retention(RUNTIME)
public @interface PerActivity {}
```

Retention 的值为 RUNTIME 时，代表其注解会保留到运行时。

2）将 @PerActivity 分别标注在 ActivityModule 提供实例的方法上和 Activity Component 上。

⑫ 管理 Component 与 Inject 之间的匹配。

如果没有 Module，则采用构造方法标注 @Inject 的形式，此形式只需提供依赖的类及 Component 都添加自定义 Scope 注解标注即可。

⑬ 管理 Component 之间的依赖方式。

ActivityComponent 依赖于 ApplicationComponent，ActivityComponent 中使用 @PerActivity

标注，ApplicationComponent 则使用 @Singleton 标注，二者 Scope 的名字必须是不同的。

⑭ 实例化 ActivityComponent。

每一个 Activity 或 Fragment 都配置一遍，出现了大量重复的代码，可以考虑在 BaseActivity 中统一配置，提供同一个方法返回 ActivityComponent 对象，供子类调用代码路径如下：

【代码 2-34】 BaseActivity.java

```
public abstract class BaseActivity<V extends BaseView, P extends BasePresenter<V>> extends AppCompatActivity implements BaseView {
    private P mvpPresenter;
    @Override
    protected void onCreate(Bundle savedInstanceState) {
        super.onCreate(savedInstanceState);
        injectDependencies();
        mvpPresenter = createPresenter();
        if (mvpPresenter != null) {
            mvpPresenter.setView((V) this);
        }
    }
//子类必须要实现的方法，用于注入目标类
    protected abstract void injectDependencies();
    private ActivityComponent mActivityComponent;
    /**
     * 返回 ActivityComponent 对象，供子类调用
     */
    public ActivityComponent getActivityComponent() {
        if (null == mActivityComponent) {
            mActivityComponent = DaggerActivityComponent.builder()
                    .activityModule(getActivityModule())
                    .applicationComponent(getApplicationComponent())
                    .build();
        }
        return mActivityComponent;
    }
   //获取父 ActivityComponent，提供给 ActivityComponent 实例化
    public ApplicationComponent getApplicationComponent() {
        return ((App) getApplication()).component();
    }
    /**
     * 返回 ActivityModule 的实例
     */
    protected ActivityModule getActivityModule() {
        return new ActivityModule(this);
    }
}
```

Dagger2 规定不允许将父类作为目标类，所以，真正 inject(目标类) 的方法应该在子类中实现，即 injectDependencies() 的作用。

至此，我们已经完成了Dagger2的基本配置，接下来解决刚开始抛出的问题“如何解决Presenter的依赖注入问题？”。

⑮ 解决Presenter的依赖注入。

Dagger2在MainActivity中实现injecDependencies()方法，完成注入。createPresenter()需要返回一个实例化的MainPresenter对象，以实现MainPresenter与MainView的绑定，具体代码如下。

【代码2-35】 MainActivity.java

```
public class MainActivity extends BaseActivity<MainView,MainPrese
nter> implements MainView {
    @Inject
MainPresenter presenter;
@Override
    protected MainPresenter createPresenter() {
        return presenter;
    }
    @Override
    protected void injectDependencies() {
        getActivityComponent().inject(this);
    }
}
```

为了验证MainPresenter实例化是否成功，我们在MainView中定义一个showMessage()方法，用于更新UI，具体代码如下：

【代码2-36】 MainView.java

```
public interface MainView extends BaseView {
    void showMessage(String msg);
}
```

在MainPresenter中定义一个showToast()回调它，具体代码如下。

【代码2-37】 MainPresenter.java

```
public class MainPresenter extends BasePresenter<MainView> {
    @Inject
    public MainPresenter() {}
    public void showToast(){
        getView().showMessage("MainPresenter已经被实例化啦！ ");
    }
}
```

在MainActivity中定义一个Button触发MainPresenter的showToast()方法，具体代码如下：

【代码2-38】 MainActivity.java

```
        btn.setOnClickListener(new View.OnClickListener() {
            @Override
            public void onClick(View view) {
                presenter.showToast();
            }
        });
```

最后实现 showMessage() 方法，弹出 MainPresenter 传入的字符串，具体代码如下：

【代码 2-39】 MainActivity.java

```
    @Override
    public void showMessage(String msg) {
        Toast.makeText(this, msg, Toast.LENGTH_LONG).show();
    }
```

运行一下，效果如图 2-33 所示。

由图 2-33 可知，Dagger2 成功注入 Presenter。

我们解决了 Activity 依赖 Presenter 和 Presenter 依赖 Model 的问题。由于 Model 层比较特殊，涉及数据模型、网络请求、数据库等模块，我们会在项目 3“网络层和数据模型的封装”中具体讲解。

2.2.5 搭建主页UI框架

主页 UI 框架在项目中尤为重要，清晰的主页结构让用户体验更好。本项目中主页 UI 框架采用“RadioGroup+ViewPager+Fragment”的形式，单击底部导航即可切换页面，效果如图 2-34 所示。

图2-33 验证Dagger2注入Presenter

图2-34 主页切换

1. 布局设计

由图 2-34 可知，主页布局主要由上下两部分构成。上部分是一个自定义的、不可滑动的 NoSlideViewPager，下半部分是 4 个 RadioButton。主页布局可实现单击 RadioButton 切换 NoSlideViewPager 代码路径如下：

【代码 2-40】 activity_main.xml

```
<?xml version="1.0" encoding="utf-8"?>
```

```
<LinearLayout xmlns:android="http://schemas.android.com/apk/
res/android"
      android:id="@+id/activity_main"
      android:layout_width="match_parent"
      android:layout_height="match_parent"
      android:orientation="vertical">
  <com.huatec.mvptest.widget.NoSlideViewPager
          android:id="@+id/main_vp_select"
          android:layout_width="match_parent"
          android:layout_height="0dp"
          android:layout_weight="1" />
  <View
          android:layout_width="match_parent"
          android:layout_height="1dp"
          android:visibility="gone"
          android:background="#f2f3f5"/>
  <LinearLayout
          android:layout_width="match_parent"
          android:layout_height="wrap_content"
          android:layout_alignParentBottom="true"
          android:background="@color/app_bg"
          android:orientation="horizontal">
  <RadioGroup
              android:id="@+id/main_radio_group"
              android:layout_width="match_parent"
              android:layout_height="wrap_content"
              android:gravity="center_vertical"
              android:orientation="horizontal"
              android:paddingBottom="5dp"
              android:paddingTop="5dp">
  <RadioButton
                  android:id="@+id/main_radio_message"
                  style="@style/MainRadioButton"
                  android:drawableTop="@drawable/main_label_message"
                  android:text=" 消息 " />
  <RadioButton
                  android:id="@+id/main_radio_equipment"
                  style="@style/MainRadioButton"
                  android:drawableTop="@drawable/main_label_equipment"
                  android:text=" 设备 " />
  <RadioButton
                  android:id="@+id/main_radio_scene"
                  style="@style/MainRadioButton"
                  android:drawableTop="@drawable/main_label_scene"
                  android:text=" 场景 " />
  <RadioButton
                  android:id="@+id/main_radio_mine"
                  style="@style/MainRadioButton"
                  android:drawableTop="@drawable/main_label_mine"
```

```
                android:text=" 我的 " />
</RadioGroup>
</LinearLayout>
</LinearLayout>
```

LinearLayout 是最常见的布局之一。使用 LinearLayout 时，我们必须设置 android:orientation 属性，该属性用来指定布局方向，且有两个值“vertical”和“horizontal”，这两个值分别表示垂直线性布局和水平线性布局。以上代码我们将该属性的值设为“vertical”，它所有的子控件将会按照垂直方向依次排列。

我们使用 NoSlideViewPager 控件充当内容主体容器，我们通过设置 android:layout_height=“0dp”和 android:layout_weight=“1”，可以让其占据除底部标签栏之外的所有剩余控件。这两个属性往往是配套一起使用的，它适用于 LinearLayout 直接布局的子控件中。

NoSlideViewPager 属于自定义 View，自 ViewPager 继承，我们通常将它放在 widget 包下，具体代码如下：

【代码 2-41】 NoSlideViewPager.java

```
public class NoSlideViewPager extends ViewPager {
    public NoSlideViewPager(Context context) {
        super(context);
    }
    public NoSlideViewPager(Context context, AttributeSet attrs) {
        super(context, attrs);
    }
    ……
}
```

ViewPager 直接继承了 ViewGroup 类，所以它是一个容器类，可以在其中添加其他的 view。在具体使用时，它需要一个 PagerAdapter 适配器类给它提供数据。在实际开发中，我们通常会将它结合 Fragment 一起使用。

那如何禁止 ViewPager 左右滑动呢？我们需要重写 ViewPager，覆盖 ViewPager 的 onInterceptTouchEvent(MotionEvent event) 方法和 onTouchEvent(MotionEvent event) 方法，这两个方法的返回值都是 boolean 类型，我们只需要将返回值改为 false，那么 ViewPager 就不会消耗掉手指滑动的事件了，转而传递给上层 View 去处理或者该事件就直接终止了。

为了操作方便，我们在自定义的 NoSlideViewPager 里设置了一个 boolean 类型的控制变量，并且向外提供了控制 ViewPager 是否禁止滑动的方法 setSlidable，具体代码如下：

【代码 2-42】 NoSlideViewPager.java

```
private boolean isSlidable = true;
@Override
    public boolean onTouchEvent(MotionEvent event) {
        return this.isSlidable && super.onTouchEvent(event);
    }
    @Override
    public boolean onInterceptTouchEvent(MotionEvent event) {
        return this.isSlidable && super.onInterceptTouchEvent(event);
    }
```

```
    public void setSlidable(boolean b) {
        this.isSlidable = b;
    }
```

底部导航由 4 个 RadioButton 构成，这种设计可实现背景的切换，我们需要在 res 下的 drawable 文件夹中设置 RadioButton 选中和未选中的背景切换，背景是一张图片，存在于 @mipmap 中，具体代码如下：

【代码 2-43】 main_label_message.xml

```
<?xml version="1.0" encoding="utf-8"?>
<selector xmlns:android="http://schemas.android.com/apk/res/android">
<item
android:state_checked="true"
android:drawable="@mipmap/icon_message_selected"/>
<item
android:state_checked="false"
android:drawable="@mipmap/icon_message"/>
</selector>
```

【代码 2-44】 main_label_equipment.xml

```
<?xml version="1.0" encoding="utf-8"?>
<selector xmlns:android="http://schemas.android.com/apk/res/android">
<item
android:state_checked="true"
android:drawable="@mipmap/icon_equipment_selected"/>
<item
android:state_checked="false"
android:drawable="@mipmap/icon_equipment"/>
</selector>
```

【代码 2-45】 main_label_scene.xml

```
<?xml version="1.0" encoding="utf-8"?>
<selector xmlns:android="http://schemas.android.com/apk/res/
android">
<item
android:state_checked="true"
android:drawable="@mipmap/icon_scene_selected"/>
<item
android:state_checked="false"
android:drawable="@mipmap/icon_scene"/>
</selector>
```

【代码 2-46】 main_label_mine.xml

```
<?xml version="1.0" encoding="utf-8"?>
<selector xmlns:android="http://schemas.android.com/apk/res/
android">
<item
android:state_checked="true"
android:drawable="@mipmap/icon_mine_selected"/>
<item
android:state_checked="false"
```

```
    android:drawable="@mipmap/icon_mine"/>
</selector>
```

在布局时，多个 RadioButton 控件的很多属性都是相同的，为了避免重复并方便我们维护，我们将这些相同的属性定义在 res/values/styles.xml 文件中，然后使用 "style=@style/xx" 引用这些属性。标签栏的布局代码如下：

【代码 2-47】 styles.xml

```
<!-- 主页面 radioGroup 样式 -->
<style name="MainRadioButton">
<item name="android:layout_width">0dp</item>
<item name="android:layout_height">wrap_content</item>
<item name="android:layout_weight">1</item>
<item name="android:background">#00000000</item>
<item name="android:button">@null</item>
<item name="android:drawablePadding">2dp</item>
<item name="android:gravity">center</item>
<item name="android:textColor">#ffffff</item>
<item name="android:textSize">13sp</item>
</style>
```

在 style name= “MainRadioButton” 中设置了 layout_width 为 0dp，layout_weight 为 1，这些设置可以使 4 个图标平均分布。设置 button= “@null”，background= “#00000000” 可以让 RadioButton 无单击效果，gravity= “center” 可实现图片和文字在父容器中居中。

至此，layout 布局就创建完成了，接下来，我们来创建 4 个 Fragment。

2. 创建 Fragment

使用 NoSlideViewPager 配合 Fragment 时，NoSlideViewPager 的每个页面装载一个 Fragment。google 还专门提供了适用该场合的适配器 FragmentPagerAdapter 和 FragmentStatePagerAdapter，以便更好地管理 Fragment 的生命周期。

从效果图中可以看出，Fragment 加载的布局十分简单，4 个 Fragment 可以共用一个 TextView，只需改变文字内容即可。具体布局代码如下：

【代码 2-48】 main_fragment.xml

```
<?xml version="1.0" encoding="utf-8"?>
<LinearLayout xmlns:android="http://schemas.android.com/apk/res/
android"
      android:orientation="vertical" android:layout_width="match_
parent"
     android:layout_height="match_parent">
<TextView
        android:id="@+id/text"
        android:layout_width="match_parent"
        android:layout_height="match_parent"
        android:textSize="40sp"
        android:textColor="#5DC9D3"
        android:gravity="center"/>
</LinearLayout>
```

我们让，将 gravity 设置为“center”，可以让 TextView 在整个页面中居中。

接下来，我们创建4个Fragment，分别从BaseFragment继承，这里以MessageFragment为例，其他同理，代码路径如下：

【代码2-49】 MessageFragment.java

```
public class MessageFragment extends BaseFragment {
    private TextView text;
// 加载布局
    @Override
     public View initView(LayoutInflater inflater, ViewGroup
container, Bundle savedInstanceState) {
            View view = inflater.inflate(R.layout.main_fragment,
container, false);
        text =(TextView) view.findViewById(R.id.text);
        return view;
}
// 控件处理
    @Override
      public void onViewCreated(View view, Bundle
savedInstanceState) {
        super.onViewCreated(view, savedInstanceState);
        text.setText(" 消息 ");
    }
}
```

MessageFragment继承BaseFragment时，我们需要重写initView()和onViewCreated()方法，initView()用来加载布局，并绑定TextView控件的id，并返回一个view视图。onViewCreated()可通过已绑定id的TextView设置文字内容。

3. 创建适配器

上文可知，ViewPager为Fragment提供两种适配器，分别是FragmentPagerAdapter和FragmentStatePagerAdapter，那二者有什么区别呢？

FragmentPagerAdapter适合在Fragment数据量不多，页面不复杂的情况下使用。

FragmentStatePagerAdapter适合在数据量较大、占用内存较多、页面较复杂的Fragment中使用。所以，本次选择的是FragmentPagerAdapter。

在ui.main包下新建MainFragmentPagerAdapter，从FragmentPagerAdapter继承，具体代码如下：

【代码2-50】 MainFragmentPagerAdapter.java

```
public class MainFragmentPagerAdapter extends FragmentPagerAdapter {
    public MainFragmentPagerAdapter(FragmentManager fm) {
        super(fm);
    }
    @Override
    public Fragment getItem(int position) {
        Fragment fragment = null;
        switch (position) {
            case 0:
                fragment = new MessageFragment();
```

```
                break;
            case 1:
                fragment = new EquipmentFragment();
                break;
            case 2:
                fragment = new SceneFragment();
                break;
            case 3:
                fragment = new MineFragment();
                break;
        }
        return fragment;
    }
    @Override
    public int getCount() {
        return 4;
    }
}
```

MainFragmentPagerAdapter 继承 FragmentPagerAdapter 会被强制实现以下两个方法。

① getItem(int position)：获取给定位置对应的 Fragment。4 个 Fragment 分别对应不同的 position，position 从 0 开始。

② getCount()：返回显示多少个页面，这里返回 4 个页面。

除此之外，我们还创建了构造方法，该构造方法调用了父类的“super(fm)”方法，目的是初始化 FragmentManager，FragmentManager 被用于管理 Activity 中的 Fragments。

适配器创建好之后，我们看一看它如何在 MainActivity 中使用。

4. 修改 MainActivity 继承于 BaseActivity

我们初始化 View 和 MainFragmentPagerAdapter 适配器，设置 ViewPager 不可滑动，设置 " 消息 " 页面为默认选中页；并通过 ViewPager 的 setCurrentItem(position) 方法配合 RadioGroup 的单击事件加载对应的 Fragment，具体代码如下：

【代码 2-51】 MainActivity.java

```
public class MainActivity extends BaseActivity {
//……
//初始化view
    private void initView() {
      NoSlideViewPager  mainVpSelect = (NoSlideViewPager)
findViewById(R.id.main_vp_select);
      RadioGroup  mainRadioGroup = (RadioGroup)findViewById(R.
id.main_radio_group);
// MainFragmentPagerAdapter
        MainFragmentPagerAdapter adapter = new MainFragmentPagerA
dapter(getSupportFragmentManager());
        mainVpSelect.setAdapter(adapter);
//设置ViewPager不可滑动
        mainVpSelect.setSlidable(false);
//设置第一个页面被选中
```

```
            mainRadioMessage.setChecked(true);
            mainRadioGroup.setOnCheckedChangeListener(
                    new RadioGroup.OnCheckedChangeListener() {
                        @Override
                            public void onCheckedChanged(RadioGroup
radioGroup, int i) {
                            switch (i) {
                                //主页
                                case R.id.main_radio_message:
                                    mainVpSelect.setCurrentItem(0);
                                    break;
                                //设备
                                case R.id.main_radio_equipment:
                                    mainVpSelect.setCurrentItem(1);
                                    break;
                                //场景
                                case R.id.main_radio_scene:
                                    mainVpSelect.setCurrentItem(2);
                                    break;
                                //我的
                                case R.id.main_radio_mine:
                                    mainVpSelect.setCurrentItem(3);
                                    break;
                            }
                        }
                    }
            );
        }
    }
```

最后注意在 AndroidManifest.xml 里将 MainActivity 设置为默认启动。

5. 配置 AndroidManifest.xml

其代码如下：

【代码 2-52】 AndroidManifest.xml

```
<activity android:name=".ui.main.MainActivity"
            android:configChanges="orientation|keyboardHidden|scre
enSize"
            android:launchMode="singleTask"
            android:screenOrientation="portrait"
            android:windowSoftInputMode="adjustUnspecified|stateHi
dden">
    <intent-filter>
    <action android:name="android.intent.action.MAIN" />
    <category android:name="android.intent.category.LAUNCHER" />
    </intent-filter>
    </activity>
```

① <activity> 标签用于配置 Activity 组件，同理，我们将 <provider><service> 和 <receiver> 分别用于配置 Android 的另外三个基本组件 ContentProvider、Service 和 BroadcastReceiver。

② 在Android系统默认的情况下，当“屏幕方向”或“键盘显示隐藏”变化时都会销毁当前的Activity，并创建新的Activity。如果不希望系统重新创建Activity实例，我们可以在AndroidManifest.xml中配置android:configChanges=“keyboardHidden|orientation”。这样就不会销毁当前Activity并重建了，在配置了这个属性后，android:configChanges属性就会捕获“屏幕方向”和“键盘显示隐藏”的变化，当它捕获到这些变化后，会调用Activity的onConfigurationChanged()方法。

以上配置只适用于android4.0之前的版本，android 4.0以上版本必须要加上screenSize，即android 4.0以上的版本必须配置以下内容：android:configChanges=“orientation|keyboardHidden|screenSize”。

③ launchMode是Activity的启动模式。Activity有4种启动模式，它们分别是standard、singleTop、singleTask、singleInstance。

standard：模式启动模式，每次激活Activity时都会创建Activity，并被放入任务栈中。

singleTop：如果任务的栈顶中存在该Activity的实例，就重新使用该实例，否则会创建新的实例并被放入栈顶(即使栈中已经存在该Activity的实例，但只要不在栈顶，都会创建新的实例)。

singleTask：如果在栈中已经有该Activity的实例，就会重用该实例(会调用实例的onNewIntent(())。重用时，该实例会回到栈顶，但在它上面的实例将会被移除栈顶。如果栈中不存在该实例，则会创建新的实例放入栈中。

singleInstance：在新栈中创建该Activity实例，并让多个应用共享该栈中的Activity实例。一旦更改模式的Activity的实例存在于某个栈中，任何应用再激活该Activity时都会重用该栈中的实例，其效果相当于多个应用程序共享一个应用，不管谁激活该Activity都会进入同一个应用中。

④ 设置android:screenOrientation=“portrait”，该代码表示当我们切换横竖屏时，屏幕的内容始终以竖屏显示，而不会根据屏幕的方向来显示内容。

⑤ android:windowSoftInputMode是activity主窗口与软键盘的交互模式，可以用来避免输入法被面板遮挡是Android1.5后的一个新特性。这个属性能影响两件事情：一是当有焦点产生时，软键盘是隐藏还是显示；二是是否减少活动主窗口大小以便腾出空间放软键盘。

stateHidden：用户选择activity时，软键盘总是被隐藏。

adjustUnspecified：默认设置，通常由系统自行决定是隐藏还是显示。

⑥ intent-filter是用来注册Activity、Service和Broadcast Receiver具有能在某种数据上执行一个动作的能力。android.intent.action.MAIN是决定应用程序最先启动的Activity，android.intent.category.LAUNCHER则决定应用程序是否在程序列表里显示。

2.2.6 任务回顾

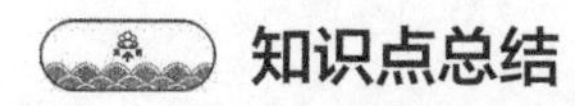

知识点总结

本章主要涉及的知识有以下几点。

1. 合理化分包和项目目录各文件的作用。
2. MVP 架构模式目的、设计思路、如何使用以及模板类的创建。
3. Dagger2 框架的概念、原理和优势。
4. Dagger2 的注入方式。
5. Dagger2 基本注解及高阶注解的使用。
6. MVP 与 Dagger2 的联合使用。
7. Fragment 与 Activity 生命周期。
8. ViewPager+Fragment+RadioButton 实现页面切换。

学习足迹

图 2-35 所示为任务二的学习足迹。

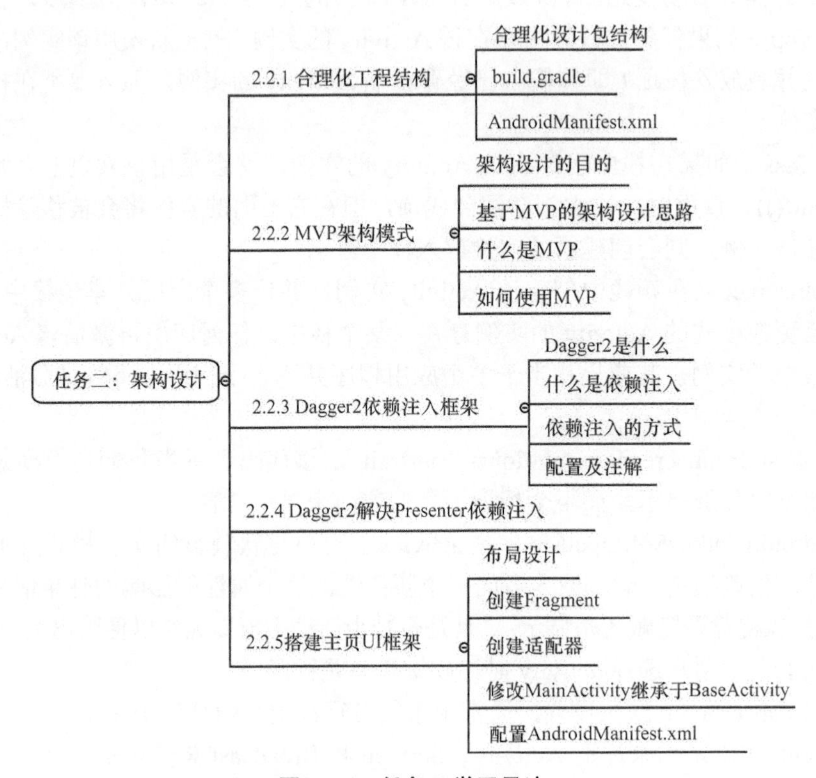

图2-35　任务二学习足迹

思考与练习

1. 合理化分包的标准是什么？
2. MVP 分别代表哪三层，与 MVC 有什么区别？
3. 什么是依赖注入？使用 Dagger2 有什么好处？
4. Dagger2 基础注解包括哪几点。

5. Dagger2 的注入规则是什么？

6. 请画出 Fragment 与 Activity 的生命周期对比图。

7. 请使用 ViewPager 实现三张图片的切换效果。

2.3　项目总结

本项目是讲解物联网移动 App 的架构设计，主要体现在以下两个层面。

① 需求层面：了解了整个项目的功能需求、非功能需求、业务流程和模块划分。

② 技术层面：架构设计的目的是为了解决模块间解耦，提高项目的可伸缩性、可维护性，从而提升开发效率。

通过本项目的学习，学生们不仅可以提升需求分析能力、业务分析能力，还可以提高架构设计的能力。还掌握了 MVP 架构设计模式、模板类封装思想、Dagger2 依赖注入框架等最新的、主流的设计框架，项目总结如图 2-36 所示。

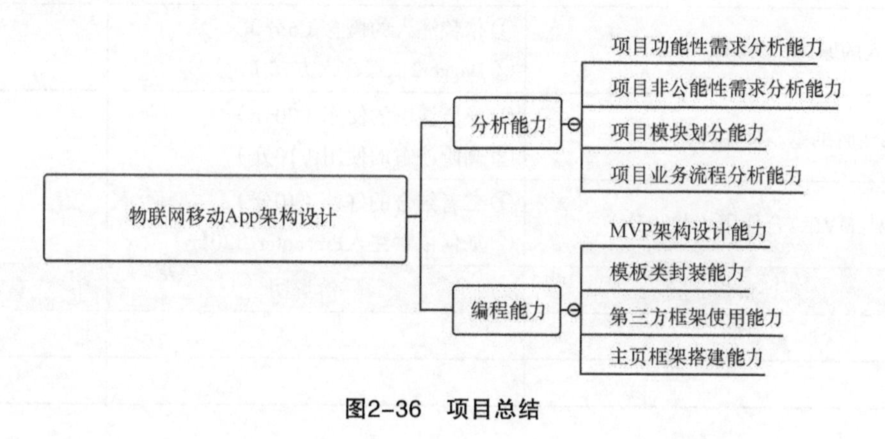

图2-36　项目总结

2.4　拓展训练

自主实践：Dagger2 在 MVP 模式中的应用

MVP 设计模式结合 Dagger2 依赖注入框架是目前最流行的一种架构设计思想，二者相互配合，能够发挥更大的模块间解耦优势。此次拓展训练的目的是掌握 Dagger2 框架在 MVP 模式中的应用。

◆ 拓展训练要求

① 掌握 MVP 的基本概念。

② 掌握 MVP 架构设计思路。

③ 掌握依赖注入的原理。

④ 掌握 Dagger2 注解的基本使用。

⑤ 掌握 Dagger2 与 MVP 的结合使用。

◆ **格式要求**：采用上机操作。

◆ **考核方式**：采取课内演示。

◆ **评估标准**：见表 2-5。

表2-5　拓展训练评估表

项目名称： Dagger2在MVP模式中的应用	项目承接人： 姓名：	日期：
项目要求	**评分标准**	**得分情况**
MVP模式设计思路（共10分）	① MVP与MVC对比（5分） ② MVP三层结构（5分）	
MVP架构设计思路（共20分）	架构设计思路主要体现MVP如何使用（20分）	
依赖注入的原理（共10分）	① 依赖注入的概念（5分） ② Dagger2依赖注入方式（5分）	
Dagger2注解的基本使用（共30分）	① 核心注解的使用（20分） ② 高阶注解的使用（10分）	
Dagger2与MVP结合使用（共30分）	① 二者结合的好处（10分） ② 如何依赖注入Presenter（20分）	
评价人	**评价说明**	**备注**
个人		
老师		

项目 3

网络层和数据模型的封装

项目引入

Andrew：师父早！

Anne：今天来得这么早，一进门就听见你充满节奏的键盘声，在学习什么呢？

Andrew：师父，我刚刚完成了架构设计，但还需要多练习。还有，马上要学习网络层和数据层了，我需要提前预习一下。

Anne：那你有什么好的想法呢？ 说来听听。

Andrew: 师父，HttpClient、HttpURLConnection、Json 数据解析，我在大学的时候就学过，刚才练习了一下，用起来没问题！

Anne: 传统的网络请求不仅代码冗余量大，而且在 Android 2.2 系统及以下版本还存在一些 bug, 维护成本相对较高。所以，我们考虑使用一些较为流行的开源框架。

Andrew：师父，框架我没了解过，对于陌生的东西，我还有一些恐惧。

Anne：不用担心，现在很多优秀的开源框架，都是针对企业级快速开发的。它们的底层原理还是我们学习的基础，只是经过了高度的封装和优化，代码简洁，用起来很容易上手。至于它的源码，有时间再去研究。

知识图谱

图 3-1 为项目 3 的知识图谱。

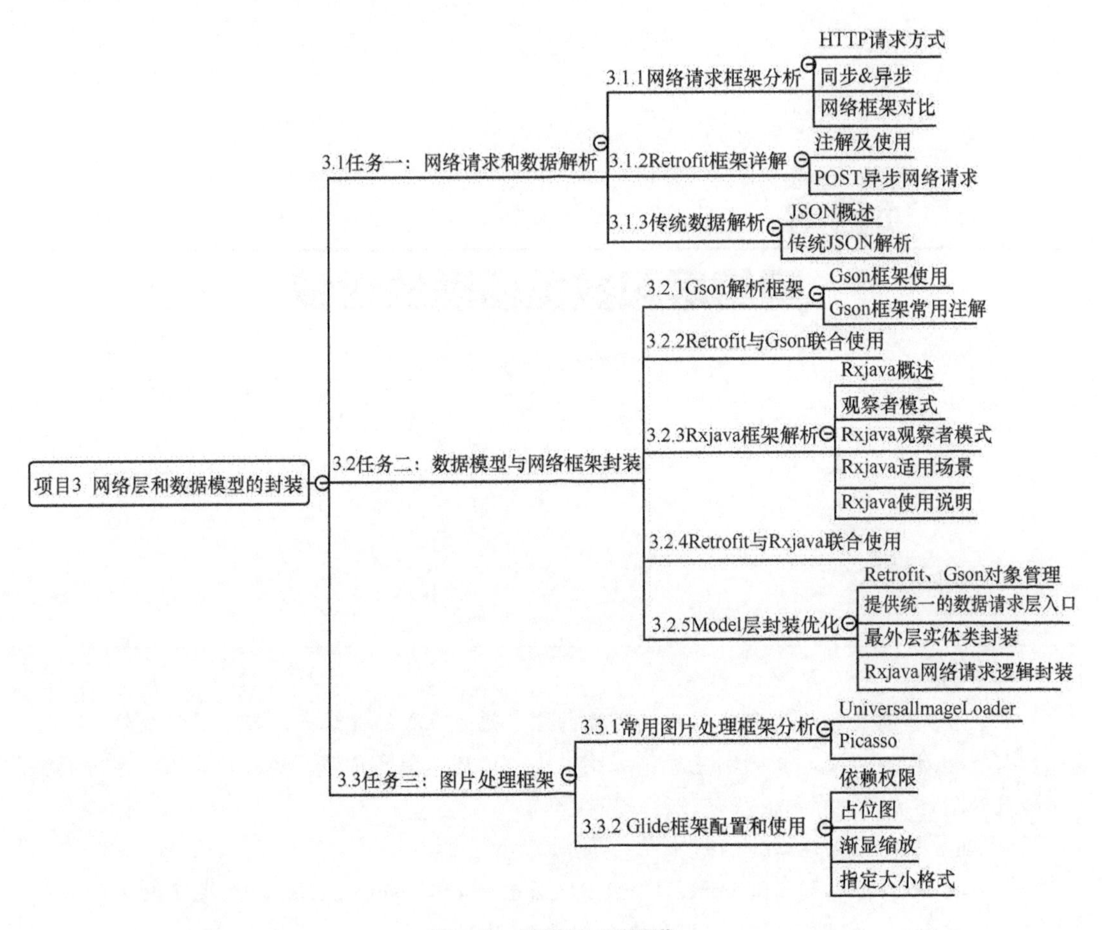

图3-1　项目3知识图谱

3.1　任务一：网络请求和数据解析

【任务描述】

Andrew 自言自语："师父说，这次网络请求要用到框架，我刚才百度了一下，有关网络请求的框架有好多。除了我们熟悉的 HttpUrlConnection 和 HttpClient 这种传统的网络请求方式之外，还有 Volley、Okhttp、Retrofit……这么多框架选哪个好呢？我还是录下来，去请教师父！"

3.1.1　网络请求框架分析

1. 概述

Android 中的网络请求主要是使用 HTTP/HTTPS 协议访问服务器，并与服务器发生数据交互。Android 为我们提供了两种执行 HTTP 请求的方式：HttpClient 和 HttpURLConnection。在 Android 2.2 之前的版本，HttpClient 拥有的 bug 较少，因此使用它是最好的选择。而在 Android 2.3 版本及以后，HttpURLConnection 则是最佳的选择。它的 API 简单，体积较小，因而非常适用于 Android 项目。

2. HTTP 请求方式

① HTTP 请求方法有 8 种，分别是 GET、POST、DELETE、PUT、HEAD、TRACE、CONNECT、OPTIONS，见表 3-1。其中 PUT、DELETE、POST、GET 分别对应增删改查移动开发最常用的就是 POST 和 GET 了。

表3-1　HTTP请求协议

方法	描述
GET	请求指定URL的数据，请求参数在URL中，请求体为空（查）
POST	请求指定的URL的数据，同时传递参数，参数在请求体中（增）
HEAD	类似于GET请求，返回的响应体为空，用于获取响应头
PUT	从客户端向服务器传送的数据取代指定文档的内容（改）
DELETE	请求服务器删除指定的页面（删）
OPTIONS	允许客户端查看服务器的性能
CONNECT	HTTP/1.1协议中预留给能够将连接改为管道方式的代理服务器
TRACE	请求服务器回送收到的请求信息，主要用于测试或诊断

② GET 和 POST 区别：

GET 一般从服务器获取数据，POST 一般向服务器提交数据。

GET 请求会把数据放置在 URL 之后，以“?”分割 URL 和传输数据，参数之间以“&”相连。

GET 请求发送的参数如果是英文字母或数字，则按原样发送，如果是空格，则转换为“+”，如果是中文或其他字符，则直接把字符串用 BASE64 加密，得出如“%E4%BD%A0%E5%A5%BD”类似的字符串，其中“% XX”中的“XX”为该符号以 16 进制表示的 ASCII。

POST 请求的参数不是放在 URL 字符串里面，而是放在 HTTP 请求的正文内，请求的参数被封装起来以流的形式发送给服务端。编码方式为：x-www-form-urlencoded 和 form-data。

此外，二者还有其他的区别，例如，GET 是明文，POST 是密文，GET 上传数据有限制等。此类区别是针对浏览器的，而不是针对移动端的。注意：GET 请求若有中文，则需要编码。

3. 同步 & 异步

网络请求分为同步和异步，首先我们先要理解同步和异步的概念。

同步：是一种发送方发出数据后，等接收方发回响应以后才能发送下一个数据包的通信方式。

异步：是一种发送方发出数据后，不等接收方发回响应，接着发送下个数据包的通信方式。

对于 Android 而言，同步和异步存在于多线程编程中。Android 中默认只有一个主线程，也叫 UI 线程。UI 线程绘制 View，更新 UI。UI 线程的响应时间只有 5s，系统如果阻塞了 UI 线程，就会出现 ANR（无响应）。所以要避免在 UI 线程中进行耗时操作，网络请求就是一个典型的耗时操作。根据同步和异步的概念可知，如果在UI线程中使用同步请求，耗时操作会阻塞UI线程直到数据接收完毕后返回，这在Android中是不被允许的。所以，Android需要采用异步请求方式，在子线程中进行耗时操作，完成后通过Handler将更新UI的操作发送到主线程执行。

4. 网络框架对比

（1）HttpUrlConnection

HttpURLConnection是Java的标准类，存在于java.net包中，自URLConnection中继承，可发送GET、POST等网络请求。

特点：

① 轻量级、灵活、易扩展。

② 在3.0以后及4.0中都进行了改善，增加了对HTTPS的支持。

③ 在4.0中增加了对缓存的支持。

（2）HttpClient

HttpClient是Apache开源组织提供的子项目，它可以提供高效的、最新的、功能丰富的、支持HTTP的客户端编程工具包，并且还支持HTTP最新的版本和建议。推荐在Android 2.2之前使用HttpClient，但在Android 2.3之后就被HttpUrlConnection取代了，在Android 6.0版本直接删除了HttpClient类库。

特点：

HttpClient高效稳定，但是维护成本较高，后期则停止维护。

（3）Volley

Volley是Google官方推出的小而巧的异步请求库，特别适合数据量小、请求频繁的网络操作。它支持HttpClient、HttpUrlConnection。并且Volley里也封装了Universal-Image-Loader图片加载框架，使得在界面上显示网络图片的操作变得极度简单，开发者不用关心如何从网络上获取图片，也不用关心开启线程、回收图片资源等细节，Universal-Image-Loader已经把一切都做好了。

特点：

Volley适合频繁但数据量不大的网络请求，例如，常见的API调用，它并不适合大文件的下载。Volley将整个response加载到内存并进行操作，大文件可能会引起OOM。

（4）Okhttp

OkHttp是一款优秀的HTTP框架，由Square公司出品。它支持GET请求、POST请求、基于Http的文件上传和下载、加载图片、下载文件透明的GZIP压缩、响应缓存避免重复的网络请求、使用连接池来降低响应延迟问题等。默认情况下，OKHttp会自动处理常见的网络问题，像二次连接、SSL的握手问题。从Android 4.4开始HttpURLConnection的底层实现采用的是OkHttp，这足以证明Okhttp的强大。

使用说明：

① 添加Okhttp的依赖。在module级别的build.gralde中的dependencies下添加以下代码，然后按照提示执行“Sync Now”操作。

```
implementation 'com.squareup.okhttp3:okhttp:3.8.1'
```

② 添加网络权限，代码如下：

【代码 3-1】 AndroidManifest.xml

```
<!-- 允许程序联网 -->
<uses-permission android:name="android.permission.INTERNET" />
<!-- 允许程序获取网络状态 -->
<uses-permission android:name="android.permission.ACCESS_NETWORK_
STATE" />
<!-- 允许程序获取 wi-fi 状态 -->
<uses-permission android:name="android.permission.ACCESS_WIFI_
STATE"/>
```

③ 发送 GET 请求。

首先，我们创建一个 OkHttpClient 对象，再通过 Request.Builder 构造 Request 对象，并附有一个 url，也可以设置更多的参数，如 header、method 等。

然后，通过 request 的对象构造一个 Call 对象，类似于把请求封装成了任务，既然是任务，就会有 execute() 和 cancel() 等方法。

最后，我们以异步的方式去执行请求，所以我们调用的是 call.enqueue（），将 Call 加入调度队列，然后等待完成执行任务，我们在 Callback 中即可得到结果，Okhtep GET 请求代码如下：

【代码 3-2】 Okhttp GET 请求

```
        // 创建 OkHttpClient 对象
        OkHttpClient mOkHttpClient = new OkHttpClient();
        // 创建一个 Request
        final Request request = new Request.Builder()
                .url("https://www.baidu.com")
                .build();
       // 通过 request 的对象构造一个 Call 对象
        Call call = mOkHttpClient.newCall(request);
        // 以异步的方式去执行请求，将 Call 加入调度队列
        call.enqueue(new Callback() {
            //Callback 中即可得到结果
            // 请求失败
            @Override
            public void onFailure(Call call, final IOException e) {
                Log.d(TAG, "onFailure: ");
                // 通过 runOnUiThread 更新 UI
                runOnUiThread(new Runnable() {
                    @Override
                    public void run() {
                            Toast.makeText(GetHttpActivity.this,
e.getMessage(), Toast.LENGTH_SHORT).show();
                    }
                });

            }
          // 请求成功
            @Override
```

```
                public void onResponse(Call call, final okhttp3.
Response response) throws IOException {
                Log.d(TAG, "onResponse: ");
  onResponse
   (new Runnable() {
                    @Override
                    public void run() {
                        try {
                            Toast.makeText(GetHttpActivity.this,
response.body().string(), Toast.LENGTH_SHORT).show();
                        } catch (IOException e) {
                            e.printStackTrace();
                        }
                    }
                });
            }
        });
```

onResponse 执行的线程并不是UI线程，所以我们需要Android提供的runOnUiThread方式来更新UI，还可以使用上文中提到的Handler。

【想一想】

Handler的原理是什么？如何使用Handler更新UI？

Handler以异步的方式执行，当然也支持阻塞的方式，Call还有一个execute()方法，它也可以直接调用call.execute()返回一个Response。

（5）Retrofit

Retrofit是一个针对Java和Android类型安全的HTTP client，是由Square公司出品的高效率RestFul客户端库，它使用注解描述HTTP请求，默认会集成URL参数替换。Retrofit还提供了自定义头信息、多请求体、文件上传下载和模拟响应等功能。Retrofit默认使用OkHttp作为网络层，所以它包含Okhttp库的所有特性和功能。Retrofit封装后的框架具有很强的扩展性，相比于其他库而言，它更容易让人掌握，也可以很好地处理GET、POST、PUT、DELETE等RESTFul风格的HTTP请求以及HTTPS加密请求。

【知识拓展】

什么是RESTFul？

REST（Representational State Transfer）描述的是在网络中的client和server的一种交互形式。Representational：某种表现形式，比如用JSON、XML、JPEG等。State Transfer：状态变化，通过HTTP动词实现。REST简单地讲就是用URL定位资源，用HTTP动词（GET、POST、DELETE、PUT）描述操作。那么满足REST约束条件和原则的应用程序或设计就是RESTful。

Retrofit 的特点有以下几点。

① 支持 OkHttp、httpclient 等不同 HTTP client 实现网络请求。

② 遵循 Restful API 设计风格。

③ 简化了 URL 的拼写，注解含义一目了然，简单易懂。

④ 支持同步、异步和 RxJava。

⑤ 可扩展性好、功能模块高度封装、解耦彻底，如自定义 Converters 等。

⑥ 可以配置不同的反序列化工具来解析数据，如 JSON、XML 等。

⑦ 框架使用了很多设计模式 (外观模式，策略模式，适配器模式等)。

使用说明

① 添加 Retrofit 的依赖，在 module 级别的 build.gralde 中的 dependencies 下添加以下代码，然后按照提示执行“Sync Now”操作。

```
implementation'com.squareup.retrofit2:retrofit:2.1.0'// 依赖
implementation'com.squareup.retrofit2:converter-gson:2.1.0'// 提 供
对 Gson 解析的支持
```

② 添加网络权限。

添加网络权限的代码具体如下：

【代码 3-3】 AndroidManifest.xml

```
<!-- 允许程序联网 -->
<uses-permission android:name="android.permission.INTERNET" />
<!-- 允许程序获取网络状态 -->
<uses-permission android:name="android.permission.ACCESS_NETWORK_
STATE" />
<!-- 允许程序获取 Wi-Fi 状态 -->
<uses-permission android:name="android.permission.ACCESS_WIFI_
STATE"/>
```

Retrofit 支持同步和异步两种方式，在使用时，需要将请求地址转换为接口，通过注解来指定请求方法、请求参数、请求头和返回值等信息。

③ 发送 GET 请求。

第一步：创建用于描述网络请求的接口 GitHubApi，使用 @GET 注解指明请求的方式，使用 @Path 注解传递参数，Retrofit 网络请求接口代码如下：

【代码 3-4】 Retrofit 网络请求接口

```
public interface GitHubApi {
    String userName = "square";
    String repo = "retrofit";
    @GET("repos/{owner}/{repo}/contributors")
Call<ResponseBody> getAsynchronousCall(
@Path("owner") String owner,
@Path("repo") String repo);
}
```

@Path：请求 URL 可以替换模块来动态改变路径，替换模块是 {} 包含的字母、数字、字符串，替换的参数必须使用与 @Path 注解相同的字符串。

Call<T>：定义我们期望从服务器获取的数据类型。例如，当请求某些用户信息时，我们可以将其指定为Call<UserInfo>，UserInfo类将保存用户数据的属性。Retrofit会自动映射它，不必进行任何手动解析。如果想要原始响应，我们可以使用ResponseBody；如果根本不在乎服务器响应什么，我们可以使用Void。在这些情况下，我们必须将woid包装到Call<>类中。

第二步：创建一个Retrofit的实例，并完成相应的配置。

创建Retrofit的示例代码如下：

【代码3-5】 创建Retrofit的示例

```
//创建Retrofit实例
Retrofit retrofit = new Retrofit.Builder()
                .baseUrl("https://api.github.com/")
                .build();
  repo = retrofit.create(GitHubApi.class);
```

注意，GitHubApi是interface不是class，所以我们是无法直接调用该方法的，我们需要用Retrofit创建一个GitHubApi的代理对象，创建Retrofit实例时需要通过Retrofit.Builder，并调用baseUrl方法设置URL。

Retrofit2的baseUrl必须以"/"（斜线）结束，不然会抛出一个"Illegal Argument Exception"。

我们需要为注解添加相对于BaseUrl的String参数来完成路径，例如@GET（"/user/info"）。在大多数情况下，我们只会传递相对网址，而不传递完整网址这样做法的优点是Retrofit只需要一次请求基本URL，如果我们要更改API基本网址，则只需在一个位置更改它，不过，也可以指定完整的URL。

第三步：发送异步网络请求。

GET异步网络请求代码如下：

【代码3-6】 GET异步网络请求

```
  Call<ResponseBody> call = repo.getAsynchronousCall(GitHubApi.
userName, GitHubApi.repo);
        call.enqueue(new Callback<ResponseBody>() {
            @Override
                public void onResponse(Call<ResponseBody> call,
Response<ResponseBody> response) {
                try {
                    Gson gson = new Gson();
                    ArrayList<Contributor> contributorsList = gson.
fromJson(response.body().string(),
                            new TypeToken<List<Contributor>>() {
                    }.getType());
                        for (Contributor contributor :
contributorsList) {
                            Log.e("Get异步网络请求测试== ", contributor.
getLogin());
                    }
                } catch (IOException e) {
```

```
                e.printStackTrace();
            }
        }
        @Override
        public void onFailure(Call<ResponseBody> call, Throwable t) {
//……
        }
    });
```

call.enqueue 方法实现异步网络请求时需要传入一个 Callback 参数，这个 Callback 是一个通用的类并且会匹配我们定义的返回类型。接着它会强制实现 Callback 的两个方法 onResponse 和 onFailure。onResponse 是网络请求成功的方法，它可以解析数据，onFailure 是网络请求失败的方法，可以给用户弹框提示，提高用户体验。

框架对比总结：

① Volley 和 Okhttp 相比，Volley 的优势在于轻量级，封装得更好。我们使用 OkHttp 时要求需要有开发者足够的能力进行再一次的封装。而 OkHttp 的优势在于性能更高，因为 OkHttp 基于 NIO 和 Okio，所以性能上要比 Volley 更快。

② Volley 和 Retrofit 相比，这两个库都做了非常不错的封装，但是 Retrofit 解耦得更彻底，尤其是 Retrofit2.0。而且 Retrofit 默认使用 OkHttp，性能上也要比 Volley 占优势。

③ OkHttp 和 Retrofit 相比，Retrofit 默认是基于 OkHttp 做的封装，没有什么可比性，如果项目采用了 RxJava，后台 API 又是 RestFul 风格，推荐使用 Retrofit。

经过和后台讨论，API 采用 RestFul 风格，我们将目标锁定在 Retrofit。接下来，我们需要深入研究一下 Retrofit 的使用。

3.1.2 Retrofit框架详解

3.1.1 简单介绍了 Retrofit GET 异步请求的基本使用。接下来，我们着重讲解 Retrofit 的常用注解。

1. 注解

Retrofit 共 22 个注解，根据功能大概分为请求方法类、标记类、参数类三类。

① 请求方法类：GET、POST、PUT、DELETE、PATCH、HEAD、OPTIONS 和 HTTP（不常用），这些注解分别对应 HTTP 的请求方法，接收一个字符串表示接口路径，与 baseUrl 组成完整的 Url。

② 标记类：

FormUrlEncoded：请求体是 From 表单，用于修饰 Field 注解和 FieldMap 注解。使用该注解表示请求正文将使用表单网址编码。字段应该声明为参数，并用 @Field 注释或 FieldMap 注释。使用 FormUrlEncoded 注解的请求类型是“application / x-www-form-urlencoded”。字段名称和值将先进行 UTF-8 编码，再根据 RFC-3986 进行 URI 编码。

Multipart：作用于方法，使用该注解表示请求体是多部分的。每一部分作为一个参数，且用 Part 注解声明。

Streaming：作用于方法，响应体的数据用流的形式返回（不常用）。

③ 参数类描述见表 3-2。

表3-2　参数类描述

名称	描述
Headers	设置固定的请求头，作用于方法，所有请求头不会相互覆盖，即使名字相同
Header	添加不固定的Header，作用于方法参数（形参）
Body	非表单请求体
Field	表单字段，与FieldMap、FromUrlEncoded配合
FieldMap	表单字段，与Field、FormUrlEncoded配合；接受Map<String, String>类型，非String类型会调用 toString() 方法
Part	表单字段，与PartMap配合，适合文件上传的情况
PartMap	表单字段，与Part配合，适合文件上传的情况；默认接受Map<String, RequestBody>类型，非RequestBody会通过Converter转换
Path	用于url，请求URL可以替换模块来动态改变
Query	用于url，常与GET请求配合使用，参数会拼接在url上，允许为空
QueryMap	用于url，常与GET请求配合使用
Url	用于url，添加请求的接口地址

2. 注解的使用

方法类注解：

（1）@HTTP

可以代替其他请求方法，@ATTP 的使用代码如下：

【代码 3-7】 @HTTP 使用

```
/**
 * method 表示请的求方法，不区分大小写
 * path 表示路径
 * hasBody 表示是否有请求体
 */
 @HTTP(method = "get", path = "users/{user}", hasBody = false)
Call<ResponseBody> getFirstBlog(@Path("user") String user);
```

（2）@GET、@POST、@PUT、@ DELETE

@GET、@POST、@PUT、@ DELETE 用于发送 GET/POST/PUT/DELETE 请求，注解一般必须添加相对路径或绝对路径或者全路径，如果不想在注解后添加请求路径，则可以在方法的第一个参数中用 @Url 注解添加请求路径。

参数类注解：

① @Query

@Query 作用于方法的参数，用于添加查询参数。即请求参数，使用该注解定义的参数，参数值可以为空，为空时，忽略该值，当传入一个 List 或 array 时，其为每个非空 item 拼接请求键值对，所有的键是统一的，@Query 使用代码如下：

【代码 3-8】 @Query 使用

```
@GET("/list")
Call<ResponseBody> list(@Query("category") String category);
// 传入一个数组
@GET("/list")
Call<ResponseBody> list(@Query("category") String... categories);
```

② @QueryMap

@QueryMap 作用于方法的参数，以 map 的形式添加查询参数，map 的键和值默认进行 URL 编码，map 中每一项的键和值都不能为空，否则抛出 IllegalArgumentException 异常。@QueryMap 使用代码如下：

【代码 3-9】 @QueryMap 使用

```
@GET("/search")
Call<ResponseBody> list(@QueryMap Map<String, String> filters);
```

③ @Field

@Field 作用于方法的参数，用于发送一个表单请求。当参数值为空时，会自动忽略；如果传入的是一个 List 或 array，则它为每一个非空的 item 拼接一个键值对。另外，如果 item 的值有空格，在拼接时会自动忽略，@Field 使用代码如下：

【代码 3-10】 @Field 使用

```
@FormUrlEncoded
@POST("/")
Call<ResponseBody> example(@Field("name") String name,@
Field("occupation") String occupation);
    // 固定或可变数组
    @FormUrlEncoded
    @POST("/list")
    Call<ResponseBody> example(@Field("name") String... names);
```

④ @FieldMap

@FieldMap 作用于方法的参数。用于发送一个表单请求。map 中每一项的键和值都不能为空，否则抛出 IllegalArgumentException 异常，@FieldMap 使用代码如下：

【代码 3-11】 @FieldMap 使用

```
@GET("/search")
Call<ResponseBody> list(@FieldMapMap<String, String> filters);
```

⑤ @Body

@Body 作用于方法的参数，使用该注解定义的参数不可为 null。当我们发送一个 POST 或 PUT 请求，但又不想作为请求参数或表单的方式发送请求时，使用该注解定义的参数可以直接传入一个实体类，Retrofit 会通过 convert 把该实体序列化并将序列化后的结果直接作为请求体发送出去。若未添加转换器，只能使用 RequestBody，@Body 使用代码如下：

【代码 3-12】 @Body 使用

```
@POST("users/new")
Call<RequestBody> createUser(@Body User user);
```

⑥ @Part

@Part 作用于方法的参数，用于定义 Multipart 请求的每个 part。使用该注解定义的参数，参数值可以为空。参数值为空时，则忽略，使用该注解定义的参数类型有以下 3 种方式可选：

a. 如果类型是 okhttp3.MultipartBody.Part，内容将被直接使用。省略 part 中的名称，即 @Part MultipartBody.Part part。

b. 如果类型是 RequestBody，那么该值将直接与其内容类型一起使用，并在注释中提供 part 名称（例如，@Part（"foo"）RequestBody foo）。

c. 其他对象类型将通过使用转换器转换为适当的格式。在注释中提供 part 名称（例如，@Part（"foo"）Image photo），@Part 使用代码如下：

【代码 3-13】 @Part 使用

```
@Multipart
@PUT("user/photo")
Call<User> updateUser(@Part("photo") RequestBody photo, @
Part("description") RequestBody description);
```

⑦ @PartMap

@PartMap 作用于方法的参数，以 map 的方式定义 Multipart 请求的每个 part。map 中每一项的键和值都不能为空，否则抛出 IllegalArgumentException 异常。使用该注解定义的参数类型有以下两种方式可选：

a. 如果类型是 RequestBody，那么该值将直接与其内容类型一起使用。

b. 其他对象类型将通过使用转换器转换为适当的格式，@PartMap 使用代码如下：

【代码 3-14】 @PartMap 使用

```
@Multipart
@POST("/upload")
Call<ResponseBody> upload(
        @Part("file") RequestBody file,
        @PartMap Map<String, RequestBody> params);
```

⑧ @Header

@Header 作用于方法的参数，用于添加请求头，使用该注解定义的请求头可以为空。当请求头为空时，会自动忽略，当传入一个 List 或 array 时，会拼接每个非空的 item 的值到请求头中。具有相同名称的请求头不会相互覆盖，而是会照样添加到请求头中，@Header 使用代码如下：

【代码 3-15】 @Header 使用

```
@GET("user")
Call<User> getUser(@Header("Authorization") String authorization)
```

⑨ @Headers

@Headers 作用于方法，用于添加一个或多个请求头，具有相同名称的请求头不会相互覆盖，而是会照样添加到请求头中，@Headers 使用代码如下：

【代码 3-16】 @Headers 使用

```
// 添加一个请求头
@Headers("Cache-Control: max-age=640000")
```

```
  @GET("widget/list")
  Call<List<Widget>> widgetList();
  //添加多个请求头
  @Headers({ "Accept: application/vnd.github.v3.full+json","User-
Agent: Retrofit-Sample-App"})
  @GET("users/{username}")Call<User> getUser(@Path("username")
String username);
```

⑩ @Url

@Url 作用于方法参数，用于添加请求的接口地址，@Url 使用代码如下：

【代码 3-17】 @ Url 使用

```
  @GET
  Call<ResponseBody> list(@Url String url);
```

【注意】

① FormUrlEncoded 注解和 Multipart 注解不能同时使用，否则会抛出 methodError 异常。

② Path 注解与 Url 注解不能同时使用，否则会抛出 parameterError 异常。

③ FiledMap、PartMap、QueryMap 是作用于方法的注解，它们的参数类型必须为 Map 的实例，且 key 的类型必须为 String 类型，否则抛出异常。

④ 使用 Body 注解的参数不能使用 form 或 multi-part 编码，即如果为方法使用了 FormUrlEncoded 或 Multipart 注解，则方法的参数中不能使用 Body 注解，否则抛出 parameterError 异常。

3. POST 异步网络请求

① 创建用于描述 POST 请求的方法，使用表单的形式提交，配置网络请求接口代码如下：

【代码 3-18】 配置网络请求接口

```
  @FormUrlEncoded
  @POST("user/register")
  Call<ResponseBody> register(@Field("username") String username,
                              @Field("email") String email,
                              @Field("password") String password,
                              @Field("userType") int userType);
```

② 创建 Retrofit 实例，并进行基本配置，创建 Retwfit 实例代码如下：

【代码 3-19】 创建 Retrofit 实例

```
  public void createRetrofit() {
        Retrofit retrofit = new Retrofit.Builder()
                .baseUrl("http://192.168.14.119:8080/hiot/core/")
                .build();
        repo = retrofit.create(GitHubApi.class);
    }
```

③ 发送异步网络请求，发送 post 异步请求代码如下：

【代码 3-20】 发送 post 异步请求

```
/**
 * post 异步
  */
public void requestaPostAsynchronousSimple() {
//创建 Retrofit 实例
    createRetrofit();
//发送异步网络请求，这是一个注册方法。
     Call<ResponseBody> call = repo.register("q183456", "127893@
qq.com", "qwe123", 1);
    call.enqueue(new Callback<ResponseBody>() {
        @Override
           public void onResponse(Call<ResponseBody> call,
Response<ResponseBody> response) {
           try {
                 Log.e(TAG, "post 异步请求： " + response.body().
string());
           } catch (IOException e) {
               e.printStackTrace();
           }
        }
        @Override
public void onFailure(Call<ResponseBody> call, Throwable t) {
//……
        }
    });
}
```

Retrofit 也可以发送同步网络请求，在异步网络请求的基础上，配置同步网络请求，使用 call.execute() 方法实现。由于同步网络请求运行在主线程中，会阻塞 UI，所以我们要将它放在子线程中执行。

【做一做】

请寻找开放的 API 接口，实现 Retrofit 的 GET、POST 异步网络请求。

3.1.3 传统数据解析

1. JSON 概述

前端与服务器进行数据交互的数据格式大部分都是 JSON 格式，JSON 是一种轻量级的数据交换格式。和 XML 相比，它小巧、描述能力强、传输速度快，易于阅读和编写，同时也易于机器解析和生成，被广泛应用于各种数据的交互中，尤其是服务器与客户端的交互。

JSON 数据本质是一种特定形式的字符串，它的元素会使用特定的符号标注。“[]”表示数组，“{}”表示对象，“ ”内是属性或值，“:”表示后者是前者的值。

JSON 值可以是数字（整数或浮点数）、字符串（在双引号中）、逻辑值（true 或 false）、数组（在方括号中）、对象（在花括号中）、null。

JSON 数据以键值对的形式表示，格式示例如下：

【代码 3-21】 JSON 格式

```
{"status": 0,"msg": "加载所有课程成功","data": [{"course_id":
2,"course_name": "web前端","description": "html css js","creatime":
"2016-05-17","status": 0,"user_id": 7},{"course_id": 3,"course_name":
"后台应用开发","description": "移动电商后台","creatime":
"2016-05-17","status": 0,"user_id": 7}]}
```

在开发过程中，我们可以使用 JSON 在线格式化工具。常用的 JSON 在线格式化工具有 BeJSON、JSON.cn 等。图 3-2 所示为 JSON.cn 的在线格式化效果。

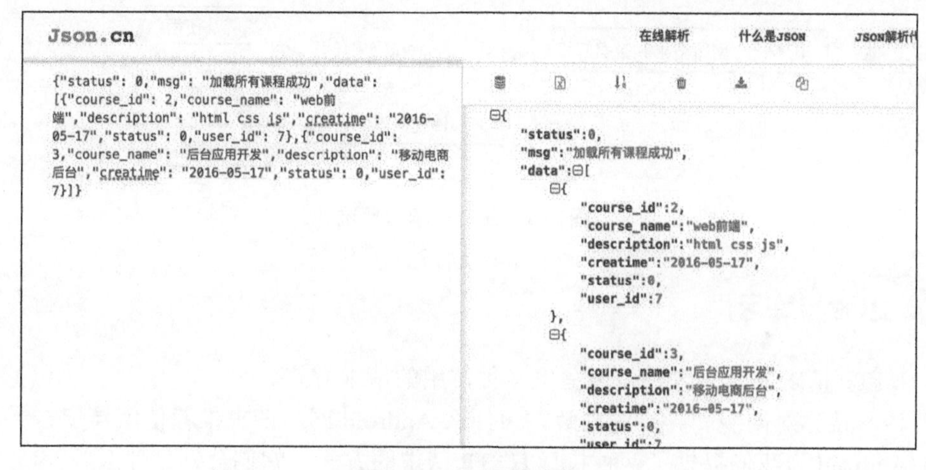

图3-2 JSON格式化

2. 传统 JSON 解析

JSON 字符串通常有 JSONObject 和 JSONArray 两种表现形式，JSONObject 对应一个实体类对象，JSONArray 对应一个数组，复杂的 JSON 字样串常包含各种嵌套关系。

传统的网络解析不仅代码量大，而且层级嵌套也很容易混淆。所以，越来越多的开发人员倾向于使用第三方开源框架，其中包括 Gson、FastJson、Jackson 等。本项目中使用的是 Gson 框架，我们将在任务二中详解。

3.1.4 任务回顾

知识点总结

本章主要涉及以下知识点。

1. 网络请求有 8 种请求方式，包括 GET、POST、DELETE 等。

2. 常用的网络请求方式 GET 和 POST 的区别。

3. 网络请求的异步、同步概念。

4. 传统网络请求 HttpUrlConnection 和 HttpClient 的用法。

5.Volley、Okhttp、Retrofit 网络框架基本用法和对比分析。

6.Retrofit 请求方法类、标记类、参数类注解的使用。

7.Json 可视化及传统的解析方式。

学习足迹

图 3-3 所示为任务一的学习足迹。

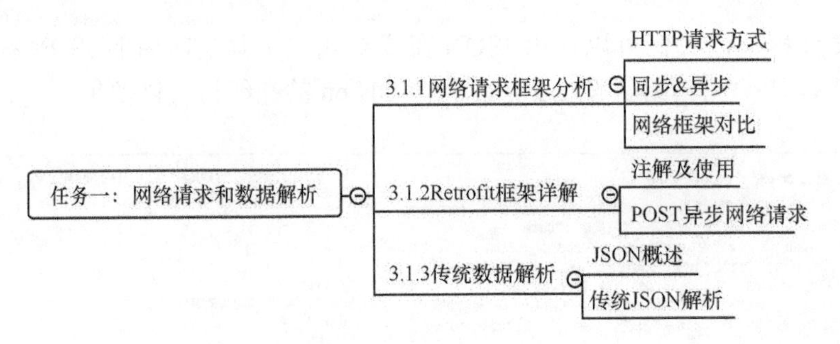

图3-3　任务一学习足迹

思考与练习

1. HTTP 请求方式有 8 种，请写出 4 种常用的请求方式。

2. 谈一谈你对同步和异步的理解？为什么 Android 网络请求推荐使用异步？

3. Android 为我们提供了两种执行 HTTP 请求的方式，它们分别是什么？

4. Retrofit 是如何创建实例的？是如何通过接口描述网络请求的？

5. 描述 Retrofit 常用注解的使用场景以及注意事项。

6. 请在 JSON 接口中任选其一，测试 Retrofit GET/POST 网络请求，并使用传统 JSON 解析方式进行解析，效果可展示在页面，也可直接打印在控制台。

3.2　任务二：数据模型与网络框架封装

【任务描述】

任务一分析了各大网络请求框架，最终选择了 Retrofit。不仅因为它简洁高效，还因为它扩展性强，可自定义 Converter 和 CallAdapter。那么 Converter 和 CallAdapter 具有什么作用？本次任务我们要讲的两个库 Gson 和 Rxjava 就和它们密切相关。相信学完任务二，大家就明白了。

3.2.1　Gson解析框架

1. 概述

Gson（又称 Google Gson）是 Google 公司发布的一个开放源代码的 Java 库，主要用途为序列化 Java 对象为 JSON 字符串，或反序列化 JSON 字符串成 Java 对象。Gson 适用于所有 Java 对象，甚至也适用于不知道源代码的对象。

Gson 提供了 fromJson() 和 toJson() 两个方法，前者实现反序列化，后者实现序列化，同时每个方法都提供了重载。

2. Gson 框架解决的问题

① 实现 Java 对象和 Json 之间的互相转换。

② 允许已经存在的无法改变的对象，转换成 JSON，或者 JSON 转换成已存在的对象。

③ 允许自定义对象的表现形式。

④ 支持任意的复杂对象 (基本数据类型、集合和对象)。

⑤ 能够生成可压缩和可读的 JSON 的字符串输出。

3. Gson 框架使用

（1）在 module 级别的 build.gralde 中的 dependencies 下添加以下代码，然后按照提示执行 "Sync Now" 操作。

```
implementation'com.google.code.gson:gson:2.8.1'
```

（2）POJO 类解析与生成

POJO（Plain Ordinary Java Object）是简单的 Java 对象，实际就是普通的 JavaBeans，是为了避免和 EJB 混淆所创造的简称。POJO 其中有一些属性及其 getter 和 setter 方法的类没有业务逻辑，有时也可以作为 VO(value -object) 或 DTO(Data Transform Object) 来使用。

POJO 类转化为 JSON 字符串的代码如下：

【代码 3-22】 POJO 类转化为 JSON 字符串

```
Gson gson = new Gson();
Person person = new Person(20, "艾米莉", "女");
String jsonStr = gson.toJson(person);
```

JSON 转化为 POJO 类的代码如下：

【代码 3-23】 JSON 转化为 POJO 类

```
Gson gson = new Gson();
String str = "{\"age\":20,\"name\":\"艾米莉\",\"sex\":\"女\"}";
    Person p = gson.fromJson(str, Person.class);
```

（3）List & Map 集合解析

Java 的 List<String> 和 List<City> 的字节码文件只有一个，即 List.class，这是 Java 泛型使用时要注意的泛型擦除问题。为了解决这个问题，Gson 为我们提供了 TypeToken 来支持泛型。

List 解析代码如下：

【代码 3-24】 数组解析

```
    String jsonStr = "[{\"name\":\"北京\",\"code\":\"bj\",\"id\":1}," +
            "{\"name\":\"上海\",\"code\":\"sh\",\"id\":2}," +
            "{\"name\":\"广州\",\"code\":\"gz\",\"id\":3}," +
            "{\"name\":\"深圳\",\"code\":\"sz\",\"id\":4}]";
    Gson gson = new Gson();
    List<City> citys;
    Type type = new TypeToken<ArrayList<City>>() {
    }.getType();
    citys = gson.fromJson(jsonStr, type);
    for (City city : citys) {
        Log.e(TAG, "onCreate: "+city.getName()+city.getCode());
    }
```

Map 解析：

Map 集合由多个 <key,value> 键值对组成，若 key 为 String 类型，value 为 City 类型。那么单个对象的表现形式为 Map<String,City>，其解析形式与 List 集合类似，也是使用 TokenType，MAP 解析代码如下：

【代码 3-25】 Map 解析

```
    String mapStr = "{'1':{\"name\":\"北京
\",\"code\":\"bj\",\"id\":1}," +
            "'2':{\"name\":\"上海\",\"code\":\"sh\",\"id\":2}," +
            "'3':{\"name\":\"广州\",\"code\":\"gz\",\"id\":3}," +
            "'4':{\"name\":\"深圳\",\"code\":\"sz\",\"id\":4}}";
    Gson gson = new Gson();
    Map<String, City> citys = gson.fromJson(mapStr,
            new TypeToken<Map<String, City>>() {}.getType());
    Log.e(TAG, "onCreate: " + citys.get("1").getName() + "  " +
citys.get("2").getCode());
```

【做一做】

请根据以下地址提供的 Json 在线编辑器自定义 Json 字符串，实现 List 和 Map 集合的解析。地址：https://www.bejson.com/jsoneditoronline/。

4. Gson 框架常用注解

（1）@SerializedName 注解

该注解能指定该字段在 JSON 中对应的字段名称，具体代码如下：

【代码 3-26】 User.java

```
public class User {
    @SerializedName("userName")
    private String name;
    @SerializedName("userSex")
    private String sex;
    @SerializedName("userAge")
```

```
private int age;
//……
}
```

【代码 3-27】 序列化 Java 对象为 JSON

```
Gson gson = new Gson();
    User user = new User("艾米莉", "女", 20);
    String jsonStr = gson.toJson(user);
Log.e(TAG, "Gson序列化: "+jsonStr );
```

打印结果如下：

```
Gson序列化: {"userAge":20,"userName":"艾米莉","userSex":"女"}
```

使用该注解之后，{"userAge":20,"userName":"艾米莉","userSex":"女"} 这个 JSON 字符串能够被解析到 User 类中的 age、name 和 sex 字段中，这样就解决了 JAVA 对象里属性名跟 JSON 里字段名不匹配的情况。

（2）@Expose 注解

该注解能够指定该字段是否能够序列化或者反序列化，默认都支持（true），代码路径如下：

【代码 3-28】 User.java

```
public class Student {
    @Expose(deserialize = false)//不能反序列化
    private String name;
    @Expose //既可以序列化也可以反序列化
    private String id;
    @Expose(serialize = false) //不能序列化
    private String sex;
    @Expose(serialize = false, deserialize = false)//不能序列化也不
能反序列化
    private String address;
    private int age;//不能序列化也不能反序列化
//……
}
```

deserialize (boolean) 反序列化默认 true，serialize (boolean) 序列化默认 true，代码路径如下：

【代码 3-29】 序列化 Java 对象为 JSON

```
        GsonBuilder builder = new GsonBuilder();
        builder.excludeFieldsWithoutExposeAnnotation();
        Gson gson = builder.create();
        Student student = new Student("艾米莉", "001", "女", "北
京市", 20);
        String str = gson.toJson(student);
        Log.e(TAG, "Expose注解序列化：: " + str);
```

注意：使用 @Expose 注解时，需要添加以下两句代码，才能生效。

```
GsonBuilder builder = new GsonBuilder();
builder.excludeFieldsWithoutExposeAnnotation();
```

打印结果：

```
Expose注解序列化：：{"id":"001","name":"艾米莉"}
```

由结果可以看出，当 serialize = false 时，Jason 不能被序列化；当 deserialize = false 时，Jason 不能被反序列化。

（3）@Since 和 @Until 注解

Since 代表“自从”，Until 代表“一直到”。它们都是针对某个字段生效的版本。如 @Since(1.2) 代表从版本 1.2 之后才生效，@Until(0.9) 代表在 0.9 版本之前都是生效的，具体代码如下：

【代码 3-30】 Teacher.java

```
public class Teacher {
private String name;
@Since(1.3) //代表从版本1.3之后生效
private int courseNumber;
rivate String courseName;
@Until(1.0) //代表在1.0版本之前是生效的
private String schoolName;
    //……
}
```

【代码 3-31】 @Since 和 @Until 注解使用代码如下：

```
GsonBuilder builder = new GsonBuilder();
builder.setVersion(0.9);
Gson gson = builder.create();
Teacher teacher = new Teacher(4,"Chinese","北京实验中学");
String str = gson.toJson(teacher);
Log.e(TAG, "onCreate: "+str );
```

这里 Gson 对象是通过 GsonBuilder 创建的，但需要设置版本号。

打印结果：

```
@Since and @Until: {"courseName":"Chinese","schoolName":"北京实
验中学"}
```

由结果可以看出，我们设置的版本号是 0.9，aUntil(1.0) 代表在 1.0 版本之前是生效的，所以 schoolName 可以被序列化。courseName 没有标注版本号，默认是可以被序列化的。

5. Gson 使用注意事项

① 先把成员变量都声明成 private 修饰，然后设置 getter、setter 方法。

② 如果某个字段被 transient 关键词修饰，则不会被序列化或者反序列化。

③ 当序列化的时候，如果对象的某个字段为 null，则不会输出到 JSON 字符串中。

④ 当反序列化的时候，某个字段在 JSON 字符串中找不到对应的值，就会被赋值为 null。

⑤ 内部类的某个字段和外部类的某个字段相同时，则会被忽视，不会被序列化或者反序列化。

3.2.2 Retrofit与Gson联合使用

Retrofit 负责网络请求，Gson 负责数据解析，那二者如何联系起来呢？ Retrofit 网络

请求时会用到的 Call<T> 这个对象，我们在描述网络请求时，需要创建服务器返回的实体类 T；如果不创建，则默认使用 ResponseBody。而使用 Retrofit 自动映射实体类 T 的前提是，需要给 Retrofit 添加 Converter。Converter 的作用是将 ResponseBody 转换为服务器期待的实体类型。

为了方便适应流行的序列化库，Retrofit 提供了 6 个模块。见表 3-3。

表3-3 Retrofit序列化支持库

库名	路径
Gson	com.squareup.retrofit:converter-gson
Jackson	com.squareup.retrofit:converter-jackson
Moshi	com.squareup.retrofit:converter-moshi
Protobuf	com.squareup.retrofit:converter-protobuf
Wire	com.squareup.retrofit:converter-wire
Simple XML	com.squareup.retrofit:converter-simplexml

Retrofit 结合 Gson 实现数据解析，需要加入 converter-gson 依赖。

（1）引入 Gson 支持

引入 Gson 支持的代码如下：

```
Implementation'com.squareup.retrofit2:converter-gson:2.0.2'
```

（2）通过 GsonConverterFactory 为 Retrofit 添加 Gson 支持具体代码如下：

【代码 3-32】 addConverterFactory

```
Retrofit retrofit = new Retrofit.Builder()
            .baseUrl("http://192.168.14.119:8080/hiot/core/")
            .addConverterFactory(GsonConverterFactory.create())
            .build();
```

（3）ResponseBody 转换为泛型中需要的类型

例如，这里服务器返回的 JSON 代码如下：

【代码 3-33】 外层 JSON 格式

```
{
  "status": 0,
  "msg": "string",
  "data":null
}
```

① 创建对应的实体类 ResultBase，代码路径如下：

【代码 3-34】 ResultBase.java

```
public class ResultBase implements Serializable {
    @SerializedName("data")
    private String data;
    @SerializedName("status")
    private String status;
```

```
    @SerializedName("msg")
    private String msg;
//省略getter setter方法
}
```

② 将T替换成ResultBase，代码路径如下：

【代码3-35】 Call<ResponseBody> 转化为 Call<T>

```
@FormUrlEncoded
@POST("user/register")
Call<ResultBase> register2(@Field("username") String username,
                           @Field("email") String email,
                           @Field("password") String password,
                           @Field("userType") int userType);
```

（4）修改服务器返回的数据类型，将Call<T>改成Call<ResultBase>，代码路径如下：

【代码3-36】 修改服务器返回类型

```
Call<ResultBase> call = repo.register2("q1818456", "23178193@
qq.com", "qwe123", 1);
        call.enqueue(new Callback<ResultBase>() {
            @Override
                public void onResponse(Call<ResultBase> call,
Response<ResultBase> response) {
                    Log.e(TAG, "onResponse: "+response.body().
getMsg());
            }
            @Override
                public void onFailure(Call<ResultBase> call,
Throwable t) {
                Log.e(TAG, "onFailure: "+t.getMessage() );
            }
        });
```

Retrofit和Gson完美配合，自动映射实体类，大大提升了开发速度。

【任务描述】中我们还提到了一个框架—Rxjava，那Rxjava又有什么神奇之处呢？接下来，就让我们一起揭开Rxjava的神秘面纱。

3.2.3 Rxjava框架解析

1.Rxjava 概述

RxJava是一个在Java VM上使用可观测的序列组成异步的、基于事件的程序的库。它的本质就是一个实现异步操作的库。它的异步操作的实现是通过一种可扩展的、观察者模式来实现的。它最大的特点就是程序的简洁性，即使在逻辑十分复杂的情况下，它依然可以让代码看起来很简洁，逻辑清晰流畅。

2. 观察者模式的含义

观察者模式又被称作发布/订阅模式，观察者模式定义了一种一对多的依赖关系，它让多个观察者对象同时监听某一个主题对象。这个主题对象在状态发生变化时会通知所有观察者对象，使它们能够自动更新自己。

观察者模式理解起来比较抽象，我们举一个例子：

Android 开发中一个比较典型的例子是单击监听器（OnClickListener）。对设置 OnClickListener 来说，View 是被观察者，OnClickListener 是观察者，二者通过 setOnClickListener() 方法达成订阅关系。订阅之后用户单击按钮的瞬间，AndroidFramework 就会将单击事件发送给已经注册的 OnClickListener。

通过上面的例子，我们可以抽象出观察者模式的 4 个主要概念。

（Button -> 被观察者、OnClickListener -> 观察者、setOnClickListener() -> 订阅，onClick() -> 事件）

3. Rxjava 观察者模式

RxJava 观察者模式也有 4 个基本概念：Observable（可观察者，即被观察者）、Observer（观察者）、subscribe（订阅）、事件。Observable 和 Observer 通过 subscribe() 方法实现订阅关系（注意：这里是 observer / subscriber 订阅了 observalbe）。从而 Observable 可以在需要的时候发出事件来通知 Observer，观察者模式如图 3-4 所示。

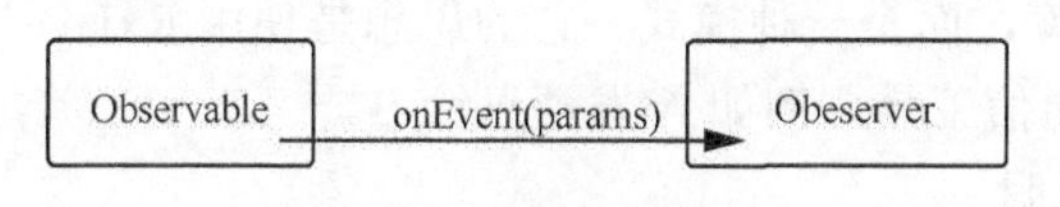

图3-4 观察者模式

与传统观察者模式不同，RxJava 的事件回调方法除了普通事件 onNext()（相当于 onClick() / onEvent()）之外，还定义了两个特殊事件：onCompleted() 和 onError()。如图 3-5 所示：

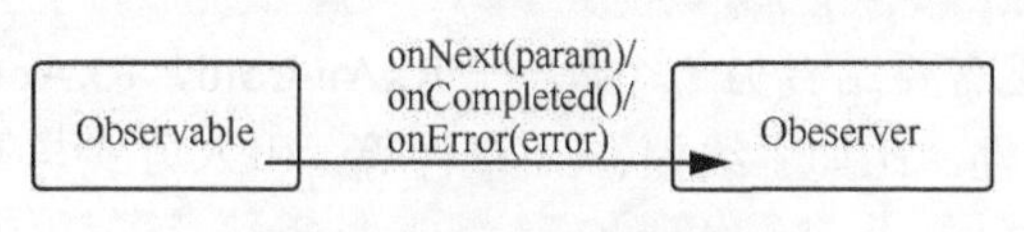

图3-5 Rxjava发送事件

① onCompleted()：事件队列完结。RxJava 不仅把每个事件单独处理，还会把它们看作一个队列。RxJava 规定，当不会再有新的 onNext() 发出时，需要触发 onCompleted() 方法作为结束标志。

② onError()：事件队列异常。在事件处理过程中出现异常时，onError() 会被触发，同时队列自动终止，不允许再有事件发出。

③ 3 个事件的执行顺序：onNext->onComplete/onError。

1）上游（被观察者）可以发送无限个 onNext，下游（观察者）也可以接收无限个 onNext。当上游发送了一个 onComplete 后，上游将会继续发送 onComplete 之后的事件，而下游收到 onComplete 事件之后将不再继续接收事件。

2）当上游发送了一个 onError 后，上游 onError 之后的事件将继续发送，而下游收到 onError 事件之后将不再继续接收事件。

3）上游可以不发送 onComplete 或 onError，值得注意的是 onComplete 和 onError 必须唯一并且互斥（onComplete 或 onError 之后下游不会继续接收事件）。

4. Rxjava 适用场景

（1）与 Retrofit 的结合

Retrofit 除了提供了传统的 Callback 形式的 API，还有 Rxjava 版本的 Observable 形式的 API。我们会在后续的网络框架封装中讲到。

（2）RxBinding

RxBinding 是 Jake Wharton 的一个开源库，它提供了一套在 Android 平台上的基于 RxJava 的 Binding API。所谓 Binding，就是类似设置 OnClickListener、设置 TextWatcher 这样的注册绑定对象的 API。

（3）各种异步操作

例如数据库的读写、大图片的载入、文件压缩式解压等各种需要放在后台工作的耗时操作，都可以用 Rxjava 来实现。

（4）RxBus

RxBus 不是一个库，而是一种模式，它的思想是使用 Rxjava 来实现了 EventBus，并作为 Android 组件的通信工具，例如 A 发消息给 B。

5. Rxjava 使用说明

（1）Rxjava 配置

在 module 级别的 build.gralde 中的 dependencies 下添加以下代码，然后按照提示执行“Sync Now”操作。此次我们使用的是 Rxjava1.x 系列，目前 Rxjava 已升级到 2.x 系列，用法与 Rxjava1.x 有所不同，感兴趣的同学可以去学习一下。

```
implementation'io.reactivex:rxjava:1.3.0'
```

与此同时，我们还需要结合另一个库——RxAndroid，RxAndroid 是一个扩展库，更好地兼容了 Android 特性，比如主线程、UI 事件等，引入方式与 Rxjava 相同，代码如下：

```
implementation'io.reactivex:rxandroid:1.2.1'
```

（2）创建观察者 Observer

Observer 即观察者，它决定事件触发的时候将有怎样的行为。Rxjava 中的 Observer 接口的实现代码如下：

【代码 3-37】 创建观察者 Observer

```
//使用 Observer 创建观察者
Observer<String> observer = new Observer<String>() {
    @Override
    public void onCompleted() {
        Log.e(TAG, "Observer 观察者 onCompleted: ");
    }
    @Override
    public void onError(Throwable e) {
        Log.e(TAG, "Observer观察者onError: " + e.getMessage());
    }
    @Override
```

```
            public void onNext(String s) {
                Log.e(TAG, "Observer观察者onNext: " + s);
            }
        };
```

创建 Observer 默认实现了 onCompleted()、onError(Throwable e) 和 onNext(String s) 三个事件。onNext(String s) 的参数类型对应 Observer 的参数类型，是唯一一个可进行数据处理的事件。onError(Throwable e) 的参数是一个顶级异常父类，可以捕获异常并处理。当被观察者不会再有新的 onNext() 发出时，将会触发 onCompleted() 作为结束标志。

除了 Observer 接口之外，RxJava 还内置了一个实现了 Observer 的抽象类：Subscriber。Subscriber 扩展了 Observer 接口，但它们的基本使用方式是相同的。

（3）观察者使用 Subscriber 创建

【代码 3-38】 观察者使用 Subscriber 创建具体代码如下：

```
        //使用Subscriber创建观察者
        Subscriber<String> subscriber = new Subscriber<String>() {
            @Override
            public void onCompleted() {
                Log.e(TAG, "Subscriber观察者onCompleted: ");
            }
            @Override
            public void onError(Throwable e) {
                Log.e(TAG, "Subscriber观察者onError: " + e.getMessage());
            }
            @Override
            public void onNext(String s) {
                Log.e(TAG, "Subscriber观察者onNext: " + s);
            }
        };
```

Observer 和 Subscriber 都创建观察者，二者有什么关系呢？

实质上，在 RxJava 的订阅过程中，Observer 先被转换成 Subscriber 然后再使用。如果只使用 Rxjava 的基本功能，选择 Observer 和 Subscriber 是完全一样的。

它们的区别对于使用者来说主要有以下两点。

① onStart()：Subscriber 增加的方法。它会在订阅刚开始，而事件还未发送之前被调用，它可以做一些准备工作，例如数据的清零或重置。这是一个可选的方法，默认情况下它的实现为空。

② unsubscribe()：这是 Subscriber 所实现的另一个接口 Subscription 的方法，用于取消订阅。在这个方法被调用后，Subscriber 将不再接收事件。unsubscribe() 这个方法很重要，因为在订阅之后，Observable 会持有 Subscriber 的引用，这个引用如果不能及时被释放，将有内存泄露的风险。

（4）创建被观察者 Observable

Observable 即被观察者，它的作用是触发事件并决定触发怎样的事件。RxJava 使用 create() 方法来创建 Observable，并为它定义事件触发规则，具体代码如下：

【代码 3-39】 创建被观察者 Observable

```
// 创建被观察者 Observable
        Observable<String> observable = Observable.create(new
Observable.OnSubscribe<String>() {
            @Override
            public void call(Subscriber<? super String> subscriber) {
                subscriber.onNext("hello");
                subscriber.onNext("world!");
                subscriber.onCompleted();
            }
        });
```

Call 方法是一个回调方法，当 call 方法被触发时，会依次发送 onNext(“hello”)、onNext(“world!”) 和 onCompleted() 三个事件，那 call 方法是哪里来的呢？

Call 方法和 create() 方法中传入的 OnSubscribe 对象关系密切，我们查看 OnSubscribe 的源码如下：

【代码 3-40】 rx.Observable

```
/**
 * Invoked when Observable.subscribe is called.
 * @param <T> the output value type
 */
public interface OnSubscribe<T> extends Action1<Subscriber<? super T>> {
    // cover for generics insanity
}
```

OnSubscribe 是 Observable 内部的接口，它继承了 Action1，接着看 Action1 的源码如下：

【代码 3-41】 rx.functions.Action1

```
package rx.functions;
/**
 * A one-argument action.
 * @param <T> the first argument type
 */
public interface Action1<T> extends Action {
    void call(T t);
}
```

Action1 是一个泛型接口，里面含有一个单参数的 call 回调方法，这就是 call 方法的来源。

那么，call 方法是如何被触发的呢？

Button 单击事件中是通过 setOnClickListener 方法触发的，Rxjava 中则是通过 Subscribe（订阅）方法触发的。

（5）Subscribe（订阅）

观察者和被观察者被创建之后，实现二者的订阅，二者就可以产生联系了，一个发送事件，一个接收事件，代码路径如下：

【代码 3-42】 Subscribe

```
        // 方式一实现订阅
```

```
        observable.subscribe(observer);
       //方式二实现订阅
        observable.subscribe(subscriber);
```

【想一想】

这里是观察者订阅了被观察者还是被观察者订阅了观察者呢?

Rxjava 还有一个强大的功能就是线程控制（Scheduler），在 Android 开发中，我们需要在子线程处理耗时任务，在 UI 线程中更新。如果使用 Rxjava，则会变得非常简单。

（6）Scheduler（线程调度）

Scheduler 即调度器，RxJava 通过它来指定每一段代码应该运行在什么样的线程中。RxJava 内置的 Scheduler 可以适合大多数的使用场景。

① Schedulers.immediate()：直接在当前线程运行，相当于不指定线程。这是默认的是的 Scheduler。

② Schedulers.newThread()：总是启用新线程，并在新线程中执行操作。

③ Schedulers.io()：I/O 操作（读写文件、读写数据库、网络信息交互等）所使用的 Scheduler。注意：不要把计算工作放在 io() 中，这样可以避免创建不必要的线程。

④ Schedulers.computation()：计算所使用的 Scheduler。这个计算指的是 CPU 密集型计算，即不会被 I/O 等操作限制性能，例如图形的计算。注意：不要把 I/O 操作放在 computation() 中，否则 I/O 操作的等待时间会浪费 CPU。

⑤ AndroidSchedulers.mainThread()：Android 专用线程，它指定的操作将在 Android 主线程中运行。

我们通过使用 subscribeOn() 和 observeOn() 两个方法控制线程的。subscribeOn(): 指定 subscribe() 所发生的线程，叫作事件产生的线程。observeOn(): 指定 Subscriber 所运行的线程，叫作事件消费的线程。

Scheduler 用法代码如下：

【代码 3-43】 Scheduler

```
Observable.just(1,2,3,4)
                .subscribeOn(Schedulers.io())
                .observeOn(AndroidSchedulers.mainThread())
                .subscribe(new Subscriber<Integer>() {
                    @Override
                    public void onCompleted() {
                        Log.e(TAG, "onCompleted:" );
                    }
                    @Override
                    public void onError(Throwable e) {
                    }
                    @Override
                    public void onNext(Integer integer) {
```

```
                    Log.e(TAG, "onNext: "+integer );
                }
            });
```

subscribeOn(Schedulers.io()) 指定被创建的事件的内容并将会在IO线程发出。observeOn(AndroidScheculers.mainThread()) 指定subscriber数字的打印将发生在主线程中。

just是Rxjava的操作符,可以将其他类型转化为Observable对象,快速创建事件序列。

以上，就是Rxjava的基本使用，接下来我们要看一看Rxjava和Retrofit的联系。

3.2.4 Retrofit与RxJava联合使用

Rxjava和Retrofit经常成对出现。Rxjava是一个异步的、基于事件的库、拥有强大的线程调度机制。这种机制适用于Android后台线程读取数据，主线程显示程序策略。而且，Retrofit除了提供传统的Callback形式的API，还有RxJava版本的Observable形式的API。那我们就要看看Observable形式的API是如何使用的？

Retrofit与RxJava联合使用

① 引入Retrofit和Rxjava的依赖，可参考前面讲过的内容。

② 定义网络请求的接口，并使用注解描述网络请求，具体代码如下：

【代码 3-44】 描述网络请求

```
  public interface GitHubApi {
    @FormUrlEncoded
    @POST("user/register")
    Observable<ResultBase> register3(@Field("username") String
username,
                               @Field("email") String email,
                               @Field("password") String password,
                               @Field("userType") int userType);
  }
```

之前我们介绍Retrofit的Converter是对于Call<T>中T的转换的，而CallAdapter则是对Call转换，这样的话Call<T>中的Call也是可以被替换的，而返回值的类型决定后续的处理程序逻辑。同样Retrofit提供了多个CallAdapter，这里以RxJava的为例，用Observable代替Call。

③ 使用CallAdapter也需要引入依赖，在module级别的build.gralde中的dependencies下添加以下代码，然后按照提示执行“Sync Now”操作。

```
  implementation'com.squareup.retrofit2:adapter-rxjava:2.3.0'
```

④ 添加Rxjava Adapter。

【代码 3-45】 添加Rxjava Adapter代码如下：

```
  Retrofit retrofit = new Retrofit.Builder()
             .baseUrl("http://192.168.14.253:8080/hiot/")
             .addConverterFactory(GsonConverterFactory.create())
             .addCallAdapterFactory(RxJavaCallAdapterFactory.create())
             .build();
     GitHubApi repo = retrofit.create(GitHubApi.class);
```

⑤ 发送网络请求，这里以 post 请求为例。

【代码 3-46】 发送 post 请求代码如下：

```
    repo.register3("q3866456", "3279093@qq.com", "qwe123", 1)
                .subscribeOn(Schedulers.io())// 运行在 io 线程
                .observeOn(AndroidSchedulers.mainThread())// 运行在主线程
                .subscribe(new Subscriber<ResultBase>() {
                    @Override
                    public void onCompleted() {
                        Log.e(TAG, "onCompleted: ");
                    }
                    @Override
                    public void onError(Throwable e) {
                        Log.e(TAG, "onError: " + e.getMessage());
                    }
                    @Override
                    public void onNext(ResultBase result) {
                        Log.e(TAG, "onNext: " + result.getData());
                    // 运行在主线程可以弹出吐司
                            Toast.makeText(RxJavaCallAdapterActivity.
  this,result.getMsg() , Toast.LENGTH_SHORT).show();
                    }
                });
```

上面的例子中，register3() 方法返回的对象是 Observable，它可以直接切换线程。可以看出，网络请求运行在 IO 线程中，随后被切换到 UI 线程中进行订阅、处理事件。onNext(ResultBase result) 方法可处理网络请求返回的数据，由于这一步已经在 UI 线程中运行，可以直接弹出吐司。如果没有切换线程，则会报以下错误："onError: Can't create handler inside thread that has not called Looper.prepare()"，原因是子线程不能更新 UI。

3.2.5 Model层封装优化

在 MVP 架构中，Model 层代表数据层，它区别于 MVC 架构中的 Model，在这里它不仅仅只是数据模型，还负责对数据的存取操作，例如网络数据的请求、数据库的读写等。Model 层相比其他单元来说比较特殊，它更像一个整体，那我们该如何优化它呢？

我们可以从 4 个层面进行优化：

① Retrofit、Gson 对象管理；

② 提供统一的数据请求层入口；

③ 最外层实体类封装；

④ Rxjava 网络请求逻辑封装。

1. Retrofit、Gson 对象管理

任务一和任务二讲解了 Retrofit、Gson 和 Rxjava 三个框架。网络请求作为开发过程中最常见的操作，几乎每个页面都会用到它，那如果我们每次进行网络请求时都要先 new 一个 Retrofit 对象，不仅耗费资源，也增加了代码的冗余度，这个时候，Dagger2 就派上用场了。

Dagger2 的 @Module 注解可以在不修改源码的情况下实例化类对象，我们希望 Retrofit、Gson 的对象是全局使用的，并且是单例的。所以，提供实例的方法应该被配置在 ApplicationModule 中，并使用 @Singleton 修饰，具体代码如下：

【代码 3-47】 ApplicationModule.java

```
@Module
public class ApplicationModule {
//提供 Retrofit 实例
  @Provides
  @Singleton
  Retrofit provideRetrofit(OkHttpClient okHttpClient) {
      return new Retrofit.Builder()
              .baseUrl(MyService.BASE_URL)
              .client(okHttpClient)
              .addConverterFactory(GsonConverterFactory.create())
              .addCallAdapterFactory(RxJavaCallAdapterFactory.create())
              .build();
  }
//提供 Gson 实例
  @Provides
  @Singleton
  Gson provideGson() {
      return new Gson();
  }
}
```

我们发现 Retrofit 对象的创建是需要依赖于 OkHttpClient 的，依据注入规则，我们还需要提供 OkHttpClient 的实例化方法，具体代码如下：

【代码 3-48】 ApplicationModule.java

```
@Module
public class ApplicationModule {
  //提供 OkHttpClient
   @Provides
   @Singleton
   OkHttpClient provideOkHttpClient() {
       final OkHttpClient.Builder builder = new OkHttpClient.Builder();
       builder.connectTimeout(6, TimeUnit.SECONDS);
       HttpLoggingInterceptor logging = new HttpLoggingInterceptor();
       logging.setLevel(BuildConfig.DEBUG ? HttpLoggingInterceptor.
Level.BODY : HttpLoggingInterceptor.Level.NONE);
       return builder.addInterceptor(logging)
             .cache(new Cache(new File(application.getCacheDir(),
"HttpResponseCache"), 10 * 1024 * 1024))
              .build();
   }
}
```

由于 Retrofit 是基于 Okhttp 开发的，所以关于网络请求的一些配置，例如：连接超时、日志拦截、缓存等功能都是需要在 OkHttpClient 中配置的。我们简要介绍一下

HttpLoggingInterceptor 这个类。

HttpLoggingInterceptor 是网络拦截器的实现类，可以打印 OKhttp 的 request 和 response 的数据，方便我们查看 log 并调试。使用这个类需要引入以下依赖代码：

```
implementation'com.squareup.okhttp3:logging-interceptor:3.4.1'
```

HttpLoggingInterceptor 为我们提供了 4 种不同的 Level，它们分别是 NONE、BASIC、HEADERS、BODY。

NONE：没有记录。

BASIC：日志请求类型、URL、请求体的大小、响应状态和响应体的大小。

HEADERS：日志请求和响应头、请求类型、URL、响应状态。

BODY：日志请求和响应标头和正文。

通常我们在开发环境，显示日志而在生产环境中，我们则希望关闭日志。

我们使用 Retrofit 时还需要提供一个用于描述网络请求的接口 MyService，我们将其放在 data 包下，代码路径如下，目录结构如图 3-6 所示。

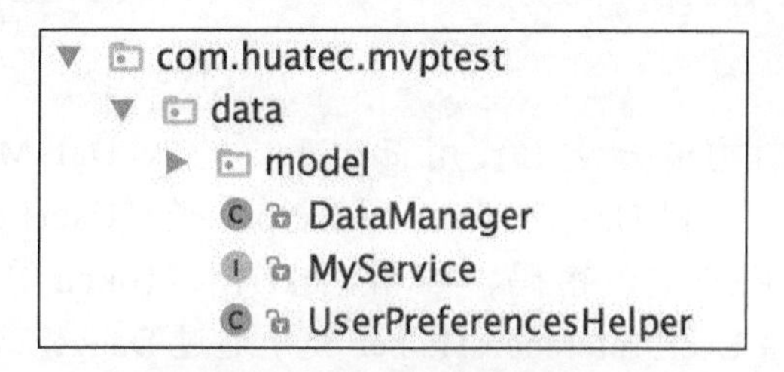

图3-6 model层目录结构

【代码 3-49】 MyService.java

```
public interface MyService {
String BASE_URL = "http://192.168.14.130:8888/hiot/";
//……
}
```

MyService 接口是不能直接新增对象的，是通过 Retrofit 的动态代理创建对象的，具体代码如下：

【代码 3-50】 ApplicationModule.java

```
@Module
public class ApplicationModule {
  // 提供 MyService
    @Provides
    @Singleton
    MyService provideMyService(Retrofit retrofit) {
        return retrofit.create(MyService.class);
    }
}
```

2. 提供统一的数据请求层入口

我们要创建一个网络请求管理类 DataManager，将请求方式规范化，Presenter 请求数据不再直接调用具体的Model对象，统一以DataManager类作为数据请求层的入口。

DataManager负责管理所有的网络请求方法，并可以过滤、处理和简单存储网络请求的数据。我们希望它是全局的、单例的，并可以通过Dagger2的Inject方式创建对象，具体代码如下：

【代码3-51】 DataManager.java

```
@Singleton
public class DataManager {
    private final MyService myService;//网络请求接口
    private final UserPreferencesHelper userPreferencesHelper;//用
户信息持久化
    @Inject
    public DataManager(MyService myService , UserPreferencesHelper
userPreferencesHelper) {
        this.myService = myService;
        this.userPreferencesHelper = userPreferencesHelper;
    }
}
```

在DataManager的构造方法上使用@Inject修饰，DataManager对象的创建需要依赖MyService接口和UserPreferencesHelper类。UserPreferencesHelper类保存用户信息，例如：用户名、密码、邮箱、userId、Token等，它使用的是Shared Preferences存储方式。UserPreferencesHelper类是通过Dagger2的Inject方式实例化对象的，它可以全局使用，也需要使用@Singleton修饰，具体代码如下：

【代码3-52】 DataManager.java

```
@Singleton
public class UserPreferencesHelper {
    private final SharedPreferences mPref;
    private static final String PREF_FILE_NAME = "userConfig";// 文件名
    private static final String PREF_KEY_USER_ID = "PREF_KEY_USER_
ID";//userID
    @Inject
    public UserPreferencesHelper(@ApplicationContext Context context) {
        mPref = context.getSharedPreferences(PREF_FILE_NAME,
Context.MODE_PRIVATE);
}
  //保存用户id
    public void putUserId(String userId) {
        mPref.edit().putString(PREF_KEY_USER_ID, userId).apply();
    }
//获取用户id
    @Nullable
    public String getUserId() {
        return mPref.getString(PREF_KEY_USER_ID, "");
    }
//……
```

```
//清空持久化信息
    public void clear() {
        mPref.edit().clear().apply();
    }
}
```

UserPreferencesHelper 的构造方法中有一个 @ApplicationContext 注解，它其实是 Dagger2 中 @Qualifier 注解的用法。

@Qualifier：当类的类型不足以鉴别依赖时，就可以使用该注解标注。例如：在项目中，我们会需要不同类型的 context，那么就可以定义不同的 qualifier 注解："@ActivityContext"和"@ApplicationContext"。当注入一个 context 的时候，我们就可以告诉 Dagger2 我们想要哪种类型的 context。

@Qualifier 的用法代码如下：

【代码 3-53】 ApplicationContext.java

```
@Qualifier
@Retention(RetentionPolicy.RUNTIME)
public @interface ApplicationContext {}
```

DataManager 和 UserPreferencesHelper 实例化是以 ApplicationComponent 为桥梁，要提供给子 ActivityComponent 使用，需要将其显示的暴露出来，代码路径如下：

【代码 3-54】 ApplicationComponent.java

```
@Singleton
@Component(modules = ApplicationModule.class)
public interface ApplicationComponent {
void inject(App application);
    @ApplicationContext
    Context context();
Application application();
//显式的暴露给子类
    DataManager dataManager();
    UserPreferencesHelper userPreferencesHelper();
}
```

3. 最外层实体类封装

后台返回给前端规范化的 JSON 格式，最外层的 JSON 格式一般是相同的，代码格式如下：

【代码 3-55】 外层 JSON 格式

```
{
  "status": 0,
  "msg": "string",
  "data": {}
}
```

在上述代码中，最外层的 JSONObject 包含 3 个属性：第一，status 是网络请求状态，1 代表成功，0 代表失败；第二，msg 是成功或失败返回的信息；第三，data 是一个 JSONObject，其类型是可变的，我们通常使用泛型定义。

封装的 ResultBase 代码如下：

【代码 3-56】 Result Base.java

```
public class ResultBase<T> implements Serializable {
    @SerializedName("data")
    private T data;
    @SerializedName("status")
    private String status;
    @SerializedName("msg")
    private String msg;
    public T getData() {
        return data;
    }
    public void setData(T data) {
        this.data = data;
//……
}
```

4. Rxjava 网络请求逻辑封装

实际上，我们每次使用 Rxjava 时网路请求时，都需要走一遍线程切换、订阅的过程，代码重复性很高。封装通用的网络请求方法，可以让代码看起来简洁、调用简单，有利于后期的维护工作。这部分逻辑我们将在 BasePresenter 中处理，代码路径如下：

【代码 3-57】 BasePresenter.java

```
  protected <T> void subscribe(Observable<T> observable, final
RequestCallBack<T> callBack) {
          subscriptions.add(observable
                  .subscribeOn(Schedulers.io())
                  .observeOn(AndroidSchedulers.mainThread())
                  .unsubscribeOn(Schedulers.io())
                  .subscribe(new Subscriber<T>() {
                      @Override
                      public void onCompleted() {
                          if (isViewAttached()) {
                              callBack.onCompleted();
                          }
                      }
                      @Override
                      public void onError(Throwable e) {
                          e.printStackTrace();
                          if (isViewAttached()) {
                              callBack.onError(e);
                          }
                      }
                      @Override
                      public void onNext(T t) {
                              if (isViewAttached() && t instanceof
ResultBase) {
                              callBack.onNext(t);
                          }
```

```
                }
            }));
    }
```

通用的网络请求方法，就需要适配所有的实体模型，那这个方法应该是泛型的。

其有两个参数，第一个参数是 Observable 类型，我们在 DataManager 中定义的网络请求方法返回的类型也是 Observable，两者是相对应的。第二个参数是 RequestCallBack 接口，是我们在 MVP 模式中讲到过的 CallBack，其作用是作为 Model 层给 Presenter 层反馈请求信息的载体，定义了请求数据时反馈的各种状态：成功、失败、异常等。

isViewAttached() 的作用是在 Presenter 内部每次调用 View 接口中的方法时，判断 View 的引用是否存在，防止由于调用 View 而可能引发的空指针异常的情况。

在使用 Rxjava 时，Observable 会持有 Subscriber 的引用，这个引用如果不能及时被释放，将有泄露内存的风险。所以，我们需要管理 Rxjava 的生命周期，必须在不再使用的时候尽快调用 unsubscribe() 来解除引用关系，以避免发生泄露内存情况。使用集合管理 Subscription，方便统一解除订阅，代码路径如下：

【代码 3-58】 BasePresenter.java

```
  protected final ArrayList<Subscription> subscriptions = new
ArrayList<>();
      public void detachView() {
          if (null != view) {
              view = null;
          }
  // 统一解除订阅
          unAllsubscribe();
   }
      public void unAllsubscribe() {
          if (subscriptions.size() > 0) {
              for (int i = 0; i < subscriptions.size(); i++) {
                  subscriptions.get(i).unsubscribe();
              }
              subscriptions.clear();
          }
      }
```

以上，是 Model 层的封装优化。

3.2.6 任务回顾

知识点总结

本章主要涉及的知识点如下所述。

1. 了解 Gson 框架所解决的问题。

2.Gson 框架的配置、序列化与反序列化。

3. Gson 框架注解的使用。

4. Base 实体类的封装。
5. Retrofit 和 Gson 的联合使用。
6. Rxjava 的原理、适用场景。
7. 如何创建观察者、被观察者、实现订阅关系。
8. Rxjava 和 Retrofit 的联合使用。
9. Rxjava、Retrofit、Gson 在 Dagger2、MVP 中的应用。

学习足迹

图 3-7 所示为任务二的学习足迹。

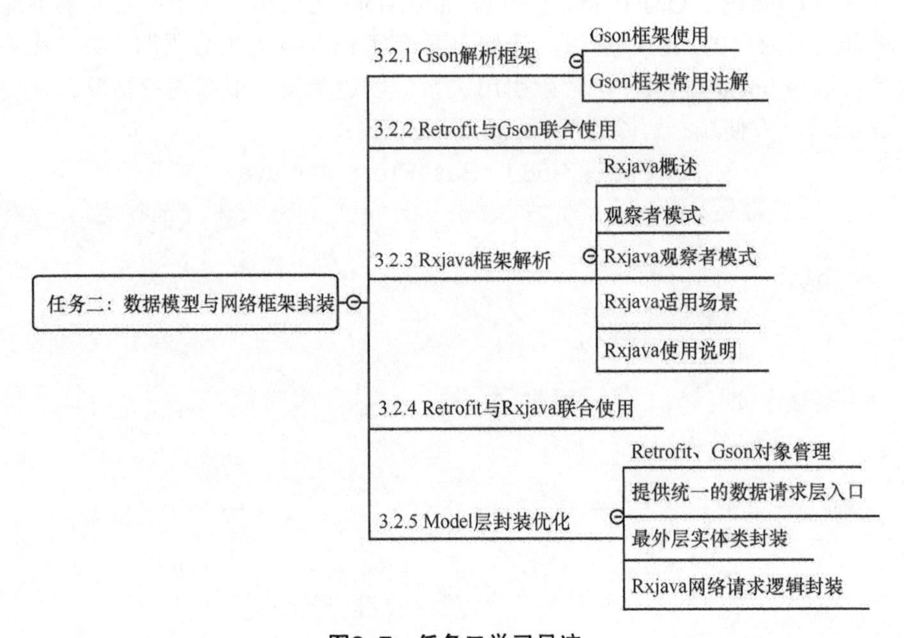

图3-7 任务二学习足迹

思考与练习

1. Gson 序列化方法是什么？反序列化方法是什么？
2. Gson 常用注解有哪些？分别有什么作用？
3. Converter 的作用是什么？如何使用？
4. 解释 Rxjava 的观察者模式。
5. Observer 和 Subscriber 都是创建观察者，二者有什么区别？
6. CallAdapter 的作用是什么？如何使用？
7. 编程题：请根据互联网资源，自行查找开放 API，实现 Rxjava、Retrofit、Gson 三者的联合使用，Gson 解析的数据可展示在页面上，也可打印在控制台中。

3.3 任务三：图片处理框架

【任务描述】

在上一任务中，我们解决了网络请求这个难点。在项目开发中，还有一个令人头疼的问题—图片加载。从网络中获取图片、显示图片、回收图片，任何一个环节都可能直接导致内存泄漏的发生。当需要加载大量图片的时候，快速滑动页面时，页面会显示缓慢，甚至因为内存溢出而导致页面崩溃。如何能解决这些问题，就是本次学习的任务。

3.3.1 常用图片处理框架分析

目前，Android 平台有很多优秀的图片加载框架，从最早的 UniversalImageLoader，到 Google 的 Glide，再到 Square 公司的 Picasso，还有 Facebook 公司的 Fresco。每一个框架都非常成熟、稳定且功能强大，下面我们围绕这四个框架来分析。

1. UniversalImageLoader

ImageLoader 是四个最早出现的框架，是 github 社区上评级最高的一个项目，被大家广泛地使用。其工作原理：在显示图片时，其会先在内存中查找，再去本地查找，最后开一个新的线程去下载这张图片，下载成功会把图片同步缓存在内存和本地中。

（1）功能特点

①支持多线程下载图片，图片来源于网络、文件系统、项目文件夹 assets 中或 drawable 中等。（不支持 9patch）

② 支持随意的配置 ImageLoader，例如线程池、图片下载器、内存缓存策略、硬盘缓存策略，图片显示选项以及其他的一些配置。

③ 支持图片的内存缓存、文件系统缓存或者 SD 卡缓存。

④ 支持图片下载过程的监控。

⑤ 根据控件 (ImageView) 的大小对 Bitmap 裁剪，减少 Bitmap 占用过多的内存。

⑥ 较好地控制图片的加载过程，例如暂停图片加载、重新开始加载图片，一般使用在 ListView、GridView 中，在滑动过程中暂停加载图片，在停止滑动时加载图片。

⑦ 提供在网速较慢的网络下对图片进行加载。

（2）优点：

① 支持下载进度监控。

② 通过 PauseOnScrollListener 接口可以在 View 滚动中暂停图片加载。

③ 默认实现多种内存缓存算法。

④ 支持本地缓存文件名规则定义。

（3）缺点

① 不支持 GIF 图片加载。

② 缓存机制没有和 http 的缓存很好的结合，完全是自己的一套缓存机制。

2. Picasso

Picasso是Square公司出品的一款非常优秀的开源图片加载库，是目前Android开发中非常流行的图片加载库之一。Picasso使用方便，一行代码完成加载图片并显示，框架体积小。

（1）功能特点

① 最轻量的图片加载库，只有120 KB。

② 支持同步 / 异步加载图片。

③ 自带监控功能，可以检测cache hit/ 内存大小等数据。

④ 支持图片预加载。

⑤ 线程并发数依据网络状态变化而变化、优先级调度。

⑥ 使用最小的内存来做复杂的图片变换。例如高斯模糊、圆角、圆形等处理。

⑦ 支持图片压缩、自适应。

⑧ 自动处理Adapter中ImageView的回收和取消下载。

⑨ 自动缓存图片、内存和磁盘缓存。

（2）优点

① 自带监控功能，支持图片缓存使用的监控，包括缓存命中率、已使用内存大小、节省的流量等。

② 支持优先级调度，每次任务调度前，会选择优先级高的任务。

③ 自动处理Adapter中ImageView的回收和取消下载。

④ 支持飞行模式、并发线程数根据网络类型而变，手机切换到飞行模式或网络类型变换时会自动调整线程池最大并发数。

（3）缺点

① 不支持GIF图片加载。

② 缓存的图片是未缩放的格式，默认使用ARGB_8888格式缓存图片，缓存体积大。

3. Fresco

Fresco是一个强大的图片加载组件，是Facebook开源的图片加载库。Fresco中有两个重要的模块：image pipeline和Drawees 。image pipeline负责从网络、本地文件系统、本地资源加载图片。为了最大限度节省空间和CPU时间，它含有3级缓存设计（2级内存，1级文件）。Drawees可以显示loading图，当图片不再显示在屏幕上时，及时地释放内存和空间占用。

（1）功能特点

① 2级内存加上1级文件构成了3级缓存，极大地节省了控件和CPU时间。

② 支持流式，可以类似网页上模糊渐进式显示图片。

③ 对多帧动画图片支持更好，如GIF、WebP格式。

④ 支持自定义占位图、自定义overlay、进度条。

⑤ 支持对已下载图片进行在处理。

（2）优点

①支持GIF、WebP图片的显示。

② 3级缓存设计节省了内存，使应用程序有更多的内存使用，不会因为图片加载而导致内存溢出，同时也减少垃圾回收器频繁调用回收Bitmap导致的界面卡顿，性能更高。

③ 渐进式加载 JPEG 图片，支持图片从模糊到清晰的渐进加载。

④ 图片可以以任意的中心点显示在 ImageView，而不仅仅是图片的中心。

（3）缺点

① 框架较大，影响 Apk 体积。

② 使用较烦琐。

4. Glide

Glide 是一款由 Bump Technologies 开发的图片加载框架，是 Picasso 的升级版。这个库被广泛地运用在 Google 的开源项目中，包括 2014 年 Google I/O 大会上发布的官方 App。整个库分为请求管理器、数据获取引擎、数据获取器、内存缓存、DiskLRUCache、图片处理、本地缓存存储、图片类型及解析器配置、目标等模块。

（1）功能特点

① 不仅可以缓存图片还可以缓存媒体文件。

② 支持优先级处理。

③ 与 Activity/Fragment 生命周期一致，支持 trimMemory。

④ 支持 Okhttp、Volley，Glide 默认通过 UrlConnection 获取数据，可以配合 Okhttp 或者 Volley 使用。

⑤内存友好，缓存内存更小的图片。图片默认使用默认 RGB_565 而不是 ARGB_888，虽然清晰度不理想，但图片内存更小，也可配置到 ARGB_888 中。

⑥ 可以通过 signature 或不使用本地缓存支持 URL 过期。

（2）缺点

① 对比 Picasso。Glide 是在 Picasso 基础之上进行的二次开发，虽然做了不少改进，不过这也导致 jar 包比 Picasso 大不少，用法较为复杂。

② 对比 Fresco。比 Fresco 使用简单，但性能（加载速度和缓存）却不如 Fresco。

总结：

以上，分别从 4 种图片加载框架的功能特征、优缺点分析，每个框架各有千秋。UniversalImageLoader 框架已经不再更新。我们还是追求新鲜的血液，所以，从 Picasso、Fresco、Glide 中做选择，相比之下，Glide 更适合于我们的项目。接下来，我们会对 Glide 的使用作详细介绍。

3.3.2 Glide框架配置和使用

1. 引入依赖

在 module 级别的 build.gralde 中的 dependencies 下添加如下代码，然后按照提示执行“Sync Now”操作。此次我们使用的是 Glide 稳定版 3.7.0，目前 Glide 已经推出了 4.x 版本。

```
implementation'com.github.bumptech.glide:glide:3.7.0'
```

2. 配置权限

Glide 加载网络图片需要用到网络功能，所以需要在 AndroidManifest.xml 中声明网络权限代码如下：

```
<uses-permission android:name="android.permission.INTERNET" />
```

3. 加载网络图片

Glide 加载网络图片代码如下：

【代码 3-59】 Glide 加载网络图片

```
    public void loadImage(View view) {
            String url = "http://cn.bing.com/az/hprichbg/rb/
Dongdaemun_ZH-CN10736487148_1920x1080.jpg";
          Glide.with(this).load(url).into(imageView);
    }
```

Glide 的使用非常简单，通过代码我们可以看出，Glide 是链式调用，其要素有 3 个。

① with(Context context)：主要负责传递 Glide 可用的 Context，可以是 Activity 和 Fragment 直接传入 this，或者是其他类获取 ApplicationContext，也可以在 Adapter 中使用。

【注意】

Context 会和 Glide 加载图片的生命周期相关。如果传入的是 Activity 或者 Fragment 的实例，那么当这个 Activity 或 Fragment 被销毁的时候，图片加载也会被停止。如果传入的是 ApplicationContext，那么只有当应用程序被销毁的时候，图片加载才会被停止。

② load(String imageUrl)：接收一个待加载的图片资源，可支持多种格式。包括网络图片、本地图片、应用资源、二进制流、Uri 对象等。因此 load() 方法也有很多个方法重载，代码路径如下：

【代码 3-60】 Glide 加载多种资源图片

```
// 从文件中加载
File file = new File(getExternalCacheDir() + "/image.jpg");
Glide.with(this).load(file).into(imageView);
// 从资源文件中加载
int resource = R.drawable.image;
Glide.with(this).load(resource).into(imageView);
// 加载二进制流
byte[] image = getImageBytes();
Glide.with(this).load(image).into(imageView);
// 从 Uri 中加载
Uri imageUri = getImageUri();
Glide.with(this).load(imageUri).into(imageView);
```

③ into(ImageView targetImageView)：指定加载的图片最终使用的目标对象，例如可以为一个 ImageView。

4. 占位图

我们在加载网络图片时，图片往往需要等待一会才会呈现出来，这是因为下载图片需要时间，Glide 依靠占位图提升用户体验。

只需要调用 .placeHolder() 用一个 drawable(resource) 引用，将其作为一个占位符，直到实际图片准备好，代码路径如下：

【代码 3-61】 Glide 正常占位图

```
Glide.with(this)
     .load(url)
     .placeholder(R.drawable.loading)
     .into(imageView);
```

【注意】

我们需要将 placeHolder() 方法设置在 load() 和 into() 方法之间。

除了正常加载的占位图，还有一种占位图，是常占位图。例如，在出现网络异常或地址错误的时候，为了防止加载图片出错等情况的发生，我们需要使用异常占位图。

异常占位图通过调用 .error() 方法实现，代码路径如下：

【代码 3-62】 Glide 异常占位图

```
Glide.with(this)
     .load(url)
     .placeholder(R.drawable.loading)
     .error(R.drawable.error)
     .into(imageView);
```

【注意】

error() 接受的参数只能是已经初始化的 drawable 对象或者指明它的资源 (R.drawable.<drawable-keyword>)。

5. 渐现动画

我们使用了占位符，减少了用户的等待时间，但画面难免有些生硬，一个动态的显示效果会让你的 UI 有更加显著的变化，图片加载变得平滑和养眼，这时我们还需要一个淡入淡出的动画，代码路径如下：

【代码 3-63】 Glide 渐现动画

```
Glide.with(this)
     .load(url)
     .placeholder(R.drawable.loading)
     .error(R.drawable.error)
     .crossFade()
     .into(imageView);
```

crossFade() 方法还有重载方法 .crossFade(int duration)。如果想减慢（或加快）动画展现时间，随时可以传一个毫秒的时间到这个方法。动画默认的持续时间为 300 ms。

当需要直接显示图片时，可以使用 dontAnimate() 这种方法。这里是直接显示图片，而不是淡入显示到 ImageView 上，代码路径如下：

【代码 3-64】 Glide 图片直现

```
Glide.with(this)
      .load(url)
      .placeholder(R.drawable.loading)
      .error(R.drawable.error)
      .dontAnimate()
      .into(imageView);
```

6. 指定图片大小

实际上，在绝大多数情况下我们都是不需要指定图片大小的。因为 Glide 不会直接将图片的完整尺寸全部加载到内存中，而是看号大的图片加载多少内存。Glide 会自动判断 ImageView 的大小，然后只将合适大的图片像素加载到内存当中，帮助我们节省内存开支。我们完全不用担心图片内存浪费，甚至是内存溢出的问题。

Glide 也支持你指定一个固定尺寸的图片进行加载，代码路径如下：

【代码 3-65】 Glide 指定图片大小

```
Glide.with(this)
      .load(url)
      .placeholder(R.drawable.loading)
      .error(R.drawable.error)
      .override(100, 100)
      .into(imageView);
```

使用 override() 方法指定一个图片的尺寸，Glide 只会将图片加载到你指定的尺寸，而不会考虑 ImageView 的大小。

7. 缩放图像

图片的长宽比失真会影响页面的美观程度。这时，我们需要调整图片的显示效果。Glide 提供了两个标准选项：centerCrop 和 fitCenter。

（1）CenterCrop

CenterCrop() 是一种裁剪技术，即缩放图像并填充到 ImageView 界限内，再裁剪额外的部分。ImageView 可能会完全填充，但图像可能不会完整显示，代码路径如下：

【代码 3-66】 Glide 裁剪 CenterCrop

```
Glide.with(this)
      .load(url)
      .placeholder(R.drawable.loading)
      .error(R.drawable.error)
      .override(100, 100)
      .centerCrop()
      .into(imageView);
```

（2）FitCenter

FitCenter() 是一种裁剪技术，即缩放图像是将测量出来的图像等于或小于 ImageView 的边界范围。该图像将会完全显示，但可能不会填满整个 ImageView，代码路径如下：

【代码 3-67】 Glide 裁剪 CenterCrop

```
Glide.with(this)
      .load(url)
```

```
        .placeholder(R.drawable.loading)
        .error(R.drawable.error)
        .override(100, 100)
        .fitCenter()
        .into(imageView);
```

8. 指定图片格式

Glide 另一个强大的功能是支持加载 GIF 图片。使用 Glide 加载 GIF 图并不需要编写额外的代码，Glide 内部会自动判断图片格式。

例如，我们加载一个 GIF 图片的地址，具体代码路径如下：

【代码 3-68】 Glide 加载 GIF

```
Glide.with(this)
        .load("http://p1.pstatp.com/large/166200019850062839d3")
        .placeholder(R.drawable.loading)
        .error(R.drawable.error)
        .into(imageView);
```

无论我们传入的是一张普通图片或一张 GIF 图片，Glide 都会自动判断，并且可以正确地解析并展示出来。

我们可以自主定义，不需要 Glide 判断图片格式，具体代码如下：

【代码 3-69】 Glide 强制静态

```
Glide.with(this)
        .load("http://p1.pstatp.com/large/166200019850062839d3")
        .asBitmap()
        .placeholder(R.drawable.loading)
        .error(R.drawable.error)
        .into(imageView);
```

asBitmap() 方法指定这里只允许加载静态图片，这时界面上会显示 GIF 第一帧的静态图。既然可以强制加载静态图，也可以强制加载动态图，具体代码如下：

【代码 3-70】 Glide 强制动态

```
Glide.with(this)
        .load("http://p1.pstatp.com/large/166200019850062839d3")
        .asGif()
        .placeholder(R.drawable.loading)
        .error(R.drawable.error)
        .into(imageView);
```

asGif() 设置强制加载动态图，如果我们上传一张静态图，则会先显示正常占位图，再显示异常占位图。

以上是 Glide 的基本用法，想要学习更多 Glide 的用法，读者可以登录 github 网站查找资料。

3.2.3　任务回顾

 知识点总结

本章主要涉及的知识点如下所述。

1. UniversalImageLoader 框架功能特点、优缺点。
2. Picasso 框架功能特点、优缺点。
3. Fresco 框架功能特点、优缺点。
4. Glide 框架功能特点、优缺点。
5. Glide 框架的配置和基本使用。

学习足迹

图 3-8 所示为任务三的学习足迹。

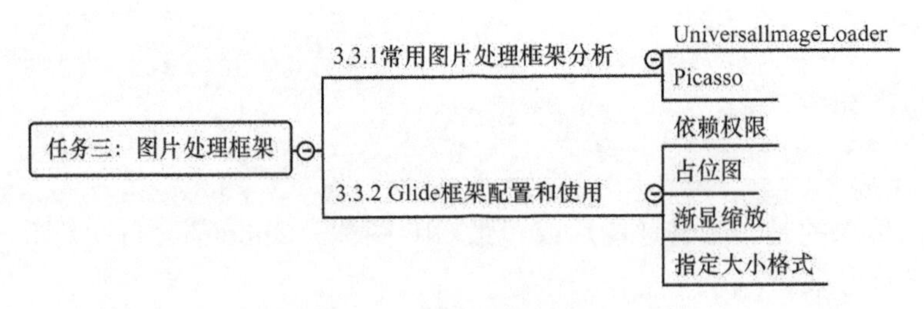

图3-8　任务三学习足迹

思考与练习

1. 常用的图片加载框架有哪几种？
2. 描述 Glide 框架加载图片的三要素。
3. 编程题：使用 Glide 加载网络图片，实现加载占位图、异常占位图、加载动画、指定图片大小、格式、裁剪等功能（图片排列效果自定义，每个图片实现一种功能）。

3.4　项目总结

本项目是在架构设计的基础上对网络层和数据模型的封装，网络请求和数据解析是整个项目中使用最频繁的模块。在架构层面中，需要慎重地选择和封装。我们经过对多个网络请求框架的对比分析，最终选择了 Retrofit 框架，其既可以满足后台 RestFul 风格的 API，又可以提供对 Rxjava 的支持。数据解析框架，我们毫无疑问地选择了 Gson，因其功能最强大，使用简单，Retrofit 也很友好地提供了 Gson 框架的支持。Retrofit、Rxjava、Gson 三者配合使用也是目前很流行的一种开发方式。

在开发中图片的处理也是一个问题，处理不好会出现卡顿或者崩溃的情况。本项目对常用的图片处理框架对比分析，从性能、功能、开发包、用法等多个方面考虑，选择 Glide 框架。

项目总结如图 3-9 所示，通过本项目的学习，学生不仅可以对网络层和数据层有更加深入的理解，还可以根据项目需求选择合适的框架。学习 Retrofit、Gson、Rxjava、Glide 几种框架的使用方法；学习如何结合 Dagger2，完成第三方框架的依赖注入，对象生命周期的管理；如何在网络框架的基础上进行二次封装；如何加载网络或本地的图片。

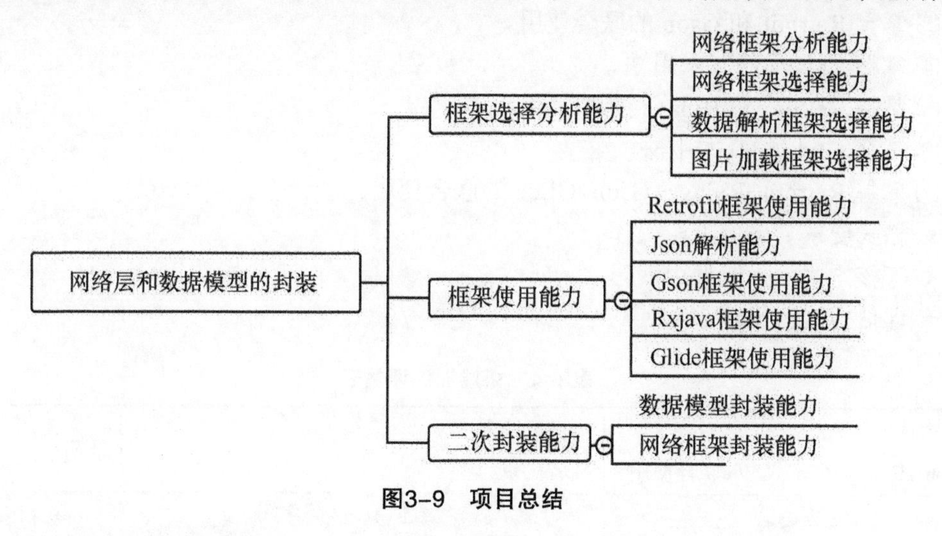

图3-9 项目总结

3.5 拓展训练

自主实践：Retrofit+Rxjava+Gson+Glide 联合使用

网络请求、数据解析、图片加载是开发过程中必不可少的功能，本次实践将结合任务二中 Retrofit、Gson、Rxjava，任务三中 Glide，共同实现一个网络请求、图片加载的功能。网络请求的接口可参考项目中“个人信息”接口，如图 3-10 所示。也可自行通过互联网资源查找开放的 API 接口（注：必须有图片资源），并将解析获得的图片路径加载在页面上。

注：本次实践可不进行框架的二次封装。

user   Show/Hide | List Operations | Expand Operations

GET /user   个人信息

Implementation Notes
个人信息

Response Class (Status 200)
OK

Model Example Value

```
{
  "status": 0,
  "msg": "string",
  "data": {}
}
```

Response Content Type */*

Parameters

Parameter	Value	Description	Parameter Type	Data Type
Authorization	d3535b3508734e4097c887d3d5c1fd28_6831cd	Authorization	header	string

Response Messages

HTTP Status Code	Reason	Response Model	Headers
401	Unauthorized		
403	Forbidden		
404	Not Found		

图3-10 个人信息接口

◆ **拓展训练要求**

① 掌握 Retrofit 的基本用法。

② 掌握 Gson 的基本用法。

③ 掌握 Retrofit 和 Gson 的联合使用。

④ 掌握 Rxjava 的基本用法。

⑤ 掌握 Retrofit 与 Rxjava 的联合使用。

⑥ 掌握 Glide 的基本用法。

⑦ 掌握 Retrofit+Rxjava+Gson+Glidc 的联合使用。

◆ **格式要求**：采用上机操作。

◆ **考核方式**：采取课内演示。

◆ **评估标准**：见表 3-4。

表3-4　拓展训练评估表

项目名称： Retrofit+Rxjava+Gson+Glide联合使用	项目承接人： 姓名：	日期：
项目要求	**评分标准**	**得分情况**
Retrofit的基本使用（共30分）	① Retrofit框架的配置（10分） ② 创建接口描述网络请求（10分） ③ 创建Retrofit对象并完成Converter和CallAdapter的配置（10分）	
Gson的基本使用（共20分）	① Gson框架的配置（10分） ② 创建服务器返回Json对应的实体类（5分） ③ 配置实体类进行解析（5分）	
Rxjava的基本使用（共25分）	① Rxjava的配置（10分） ② Rxjava结合Retrofit实现网络请求（15分）	
Glide的基本使用（共20分）	① Glide框架的配置（10分） ② Glide加载网络图片（10分）	
页面设计（共5分）	合理设计页面（5分）	
评价人	**评价说明**	**备注**
个人		
老师		

项目 4 开发用户中心模块

项目引入

项目的开发已经有了阶段性的进展，Philip 经理组织召开了项目进度汇报会，大家分别根据自己的工作进度作了汇报。

Philip：项目启动到现在也有一段时间了，这段时间虽然我一直在跟进，对大家的进度也有整体的把控，但开发过程中不免还是有很多细小的问题需要大家集中讨论。这次会议的目的有两个：一方面，各个小组汇报进度；另一方面，集中讨论问题。

Jack: 后台为前端提供接口支持，我先来汇报！目前，后台已经完成了框架搭建，数据库设计、模块划分。考虑到所有模块都建立在用户模块之上，所以，首先从用户模块入手，已经完成了登录、注册、忘记密码、个人信息、修改头像等接口。接下来的计划是开发设备模块。

Anne: 我汇报 Android 端的进度。目前，Android 端已经完成了架构设计、框架选型、网络层和数据模型的封装。由于 Android 端的主页原型图也是按照模块划分的，所以，我们先搭建了主页的 UI 框架，但还没有开始接口的交互。依照 Jack 的开发进度，接下来，我们的计划也是开发用户模块，完成登录、注册、忘记密码、个人信息修改等。

Amy：相比前两位的工作，我相对轻松一些，前期开发已经完成了原型图的设计。目前，根据 Philip 经理提出的意见，我们小组做了一些细节上的修改。依照后台和移动端的开发计划，我根据页面需求提供原型标注和配套 icon 素材，详细的尺寸要求还需要和移动端沟通。

Philip：按照开发计划，我们的进度还是较快的，后期的任务量更大，希望大家齐心协力，把工作做好。

……

这次会议对接下来的开发任务起到了关键性的作用，既确定了开发方向，又落实了细小的问题。我在和 Andrew 商量之后，决定让他负责登录注册模块，我来负责个人信息修改模块。

知识图谱

图 4-1 为项目 4 的知识图谱。

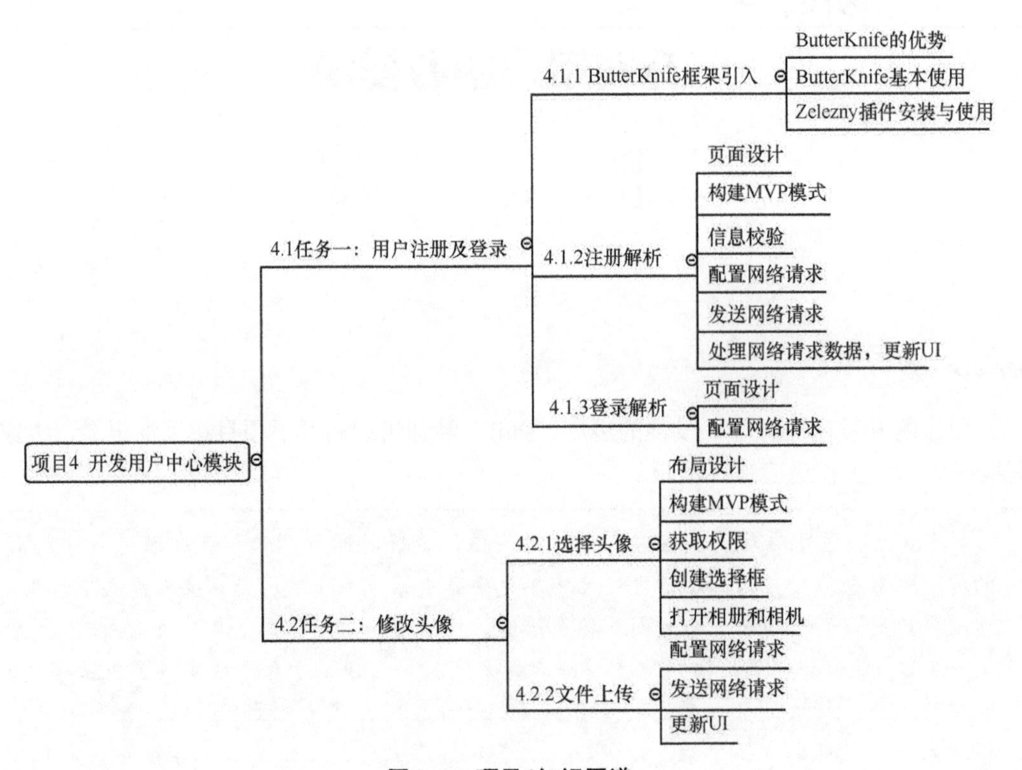

图4-1　项目4知识图谱

4.1　任务一：用户注册及登录

【任务描述】

在开发过程中，我们会写大量的 findViewById 和单击事件，像初始化 View、设置 view 监控，这样简单而重复的操作让人觉得很麻烦。

4.1.1　ButterKnife框架引入

1. 简介

ButterKnife 即为黄油刀，如图 4-2 所示，是 ButterKnife 的标志。ButterKnife 是由 Square 公司出品的、一个专注于 Android 系统的 View、Resource、Action 的注入框架。

ButterKnife 的开发者 JakeWharton 主导开发了很多开源框架，例如 RxAndroid、Picasso、ViewPagerIndicator 等。下面介绍 ButterKnife 的优势。

图4-2　ButterKnife标志

2. ButterKnife 的优势

① 拥有强大的 View 绑定和 Click 事件处理功能，简化代码，提升开发效率。

② 能够方便的处理 Adapter 里的 ViewHolder 绑定问题。

③ 运行时不会影响 App 效率，使用配置方便。

④ 代码清晰，可读性强。

3. ButterKnife 基本使用

（1）引入依赖

在 module 级别的 build.gralde 中添加如下代码，然后按照提示执行“Sync Now”操作。

【代码 4-1】 Module build.gradle 配置

```
dependencies {
implementation 'com.jakewharton:butterknife:8.8.0'
annotationProcessor 'com.jakewharton:butterknife-compiler:8.8.0'
}
```

（2）ButterKnife 基本使用

① 在 Activity 中使用，代码如下：

【代码 4-2】 Activity 中使用 Butterknife

```
public class MainActivity extends AppCompatActivity {
    @BindView(R.id.text)
    TextView text;
//……
    @Override
    protected void onCreate(Bundle savedInstanceState) {
        super.onCreate(savedInstanceState);
        setContentView(R.layout.activity_main);
        ButterKnife.bind(this);
    }
```

```
    }
```

ButterKnife 在 Activity 中使用，@BindView 注解替换之前的 findViewById，使用 ButterKnife.bind(this) 绑定 Activity，其需要写在 setContentView() 方法之后。且父类 bind() 后，子类不需要再 bind()。所以，我们推荐将其配置在 BaseActivity 的 onCreate() 中。

② 在 Fragment 中使用，代码如下：

【代码 4-3】 Fragment 中使用 Butterknife

```
public class TestFragment extends Fragment {
    @BindView(R.id.button)
    Button button;
//……
    Unbinder unbinder;
    @Nullable
    @Override
     public View onCreateView(LayoutInflater inflater, ViewGroup
container, Bundle savedInstanceState) {
            View view = inflater.inflate(R.layout.test, container,
false);
        unbinder = ButterKnife.bind(this, view);
        return view;
    }
    @Override
    public void onDestroyView() {
        super.onDestroyView();
        unbinder.unbind();
    }
}
```

ButterKnife 在 Fragment 中使用 ButterKnife.bind(this,view) 绑定 View。由于 Fragment 的生命周期与 Activity 不同，所以，在 onCreateView() 上进行绑定时，需要在 onDestroyView() 上解绑。为此，ButterKnife 返回一个 Unbinder 实例以便于解除绑定。

③ 在 Adapter 中使用，代码如下：

【代码 4-4】 Adapter 中使用 Butterknife

```
public class MyAdapter extends BaseAdapter {
//……
    static class ViewHolder {
        @BindView(R.id.showString)
        TextView showString;
        ViewHolder(View view) {
            ButterKnife.bind(this, view);
        }
}
}
```

Butterknife 在 Adapter 中的使用体现在 ViewHolder 部分。在 ViewHolder 构造方法中上传当前 item 的 View，使用 ButterKnife.bind(this, view) 绑定。

④ 资源绑定，代码如下：

【代码 4-5】 Butterknife 资源绑定

```
public class TestActivity extends AppCompatActivity {
    @BindString(R.string.name) //string
    String name;
    @BindDrawable(R.mipmap.ic_launcher) // Drawable
    Drawable image;
    @BindColor(R.color.colorAccent) //color
    int coolor;
   //……
}
```

ButterKnife 绑定的资源支持 @BindColor、@BindDimen、@BindBitmap、@BindDrawable、@BindInt、@BindString、@BindBool、@BindFloat、@BindArry。使用时，对应的注解需要传入对应的 id 资源，例如，在 @BindString 时你需要上传 R.string.id_name 的字符串的资源 id。

⑤ 绑定 Listener，单个控件事件绑定，代码如下：

【代码 4-6】 单个事件绑定

```
public class TestActivity extends AppCompatActivity {
     @BindView(R.id.button)
    Button button;
   //……
@OnClick(R.id.button)
    public void onClick() {
         Toast.makeText(this, "我被单击了！", Toast.LENGTH_SHORT).
show();
    }
}
```

ButterKnife 支持事件的绑定，方法名同 Listener 方法，如使用 @OnClick(R.id.button) 绑定 onClick 方法。

多个控件的事件绑定，代码如下：

【代码 4-7】 多个事件绑定

```
public class MainActivity extends AppCompatActivity {
    @BindView(R.id.text)
    TextView text;
    @BindView(R.id.text2)
    TextView text2;
    @BindView(R.id.activity_main)
    RelativeLayout activityMain;
//……
    @OnClick({R.id.text, R.id.text2, R.id.activity_main})
    public void onClick(View view) {
        switch (view.getId()) {
            case R.id.text:
                break;
            case R.id.text2:
                break;
```

```
                case R.id.activity_main:
                    break;
            }
        }
}
```

当多个控件使用同种类型的 Listener 时，@OnClick() 中需要上传多个对应控件的 id，使用“{}”包裹，内部使用英文逗号分开，且方法参数是可选的；当只有一个控件时，可无参数。在有多个控件时，可以使用 switch-case 条件语句判断，实现不同的逻辑。

4. 注意事项

① Activity 中 ButterKnife.bind(this) 必须在 setContentView() 之后，且父类 bind 后，子类不需要再重复 bind。

② Fragment 中使用 ButterKnife.bind(this, mRootView) 绑定，需要在 onDestoryView 中使用 Butterknife.unbind(this) 解绑。

③ 属性控件不能用 private or static 修饰，否则会报错。

④ setContentView() 不能通过注解实现。

⑤ ButterKnife 不能在 library module 中使用，因为 library 中的 R 字段的 id 值不是 final 类型的，其要求属性必须是一个常量。

以上是 ButterKnife 的基本使用方式，当然，其还有更多复杂的使用场景，等待着我们去挖掘。下面，我们将介绍一款和 ButterKnife 形影不离的小插件，其能够帮助我们更高效的开发。

5. Zelezny 插件安装与使用

Android ButterKnife Zelezny 是 Android Studio Plugins 里面的一款插件，可以自动生成绑定代码。

（1）安装

选择 File-->settings-->Plugins-->Browse repositories--> 输入 ButterKnife Zelezny 并搜索，如图 4-3 所示。

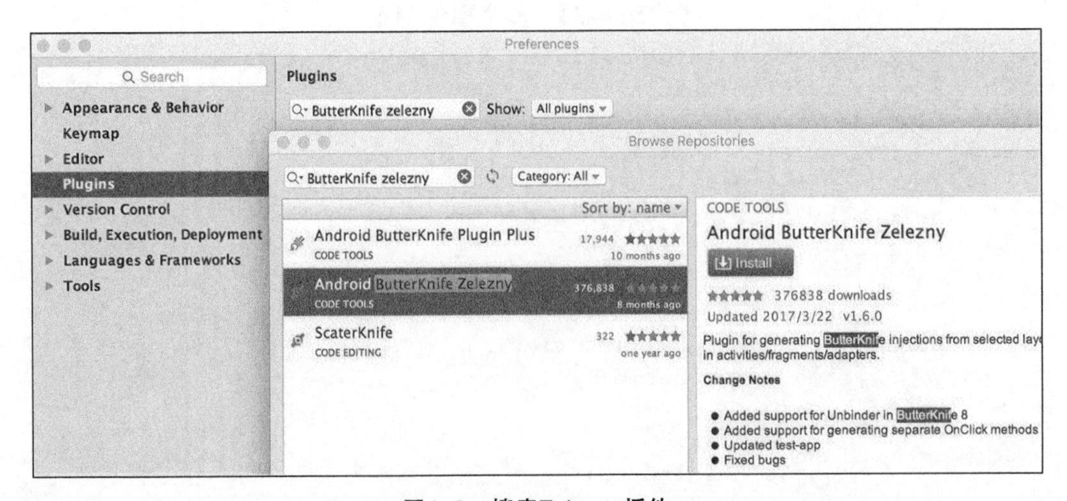

图4–3 搜索Zelezny插件

单击 install 下载，下载成功后安装，重启生效，如图 4-4 所示。

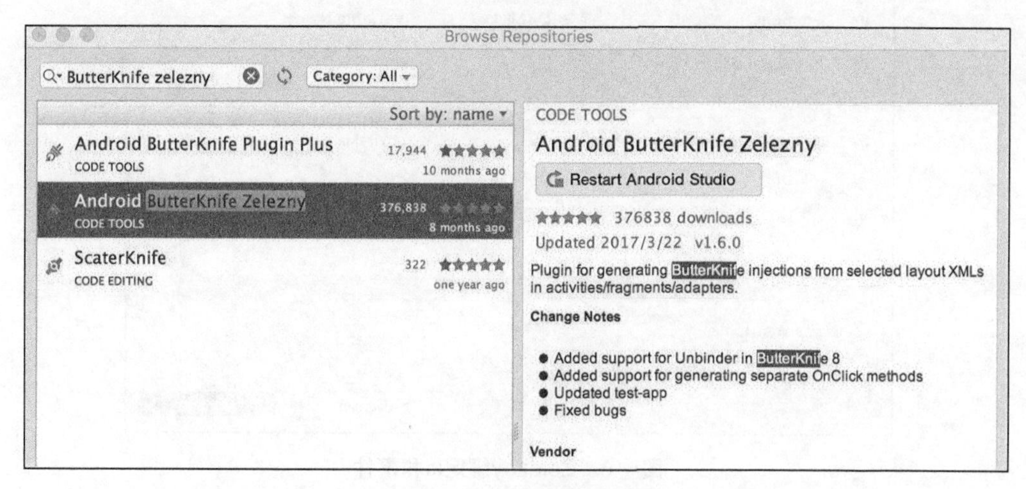

图4-4　Zelezny插件安装

（2）使用

使用 Zelezny 插件很简单，在“layout”导入需要注解的 Activity、Fragment、ViewHolder 资源片段，将鼠标光标移动到 R.layout.xxx 的位置，右击选择 Generate。（Windows 按快捷键 Alt+Insert，mac 按快捷键 command+N），然后弹出窗口，如图 4-5 所示。

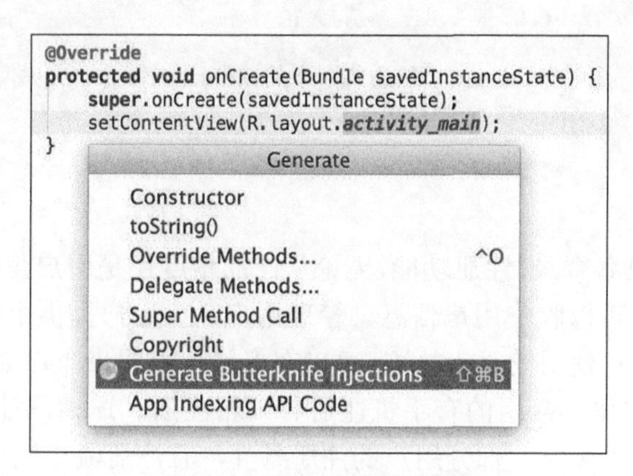

图4-5　Zelezny插件选择

再选择 Generate ButterKnife Injections，会弹出一个选择框，如图 4-6 所示。

从图 4-6 中可以看出，控件有 4 个属性。

① Element：代表你要选择哪些对应得 id 生成注解。

② ID：代表该控件在布局文件中定义的 id。

③ Onclick：代表当前控件是否注解 onclik 事件。

④ Veriable Name：代表生成对应控件的名字。

除此之外，还有两个选项。

① Create ViewHodler：代表是否生成 ViewHolder。

☑	Element	ID	OnClick	Variable Name
☑	TextView	text	☑	text
☑	TextView	text2	☑	text2
☑	RelativeLayout	activity_main	☑	activityMain

☐ Create ViewHolder
☐ Split OnClick methods

Cancel　Confirm

图4-6　Zelezny绑定id和事件

② Split Onclick methods：代表每个控件是否独立生成事件，如果不选中，多个控件会使用同一个事件方法，并通过 switch-case 来进行不同的逻辑处理。

最后，选中“Create ViewHolder”自动生成 ViewHolder。

【做一做】

请根据以上所讲内容，自定义布局文件，使用 ButterKnife 完成 id、资源、事件绑定。

4.1.2　注册解析

大多数 App 都具备登录，注册功能，无论从产品角度还是用户角度都有着重要的意义。对于产品，这个功能可以收集用户信息、管理用户、为用户提供个性化服务。对于用户，这个功能可以保存自身使用的行为轨迹、可以在多设备上同步账户数据、防止数据丢失等。

注册的方式多样化，常用的有手机注册、邮箱注册、邀请码注册。本节我们采用邮箱注册，邮箱注册可以满足大部分用户的注册条件，且注册流程简单，安全系数高。

要实现邮箱注册功能主要分以下几个步骤：页面设计、构建 MVP 模式、信息校验、配置网络请求、发送网络请求和更新 UI，如图 4-7 所示。

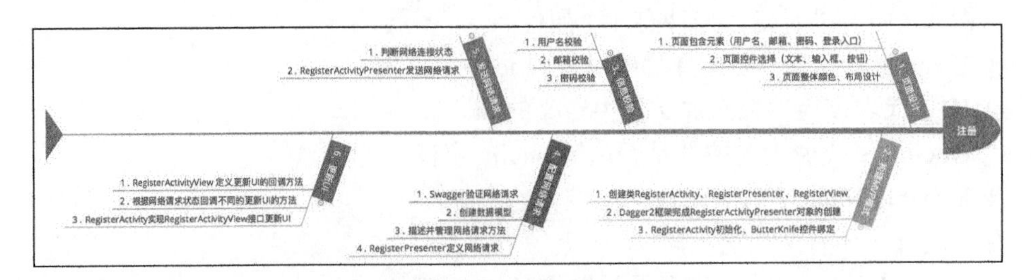

图4-7　注册步骤

接下来，我们就按照步骤一一实现。

步骤一：页面设计

页面设计包含3个方面内容：一是页面包含的元素；二是页面控件的选择；三是页面整体布局。页面所包含的元素决定了哪些是交互内容，控件的选择决定了交互效果，整体布局决定了页面的美观性。图4-8为注册页面原型，图4-9为布局结构。

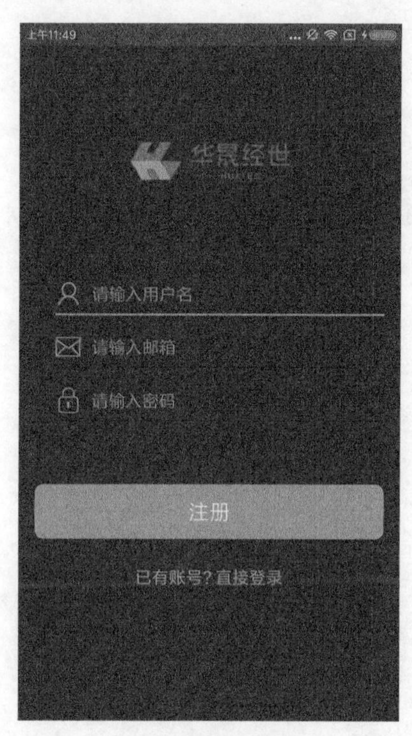

图4-8 注册原型

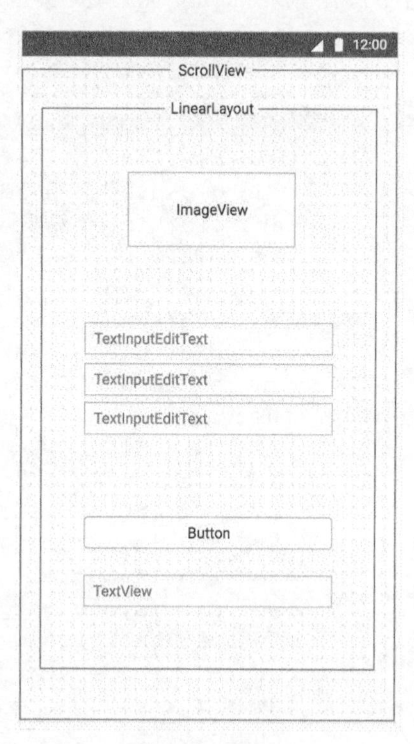

图4-9 布局结构

设计页面布局很简单，最外层由ScrollView包裹，LinearLayout内部元素纵向排列，水平居中，布局结构如图4-9所示，代码路径实现如下：

【代码4-8】 activity_register.xml

```
  <?xml version="1.0" encoding="utf-8"?>
  <ScrollView xmlns:android="http://schemas.android.com/apk/res/
android"
      android:layout_width="match_parent"
      android:layout_height="match_parent"
  android:background="#202632">
  <LinearLayout
          android:layout_width="match_parent"
          android:layout_height="wrap_content"
          android:gravity="center_horizontal"
          android:orientation="vertical"
          android:paddingLeft="15dp"
          android:paddingRight="15dp"
```

```
        android:paddingTop="56dp">
    <ImageView
            android:layout_width="150dp"
            android:layout_height="100dp"
            android:layout_marginBottom="50dp"
            android:src="@mipmap/huatec_logo" />
    <android.support.design.widget.TextInputEditText
            android:id="@+id/input_name"
            android:layout_width="match_parent"
            android:layout_height="wrap_content"
            android:layout_marginLeft="10dp"
            android:drawableLeft="@mipmap/icon_user"
            android:drawablePadding="10dp"
            android:hint=" 请输入用户名 "
            android:maxLines="1"
            android:paddingBottom="15dp"
            android:textColor="#999999"
            android:textColorHint="#999999"
            android:textSize="16sp" />
    //……此处邮箱和密码省略，同用户名
    <Button
            android:id="@+id/btn_signup"
            android:layout_width="match_parent"
            android:layout_height="wrap_content"
            android:layout_marginBottom="24dp"
            android:layout_marginTop="50dp"
            android:background="@drawable/login_button_bg"
            android:text=" 注册 "
            android:textColor="#ffffff"
            android:textSize="20sp" />
    <TextView
            android:id="@+id/link_login"
            android:layout_width="match_parent"
            android:layout_height="wrap_content"
            android:layout_marginBottom="24dp"
            android:gravity="center"
            android:paddingBottom="10dp"
            android:text=" 已有账号？接登录 "
            android:textColor="#05eeff"
            android:textSize="16sp" />
    </LinearLayout>
    </ScrollView>
```

ScrollView 是一个可以供用户滑动的容器，能够展示比物理屏幕更多的内容。在使用时，我们给 ScrollView 有且仅有一个 View 视图供其滑动。因为 ScrollView 是上下滑动的，所以我们习惯使用 LinearLayout 进行布局。在上面的布局中，我们将 LinearLayout 的“gravity”属性设置成“center_horizontal”，使布局内的控件能够纵向、水平居中显示。

TextInputEditText 是 Android5.0 推出的 Material Design 库中的控件，是 EditText 的子

类，可以让开发者高效地展示UI效果。例如：可以通过setError()方法友好的进行错误提示，如图4-10所示。还可以与TextInputLayout配合实现hint文本平滑上移动画，如图4-11所示。

图4-10　TextInputEditText效果

图4-11　TextInputLayout效果

【知识延伸】

TextInputLayout是API22.2.0新添加的控件，是LinearLayout的子类，用于辅助显示提示信息。TextInputLayout必须和EditText（或EditText的子类）结合使用，并且只能包含一个EditText(或EditText的子类)。当EditText获得光标的时候，EditText的hint会显示在上方，并且有动画过渡。除此之外，TextInputLayout还可以处理错误并给出相应提示。

【注意】

使用TextInputLayout和TextInputEditText时，需要导入两个Library。第一个是appcompat-v7，其确保Material Style可以向后兼容；第二个是Design Support Library。

在module级别的build.gralde中添加如下代码，然后按照提示执行“Sync Now”操作。

【代码4-9】　添加依赖

```
implementation 'com.android.support:appcompat-v7:24.2.0'
implementation 'com.android.support:design:24.2.1'
```

TextInputEditText中有两个属性：android:inputType和android:maxLines，值得我们注意。

① android:inputType代表接收参数的类型，textEmailAddress代表电子邮件地址，textPassword代表密码格式。邮箱和密码的inputType可以使用以上两种类型。此外，还

有其他多种格式。inputType 既可以在 xml 中指定，也可以在 Java 代码中指定。

xml 中：android:inputType= "text"

Java 代码中：someEditText.setInputType(InputType.TYPE_CLASS_TEXT)

② android:maxLines 代表输入文本的最大行数，android:maxLines= "1" 限制了 TextInputEditText 的高度为 1 行，当输入的内容超过 1 行后，其形状不会根据输入内容改变。

注册按钮中也有一个小细节，设置的 background 涉及 shape 的用法，在 res 的 drawable 中创建 login_button_bg.xml，代码路径如下：

【代码 4-10】 login_button_bg.xml

```
<?xml version="1.0" encoding="utf-8"?>
<shape xmlns:android="http://schemas.android.com/apk/res/android"
     android:shape="rectangle" ////共有 4 种类型，矩形（默认）/ 椭圆形 /
直线形 / 环形
     android:useLevel="false">
<solid android:color="#05eeff" />
<corners android:radius="8dp" />
<size
        android:width="332dp"
        android:height="50dp" />
</shape>
```

【想一想】

Android 中 shape 的用法以及各个属性的意义。

步骤二：构建 MVP 模式

在项目 2 任务二中，我们对 MVP 架构模式以及模板类的创建进行了讲解。接下来，我们以注册为例，讲解一下具体的使用流程。

① 首先，在 UI 包下创建 register 包，然后依次创建 RegisterView 接口、RegisterPresenter 和 RegisterActivity，分别继承于父类 BaseView、BasePresenter 和 BaseActivity，代码路径如下：

RegisterView 类：

【代码 4-11】 RegisterView.java

```
public interface RegisterView extends BaseView {}
```

RegisterPresenter 类：

【代码 4-12】 RegisterPresenter.java

```
public class RegisterPresenter extends BasePresenter<RegisterView> {}
```

RegisterActivity 类：

【代码 4-13】 RegisterActivity.java

```
public class RegisterActivity extends BaseActivity<RegisterView,
RegisterPresenter> implements RegisterView {
     @Override
     protected void injectDependencies() {
```

```
    }
    @Override
        protected RegisterPresenter createPresenter() {
            return null;
        }
    }
```

RegisterView 和 RegisterPresenter 在刚创建时都是空类，暂未定义方法。RegisterActivity 继承 BaseActivity 之后，会实现两个方法：injectDependencies() 和 createPresenter()。通过名字可以看出两个方法和 Dagger2、Presenter 有关，这两个方法的目的是使用 Dagger2 依赖注入的方式完成 Presenter 对象的创建。

② 使用 Dagger2 创建 RegisterPresenter 对象，分四步。

第一步：在 RegisterPresenter 变量上标注 @Inject 注解，代码路径如下：

【代码 4-14】 RegisterActivity.java

```
public class RegisterActivity extends BaseActivity<RegisterView,
RegisterPresenter> implements RegisterView {
    @Inject
        RegisterPresenter presenter;
    }
```

第二步：在 RegisterPresenter 类的构造方法上标注 @Inject 注解，代码路径如下：

【代码 4-15】 RegisterPresenter.java

```
public class RegisterActivityPresenter extends BasePresenter<Regi
sterActivityView> {
        @Inject
        public RegisterActivityPresenter() {
        }
    }
```

第三步：在 ActivityComponent 中定义 inject() 方法并传入真正消耗依赖的目标类 RegisterActivity，代码路径如下：

【代码 4-16】 ActivityComponent.java

```
@PerActivity
@Component(dependencies = ApplicationComponent.class, modules =
ActivityModule.class)
public interface ActivityComponent {
        void inject(RegisterActivity registerActivity);
    }
```

第四步：实现 injectDependencies()，通过 ActivityComponent 的 inject() 方法传入 RegisterActivity 作为实参，完成依赖注入，代码路径如下：

【代码 4-17】 RegisterActivity.java

```
@Override
    protected void injectDependencies() {
        getActivityComponent().inject(this);
    }
```

至此，RegisterPresenter 对象创建完成。

③ RegisterActivity 初始化，使用 ButterKnife 完成对控件的绑定和事件处理，代码路径如下：

【代码 4-18】 RegisterActivity.java

```
public class RegisterActivity extends BaseActivity<RegisterActivity
View, RegisterActivityPresenter> implements RegisterActivityView {
    @BindView(R.id.input_name)
    EditText inputName;
//……
    @BindView(R.id.btn_signup)
     Button btnSignup;
    @BindView(R.id.link_login)
    TextView linkLogin;
  @Override
    protected void onCreate(Bundle savedInstanceState) {
        super.onCreate(savedInstanceState);
        setContentView(R.layout.activity_register);
}
@OnClick({R.id.btn_signup, R.id.link_login})
    public void onClick(View view) {
        switch (view.getId()) {
            //注册
            case R.id.btn_signup:
                break;
            //跳转登录
            case R.id.link_login:
                break;
        }
    }
}
```

在 onCreate() 中调用 setContentView() 加载布局文件 activity_register，使用 Zelezny 插件配合 ButterKnife 完成控件的 id 和 OnClick 事件绑定。至此，完成步骤二构建 MVP 模式。

步骤三：信息校验

信息校验包括：用户名校验、邮箱校验、密码校验，最好地方法是使用正则表达式。

正则表达式（regular expression）描述了一种字符串匹配的模式（pattern），其可以用来检查一个串是否含有某种子串、替换匹配的子串或者从某个串中取出符合某个条件的子串等。

① 在主包名下新建 utils 工具包，新建 ValidatorUtils 信息校验工具类，使用正则表达式配置用户名、邮箱、密码的校验规则，代码路径如下：

【代码 4-19】 ValidatorUtils.java

```
public class ValidatorUtils {
    //用户名验证规则：字母、数字、下划线组成，4-16 位
    public static final String USER_REGEX = "^[\\u4e00-\\u9fff\\w]
{4,20}$";
    //邮箱正则
      public static final String EMAIL_REGEX = "^\\w+((-\\
w+)|(\\.\\w+))*\\@[A-Za-z0-9]+((\\.|-)[A-Za-z0-9]+)*\\.[A-Za-z0-9]+$";
```

```
    // 密码（以字母开头，长度在 6~18 之间，只能包含字母、数字和下划线）
    public static final String PWD_REGEX = "^[a-zA-Z]\\w{5,17}$";
}
```

② 定义正则匹配方法，代码路径如下：

【代码 4-20】 ValidatorUtils.java

```
/**
     * 正则匹配方法
     * @param reg
     * @param string
     * @return
     */
    private static boolean matcher(String reg, String string) {
        boolean tem;
        Pattern pattern = Pattern.compile(reg);
        Matcher matcher = pattern.matcher(string);
        tem = matcher.matches();
        return tem;
}
```

Pattern 类的作用在于编译正则表达式后创建一个匹配模式，Matcher 类使用 Pattern 实例提供的模式信息通过 matcher() 方法对正则表达式进行匹配，当整个目标字符串完全匹配时才返回 true，否则将返回 false。

③ 在 RegisterActivity 中使用正则匹配方法完成信息校验，代码路径如下：

【代码 4-21】 RegisterActivity.java

```
public class RegisterActivity extends BaseActivity<RegisterView,
RegisterPresenter> implements RegisterView {
        private String name;
        private String email;
        private String password;
    private ProgressDialog progressDialog;
    ……
    // 信息校验
    private void signUp() {
        name = inputName.getEditableText().toString();
        email = inputEmail.getEditableText().toString();
        password = inputPassword.getEditableText().toString();
        if (TextUtils.isEmpty(name)) {
            inputName.setError("昵称不能为空");
            return;
        }
        if (!ValidatorUtils.isUserName(name)){
            inputName.setError("用户名不符合字母、数字、下划线组成,3-16 位");
            return;
        }
        if (TextUtils.isEmpty(email)) {
            inputEmail.setError("邮箱不能为空");
            return;
```

```
        }
        if (!ValidatorUtils.isEmail(email)) {
            inputEmail.setError("邮箱格式不正确");
            return;
        }
        if (TextUtils.isEmpty(password)) {
            inputPassword.setError("密码不能为空");
            return;
        }
        if(!ValidatorUtils.isPassword(password)){
              inputPassword.setError("密码格式不符合字母、数字、下划线组成，
字母开头，4-18位");
            return;
        }
    //……发送网络请求
      }
    }
```

在验证输入信息时，除了要进行正则匹配，还要验证输入信息是否为空，在两种情况都为true的情况下才前往下一步，否则将直接通过return，跳出方法。当所有信息验证无误时，则进入下一步：配置网络请求。

步骤四：配置网络请求。

配置网络请求可分为以下3步。

第一步：使用后台提供的Swagger接口验证网络请求，并获取Request URL、Respose Body、Respose Code等内容。

【知识拓展】

什么是Swagger。

Swagger是一个规范和完整的框架，用于生成、描述、调用和可视化RESTful风格的Web服务。Swagger的总体目标是使客户端和文件系统作为服务器以同样的速度来更新。文件的方法。参数和模型紧密集成到服务器端的代码，允许API来始终保持同步。

Swagger使用方法如下。

首先，通过左上角的“POST”标志，可以判定出这是一个POST请求，后面的“/user/register”是请求路径的一部分，Parameter是请求参数的名字，Value是请求参数的值，Parameter Type是请求参数的类型，Data Type是Value的类型。Response Messages代表网络请求返回的不同状态码。在了解各个关键字段的功能之后，我们开始填入具体信息。

根据Parameter填入Value，需要注意Data Type的类型，如图4-12所示。

在信息输入完毕之后，单击“Try it out！”完成验证，结果如图4-13所示。

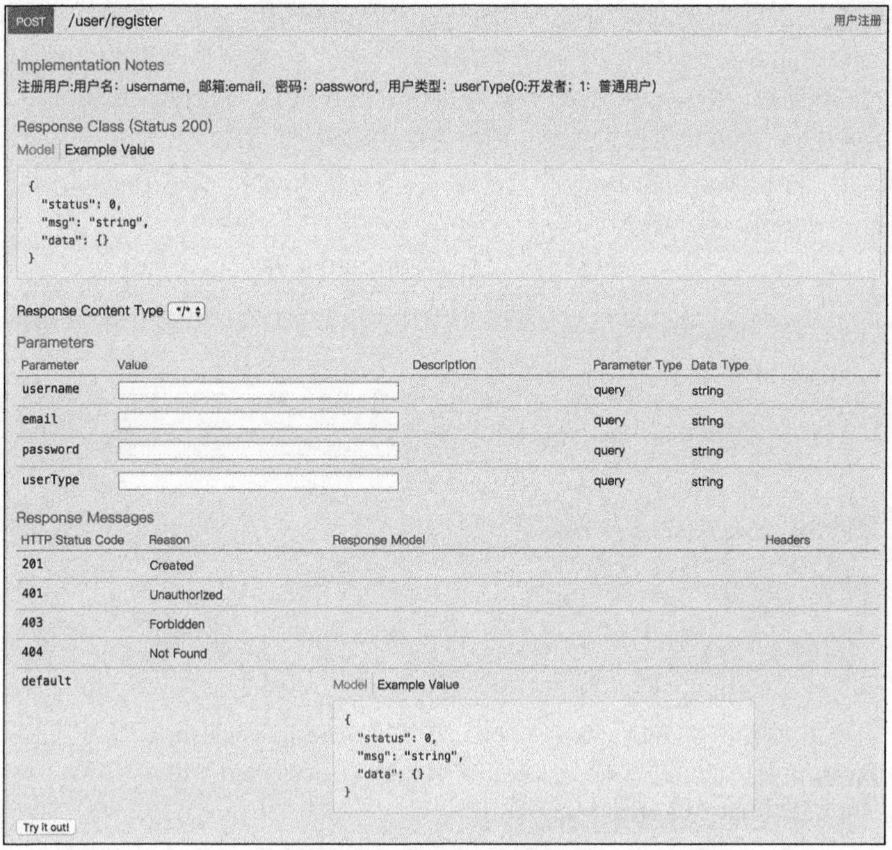

POST /user/register 用户注册

Implementation Notes

注册用户:用户名：username，邮箱:email，密码：password，用户类型：userType(0:开发者；1：普通用户)

Response Class (Status 200)

Model | Example Value

```
{
  "status": 0,
  "msg": "string",
  "data": {}
}
```

Response Content Type */*

Parameters

Parameter	Value	Description	Parameter Type	Data Type
username			query	string
email			query	string
password			query	string
userType			query	string

Response Messages

HTTP Status Code	Reason	Response Model	Headers
201	Created		
401	Unauthorized		
403	Forbidden		
404	Not Found		
default		Model | Example Value `{ "status": 0, "msg": "string", "data": {} }`	

Try it out!

图4-12 Swagger注册接口

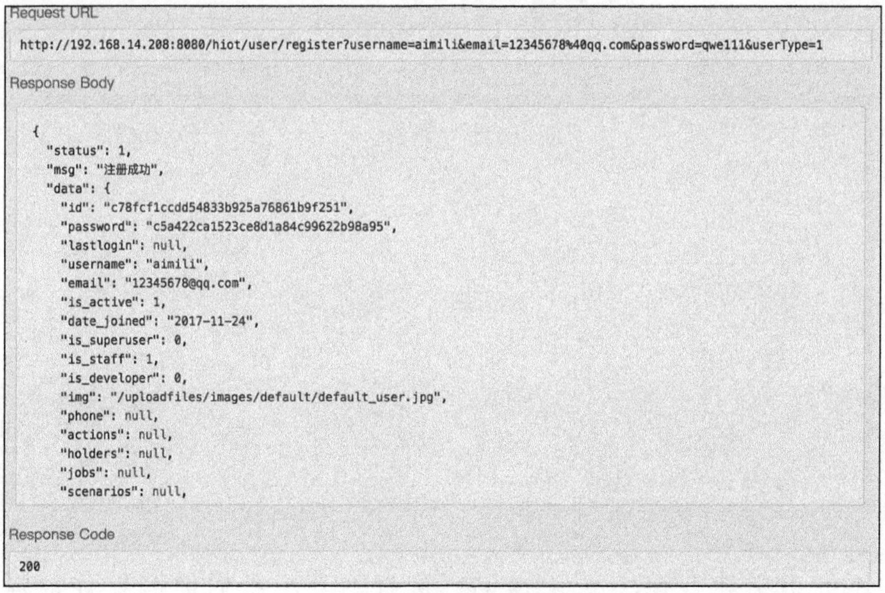

Request URL

```
http://192.168.14.208:8080/hiot/user/register?username=aimili&email=12345678%40qq.com&password=qwe111&userType=1
```

Response Body

```
{
  "status": 1,
  "msg": "注册成功",
  "data": {
    "id": "c78fcf1ccdd54833b925a76861b9f251",
    "password": "c5a422ca1523ce8d1a84c99622b98a95",
    "lastlogin": null,
    "username": "aimili",
    "email": "12345678@qq.com",
    "is_active": 1,
    "date_joined": "2017-11-24",
    "is_superuser": 0,
    "is_staff": 1,
    "is_developer": 0,
    "img": "/uploadfiles/images/default/default_user.jpg",
    "phone": null,
    "actions": null,
    "holders": null,
    "jobs": null,
    "scenarios": null,
```

Response Code

```
200
```

图4-13 注册接口返回json

如图 4-13 所示，Request URL 代表网络请求的完整路径，“？”之前代表网络请求的根路径，由 IP 地址及“POST”标志后的路径组成。“？”之后是由 Parameter 和 Value 拼接而成的参数路径。Response Body 代表网络请求返回的 JSON 数据，Respons Code 是网络请求的响应码，200 代表请求成功。图中的层次结构分明清晰。

第二步：根据 Response Body 中“data”标签下的 JSON 对象，在 model 包下创建数据模型类 UserBean，代码路径如下：

【代码 4-22】 UserBean.java

```
public class UserBean implements Serializable {
    @SerializedName("id")
    private String id;  //用户 id
    @SerializedName("password")
    private String password;//密码
    @SerializedName("username")
    private String username;//用户名
    @SerializedName("email")
    private String email;//邮箱
    @SerializedName("img")
    private String img;//头像
    //省略 getter setter 方法
}
```

在同样需要实现 Serializable 接口时，要使用 @SerializedName(“”) 注解指定当前字段在 JSON 中对应的字段名称。注意，不要忽略 Getter、Setter 方法。

第三步：描述并管理网络请求方法。

①在 MyService 接口中描述网络请求方法，配置网络请求类型和参数，代码路径如下：

【代码 4-23】 MyService.java

```
public interface MyService {// 网络请求的服务器地址（根路径）
    String BASE_URL = "http://192.168.14.208:8080/hiot/";// 网络请求的图片地址（根路径）
    String HEAD_IMG = "http://192.168.14.208:8080/hiot";
    /**
     * 注册
     * @param username  用户名
     * @param email   邮箱
     * @param password 密码
     * @param userType 1：普通用户 0：开发者
     * @return
     */
    @POST("user/register")
    Observable<ResultBase<UserBean>> register(@Query("username") String username, @Query("email") String email, @Query("password") String password, @Query("userType") int userType);
}
```

通过解析上述代码，并与 Swagger 进行对比，我们能够更好地理解。“@

POST(“user/register”)”代表网络请求的类型和相对路径，也可以写成完整路径。“Observable<ResultBase<UserBean>>”是 Rxjava 形式 API 的用法，内部的实体类对应 Response Body。@Query(“username”) 注解对应 Swagger 中的 Parameter Type，括号内部的字符串对应 Parameter，外部的“String username”对应 Data Type，其他参数依此类推。这样，一个注册的请求方法就定义完成了。

②在 DataManager 中进行包装，统一管理网络请求，代码路径如下：

【代码 4-24】 DataManager.java

```
/**
 * 网络请求统一管理
 */
@Singleton
public class DataManager {
 /**
     * 注册
     * @param username 用户名
     * @param email 邮箱
     * @param password 1 代表普通用户
     * @return
     */
     public Observable<ResultBase<UserBean>> register(String
username, String email, String password) {
        return myService.register(username, email, password, 1);
    }
}
```

DataManager 的作用是将所有的网络请求方法统一管理，也可以理解为又将网络请求方法统一封装了一层，并添加了一些其他操作，其实质返回的仍然是一个 Observable<T> 对象。

③ 在 RegisterPresenter 中定义网络请求方法，代码路径如下：

【代码 4-25】 RegisterPresenter.java

```
    public void sendRegister(String username,String email,String
password, final ProgressDialog progressDialog) {
        //BasePresenter 的 subscribe 方法，用于封装网络请求
         subscribe(dataManager.register(username,email,password),
new RequestCallBack<ResultBase<UserBean>>() {
            // 网络请求结束
            @Override
            public void onCompleted() {
                progressDialog.dismiss();
            }
            // 网络请求错误
            @Override
 public void onError(Throwable e) {
 progressDialog.dismiss();
            }
            // 网络请求成功
```

```
            @Override
                    public void onNext(ResultBase<UserBean>
objectResultBase) {
            }
        });
    }
```

定义网络请求方法 sendRegister()，在 sendRegister() 中调用父类的 subscribe(Observable<T> observable, final RequestCallBack<T> callBack) 方法。这是一个使用 Rxjava API 封装的通用的网络请求模板，将公共的线程切换、订阅封装在一起，并提供了 RequestCallBack 接口作为回调，用于处理网络请求三种状态下的业务逻辑。

subscribe() 方法中传入了两个参数，第一个参数是 DataManager 中 register() 返回的 Observable 对象，第二个参数是 RequestCallBack 对象。new RequestCallBack 对象时，需要传入对应的实体，并实现 3 个回调方法。

3 个回调方法分别对应请求的 3 种状态：onCompleted() 标志网络请求的结束，通常在这个方法里关闭进度条。onError(Throwable e) 代表网络请求错误或者异常，与 onCompleted() 互斥，也需要关闭进度条。onNext(ResultBase<UserBean> objectResultBase) 代表网络请求成功，参数 objectResultBase 就是网络请求返回的数据。

步骤五：发送网络请求。

requestData() 是我们创建的发起网络请求的方法，这里面有两个需要注意的方面：一个方面是先判断网络状态，网络连接正常的情况下，创建一个 ProgressDialog 提醒用户正在注册，然后调用 sendRegister() 方法发起请求；第二个方面是网络未连接，提醒用户设置网络，代码路径如下：

【代码 4-26】 RegisterActivity.java

```
    /**
     * 网络请求
     */
     public void requestData(String name,String email,String
password){
        // 判断网络是否连接
        if (NetUtils.isConnected(this)){
            progressDialog = new ProgressDialog(RegisterActivity.this,
                    R.style.AppTheme_Dark_Dialog);
            progressDialog.setIndeterminate(true);
            progressDialog.setMessage(" 正在注册…");
  progressDialog.show();
  // 发送请求
            presenter.sendRegister(name,email,password,progressDi
alog);
        }else{
             Toast.makeText(this, " 网络无法连接，请检查您的网络设置 ",
Toast.LENGTH_SHORT).show();
        }
    }
```

【做一做】

在上述代码中，isConnected()方法是可以判断网络连接状态。思考其是如何实现的？

步骤六：处理网络请求数据，更新UI。

现在我们面临一个问题，网络请求结束了，数据也拿到了，那如何将返回的数据反馈给用户呢？这个时候RegisterView登场。

①在RegisterView接口中定义一个getRegister()方法，代码路径如下：

【代码4-27】 RegisterView.java

```
public interface RegisterView extends BaseView {
    /**
      * @param isSuccess  请求成功的标志
      * @param info  后台返回的信息
      */
    void getRegister(boolean isSuccess, String info);
}
```

getRegister()方法包含两个参数，第一个参数是boolean类型的，true代表请求成功，false代表请求失败。第二个参数是String类型的，用于接收后台返回的message。

②在RegisterPresenter的onError()和onNext()方法中都执行getRegister()方法，代码路径如下：

【代码4-28】 RegisterPresenter.java

```
            @Override
            public void onError(Throwable e) {
                progressDialog.dismiss();  // 请求失败关闭dialog
//getView()可以获取RegisterActivityView的对象，直接调用自身的方法。
                getView().getRegister(false,e.getMessage());
}
// 请求成功，数据处理
            @Override
                public void onNext(ResultBase<UserBean>
objectResultBase) {
                getView().getRegister("1".equals(objectResultBase.
getStatus()), objectResultBase.getMsg());
            }
```

③ RegisterActivity实现了RegisterView接口，也会实现getRegister()方法，网络请求的数据自然也被拿到，其代码路径如下：

【代码4-29】 RegisterActivity.java

```
public class RegisterActivity extends BaseActivity<RegisterView,
RegisterPresenter> implements RegisterView {
//……
    /**
     * 进行UI更新
```

```
     * @param isSuccess  请求成功的标志
     * @param info  后台返回的信息
     */
    @Override
    public void getRegister(boolean isSuccess, String info) {
        Toast.makeText(this, info, Toast.LENGTH_SHORT).show();
        if (isSuccess) {
            Intent intent = new Intent(this,LoginActivity.class);
            startActivity(intent);
            finish();
        }
    }
}
```

有了数据，程序又执行在UI线程，便可以更新UI。

最后，不要忘记在AndroidManifest.xml中配置网络请求权限，注册RegisterActivity。

4.1.3 登录解析

登录功能从业务流程，到页面设计，再到网络请求，同注册步骤几乎是一致的。对于登录，我们只对关键点进行剖析，其他可参考注册功能。

当然，实现登录功能也需要6步：页面设计、构建MVP模式、信息校验、配置网络请求、发送网络请求和更新UI。其中与注册略有不同的两步是：页面设计和配置网络请求。下面，以这两步作为核心内容加以讲解。

1. 页面设计

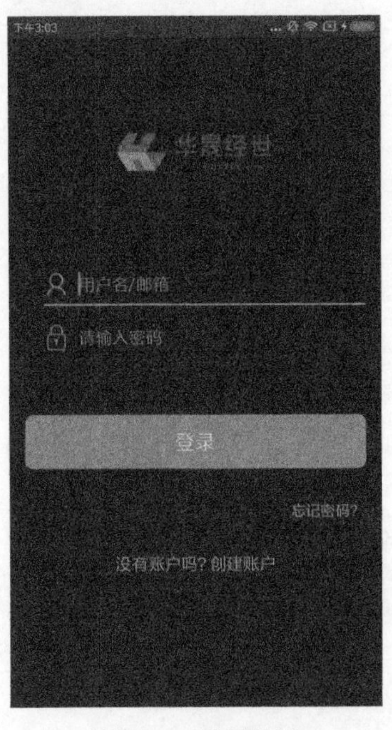

图4-14 登录效果

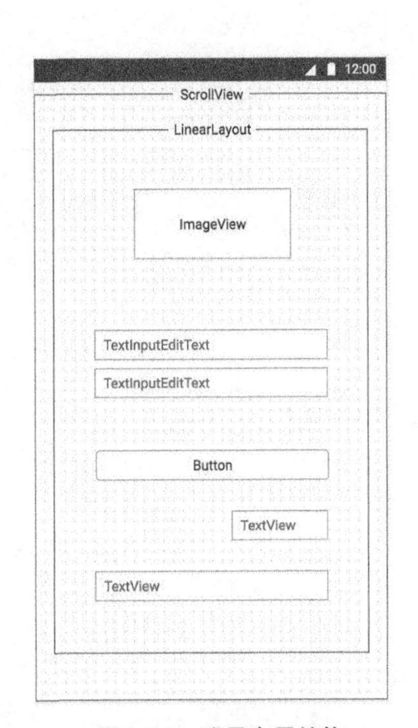

图4-15 登录布局结构

如图 4-14 所示，登录可以使用用户名或邮箱登录，且多了一个“忘记密码”的入口。从布局结构上看，整体布局和控件不变，样式改动较少，页面代码可参考注册布局，如图 4-15 所示。

2. 配置网络请求

第一步：验证 Swagger 登录接口。

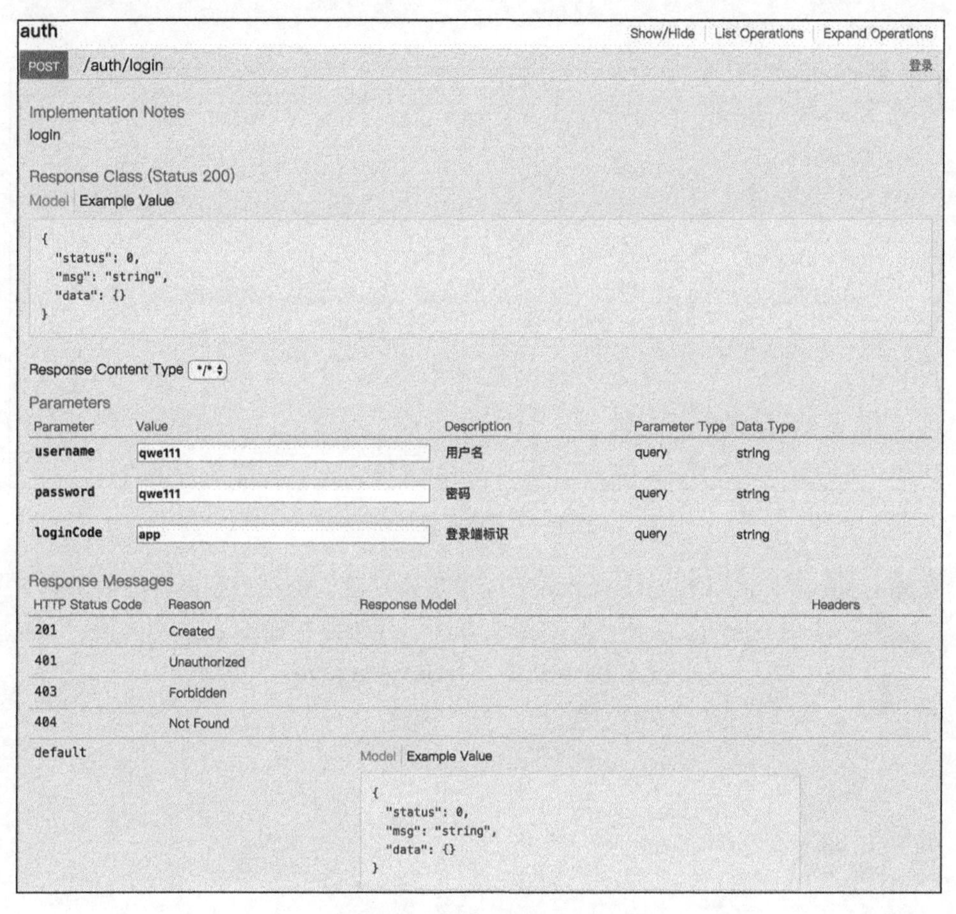

图4–16　登录Swagger API

如图 4-16 所示，登录接口同样是 POST 请求，请求参数有 3 个，分别是 username、password、loginCode。loginCode 是为了区分 Web 端还是移动端，移动端填入“app”即可。

单击“Try it out”，完成验证，如图 4-17 所示。

第二步：根据 Response Body 返回的 JSON 数据在 model 包下创建实体类 LoginBean，代码路径如下：

【代码 4-30】 LoginBean.java

```
/**
 * 登录
 */
public class LoginBean implements Serializable {
```

```
    @SerializedName("uuid")
    private String uuid;//userId用户id
    @SerializedName("tokenValue")
    private String tokenValue;//token令牌
    @SerializedName("typeCode")
    private String typeCode;//type
//省略getter setter方法
}
```

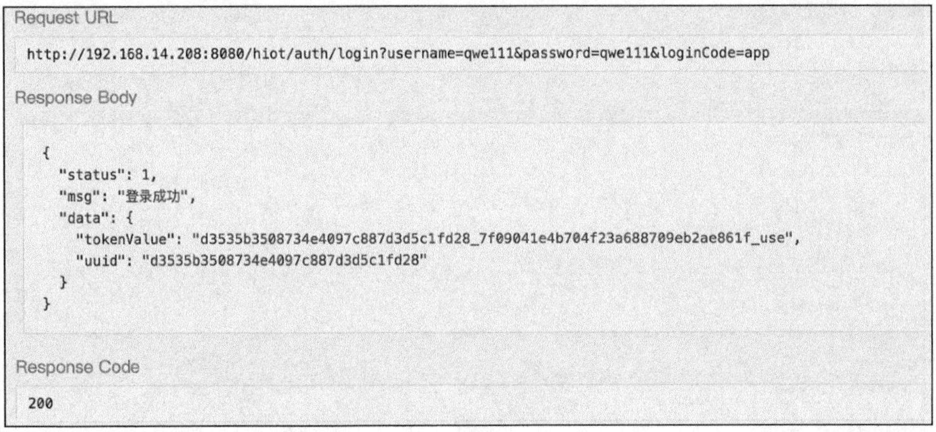

Request URL

http://192.168.14.208:8080/hiot/auth/login?username=qwe111&password=qwe111&loginCode=app

Response Body

```
{
  "status": 1,
  "msg": "登录成功",
  "data": {
    "tokenValue": "d3535b3508734e4097c887d3d5c1fd28_7f09041e4b704f23a688709eb2ae861f_use",
    "uuid": "d3535b3508734e4097c887d3d5c1fd28"
  }
}
```

Response Code

200

图4-17 验证登录API

LoginBean类中uuid和tokenValue字段很重要，我们会在后续内容细致讲解。

第三步：在MyService中描述网络请求方法，代码路径如下：

【代码4-31】 MyService.java

```
public interface MyService {
/**
     * 登录
     * @param username
     * @param password
     * @return
     */
    @POST("auth/login")
    Observable<ResultBase<LoginBean>> login(@Query("username")
String username, @Query("password") String password, @
Query("loginCode") String loginCode);
}
```

注意，传入的ResponseBody变为ResultBase<LoginBean>。

第四步：在DataManager中管理网络请求方法，并将Uuid、Token持久化存储，代码路径如下：

【代码4-32】 DataManager.java

```
    /**
     * 登录
     * @param username 用户名
```

```
        * @param password 密码
        * @return
        */
        public Observable<ResultBase<LoginBean>> login(String
username, String password) {
            return myService.login(username, password,"app")
                    .doOnNext(new Action1<ResultBase<LoginBean>>() {
                        @Override
                        public void call(ResultBase<LoginBean> userBean
ResultBase) {
                            // 请求成功，保存用户 id 和 token
                                if ("1".equals(userBeanResultBase.
getStatus()))
{ userPreferencesHelper.putUserId(userBeanResultBase.getData().
getUuid());// 用户 id
userPreferencesHelper.putPrefKeyUserToken(userBeanResultBase.
getData().getTokenValue());//token
                            }
                        }
                    });
        }
```

doOnNext 是 Rxjava 的一个操作符，其允许我们在每次输出一个元素之前做一些额外的事情。通常使用 doOnNext() 去保存或缓存网络结果。这里我们使用 SharedPreferences 来保存 Uuid 和 TokenValue。Uuid 可以用来判断用户是否登录，主要用在启动页结束之后，根据用户状态进行不同的跳转。Token 是防止非法请求的一种手段，作用是：登录成功之后，所有接口都需要携带 token 作为 Header 进行验证。

【知识拓展】

什么是 Token，有什么作用？

HTTP 是一种无状态协议，在 Web 端中，Token 只是作为防止用户重复提交表单的作用而存在。但是对于 App 客户端而言，Token 却充当着另一种角色，类似现实生活中代表每个人的角色认证、或者类似浏览器 cookie 代表你访问网站的角色认证。前提是，在所有用户系统的应用中，在每次访问接口的时候，为了避免接口裸露被无止境地请求攻击，我们会利用一种机制，过滤一切非应用用户端的非合法请求。首先我们不可能每次利用账号密码作为我们的过滤标准（会存在被抓包密码泄露风险），因此便有 Token 的存在。Token 是指在指定的有效时间内可以代表用户角色，具有请求接口的权限。

至此，登录的核心要点就讲解完了，其他业务逻辑均可参考注册模块完成。登录和注册功能看似简单，背后却隐藏着众多逻辑设计细节，例如：信息判空、校验、错误提示、网络连接判断、进度框、页面跳转等。在开发过程中，要把控各个细节，站在用户的角度思考问题，测试系统，继而提高用户体验。

4.1.4 任务回顾

知识点总结

本章主要涉及的知识点如下所述。

1. ButterKnife 框架的作用和配置。
2. ButterKnife 框架的使用方式（view、action、resource 绑定）。
3. Zelezny 插件的安装和使用。
4. Material Design 风格控件的使用。
5. 正则匹配，信息校验。
6. Swagger 接口可视化工具使用。
7. 使用 Dagger2 框架创建 Presenter 对象。
8. MVP 模式和网络框架的具体应用：网络请求（P）、数据解析（M）、更新 UI（V）。

学习足迹

图 4-18 所示为任务一的学习足迹。

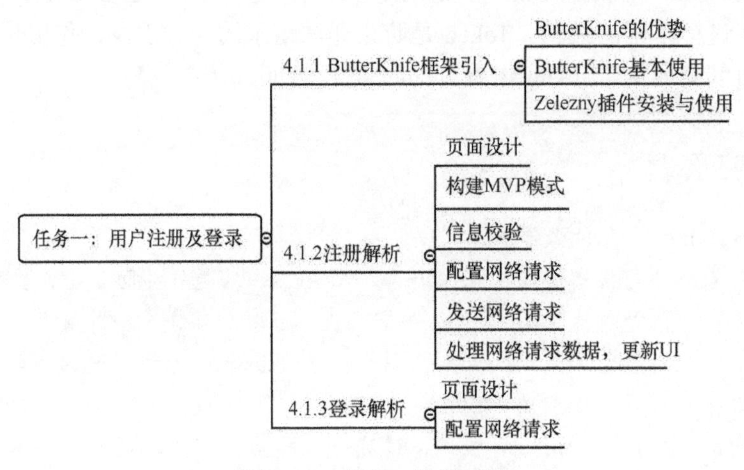

图4-18　任务一学习足迹

思考与练习

1. ButterKnife 框架自动绑定控件的插件是什么？
2.ButterKnife 可以实现哪些功能？
3. 请写出手机号正则匹配的表达式。

4.2　任务二：修改头像

【任务描述】

登录成功之后，我们可以进入个人中心页面，查看用户相关信息。在注册的时候，我们为了提高用户体验，不会要求用户输入过多的个人信息，避免增加注册复杂度。用户在进入个人中心之后，可以根据所需而编辑个人信息。个人中心的效果图如图 4-19 所示。

图4-19　个人中心效果图

个人中心页面相对简单，涉及的个人信息包含头像、用户名、注册邮箱。其中，头像、密码和邮箱是可以修改的。修改头像是整个页面逻辑最复杂的部分，涉及相机、相册操作、图片裁剪、Android6.0 权限获取、上传图片、图片加载等内容。所以，本次的学习的任务是如你修改头像。

4.2.1　选择头像

如图 4-20 所示，为简化后的个人中心页面。单击头像，弹出选择框，有两种方式可供选择：从相册里选择照片或拍照。确定操作之后，最终选择好的图片都会裁剪、处理成圆形，并上传至服务器，再被用户所加载，效果如图 4-21 所示。

图4-20 修改头像前

图4-21 修改头像后

实现修改头像功能主要分为以下 4 步：

① 布局设计；

② 调用系统相机或在相册中选择图片；

③ 裁剪、处理图片；

④ 上传图片到服务器，并替换本地的头像。

1. 布局设计

简化后的个人中心包含一个 TextView，一个 ImageView，ImageView 默认是圆角的正方形，布局代码路径如下：

【代码 4-33】 mine_fragment.xml

```
<?xml version="1.0" encoding="utf-8"?>
<LinearLayout xmlns:android="http://schemas.android.com/apk/res/android"
    android:orientation="vertical" android:layout_width="match_parent"
    android:background="@color/app_bg"
    android:layout_height="match_parent">
<TextView
        android:layout_width="match_parent"
        android:text="修改用户信息"
        android:gravity="center"
        android:textSize="20sp"
        android:textColor="#ffffff"
        android:layout_height="?attr/actionBarSize" />
<ImageView
        android:id="@+id/headImg"
```

```
        android:layout_width="100dp"
        android:layout_height="100dp"
        android:layout_gravity="center"
        android:layout_marginTop="50dp"
        android:src="@mipmap/heads"/>
</LinearLayout>
```

2．构建 MVP 模式

第一步：在 UI 包下创建 mine 包，依次创建 MineView 接口、MinePresenter 和 MineFragment，并分别继承于父类 BaseView、BasePresenter 和 BaseActivity。

第二步：使用 Dagger2，创建 MinePresenter 对象。

① 在 MineFragment 的 MinePresenter 变量上标注 @Inject 注解。

```
@Inject
    MinePresenter presenter;
```

② 在 MinePresenter 类的构造方法上标注 @Inject 注解。

```
  @Inject
    MinePresenter() {}
```

③ 在 ActivityComponent 中定义 inject() 方法并传入真正消耗依赖的目标类 MineFragment。

```
    void inject(MineFragment mineFragment);
```

④ 实现 injectDependencies() 方法，代码路径如下：

【代码 4-34】 MineFragment.java

```
@Override
    protected void injectDependencies() {
        super.injectDependencies();
        if (getActivity() instanceof BaseActivity) {
            ((BaseActivity) getActivity()).getActivityComponent().
inject(this);
        }
}
```

Fragment 和 Activity 略有不同，首先要判断 MineFragment 的宿主 Activity 是否属于 BaseActivity，然后通过 ActivityComponent 的 inject() 方法传入 MineFragment 作为实参，完成依赖注入。

第三步：初始化 MineFragment，加载布局，使用 ButterKnife 绑定 View 和 Action，代码路径如下：

【代码 4-35】 MineFragment.java

```
public class MineFragment extends BaseFragment<MineView,
MinePresenter> implements MineView {
    @BindView(R.id.headImg)
    ImageView headImg;
    @Override
     public View initView(LayoutInflater inflater, ViewGroup
container, Bundle savedInstanceState) {
        View view = inflater.inflate(R.layout.mine_fragment, null);
```

```
            return view;
        }
        @Override
        public void onViewCreated(View view, Bundle saved
InstanceState) {
            super.onViewCreated(view, savedInstanceState);
    }
        /**
         * 单击事件
         * @param view
         */
        @OnClick({R.id.headImg})
        public void onViewClicked(View view) {
            switch (view.getId()) {
                //修改头像
                case R.id.headImg:
                    checkPermission(); //检查权限
                    break;
            }
        }
    }
```

3. 获取权限

单击头像，获取用户操作权限，因为Android对相机和相册操作需要设置相机和读写权限，所以在Android 6.0以下系统中，只需要在AndroidManifest.xml中配置即可，在Android6.0以上系统中，不仅需要在AndroidManifest.xml中配置，还需要动态获取用户权限。

在AndroidManifest.xml中配置相机、读写外部存储权限，代码路径如下：

【代码4-36】 AndroidManifest.xml

```
    <!--敏感权限-->
    <uses-permission android:name="android.permission.CAMERA" />
    <uses-permission android:name="android.permission.READ_EXTERNAL_
STORAGE" />
    <uses-permission android:name="android.permission.WRITE_EXTERNAL_
STORAGE" />
```

动态获取权限，代码路径如下：

【代码4-37】 MineFragment.java

```
    /**
     * 6.0权限获取
     */
     public void checkPermission() {
         Acp.getInstance(getActivity()).request(new AcpOptions.
Builder()
                         .setPermissions(Manifest.permission.CAMERA
                         , Manifest.permission.READ_EXTERNAL_STORAGE
                         , Manifest.permission.WRITE_EXTERNAL_STORAGE)
                         .build(),
```

```
                new AcpListener() {
                    @Override
                    public void AcpListener () {
                        //选择相册还是拍照
                        choosePicDialog();
                    }
                    @Override
                    public void onDenied(List<String> permissions) {
                        Toast.makeText(getActivity(), permissions.
toString() + "权限拒绝", Toast.LENGTH_SHORT).show();
                    }
                });
    }
```

6.0 动态获取权限使用第三方框架 Acp 实现，Acp 是 Android check permission 缩写，此库简化了 Android 6.0 系统复杂的权限操作。

Acp 特点：

①支持批量权限申请，不需要重写 onRequestPermissionsResult 方法，Activity 与 Fragment 中用法一致。

② 处理“权限拒绝”“勾选不再询问”、导致不能正常使用功能的提示框、支持跳转设置权限界面开启权限，所有提示框文字可自定义。

使用 Acp 时，需要引入第三方依赖，在 Module 下的 build.gradle 中添加，依赖如下：

```
    //6.0权限
    compile 'com.mylhyl:acp:1.1.7'
```

使用方式如代码 4-37 所示，通过 Acp.getInstance() 方法传入当前的 Context 对象，setPermissions() 方法设置请求的权限，可批量。实现 AcpListener 事件的两个回调方法：一个是 AcpListener() 代表请求权限成功，另一个是 onDenied(List<String> permissions) 代表请求权限拒绝。

4. 创建选择框

选择相机或相册，需要一个选择框，样式如图 4-20 所示。NormalSelectionDialog 是我们使用 Builder 模式自定义的选择框，代码路径如下：

【代码 4-38】 MineFragment.java

```
    /**
     * 选择框dialog使用方式
     */
    public void choosePicDialog() {
        NormalSelectionDialog chooseDialog = new
NormalSelectionDialog.Builder(getActivity())
                .setlTitleVisible(false)    //设置是否显示标题
                .setTitleHeight(65)    //设置标题高度
                .setTitleText("请选择")  //设置标题提示文本
                .setTitleTextSize(16) //设置标题字体大小 sp
                .setTitleTextColor(R.color.colorPrimary) //设置
标题文本颜色
                .setItemHeight(60)  //设置item的高度
```

```
                .setItemWidth(0.9f)  //屏幕宽度*0.9
                .setItemTextColor(R.color.colorPrimaryDark)  //设置
item字体颜色
                .setItemTextSize(16)  //设置item字体大小
                .setCancleButtonText("取消")  //设置最底部"取消"按钮文本
                .setOnItemListener(new DialogInterface.OnItemClickL
istener<NormalSelectionDialog>() {
                    @Override
                    public void onItemClick(NormalSelectionDialog
dialog, View button, int position) {
                        switch (position) {
                            case 0: // 选择本地照片
                                choseHeadImageFromGallery();
                                dialog.dismiss();
                                break;
                            case 1:
                                // 拍照
                                choseHeadImageFromCameraCapture();
                                dialog.dismiss();
                                break;
                        }
                    }
                })
            .setCanceledOnTouchOutside(true)  //设置是否可单击其他地方
取消dialog
            .build();
        ArrayList<String> s = new ArrayList<>();
        s.add("从相册里选择照片");
        s.add("拍照");
        chooseDialog.setDatas(s);
        chooseDialog.show();
    }
```

NormalSelectionDialog支持自定义样式，通过设置setOnItemListener来触发事件。选择框数据是一个list集合，位置从0开始，通过setDatas()方法添加数据。为此我们设置了两条数据，从本地相册选择照片或拍照，位置分别对应0和1，ItemClick事件通过判断所在位置处理不同的业务逻辑。

5. 打开相册和相机

① 选择使用本地照片，代码路径如下：

【代码4-39】 MineFragment.java

```
    public static final int CHOOSE_PICTURE = 66;//从本地选择
    /**
     * 选择本地照片
     */
    public void choseHeadImageFromGallery() {
        Intent openAlbumIntent = new Intent();
        openAlbumIntent.setAction(Intent.ACTION_GET_CONTENT);
        openAlbumIntent.setType("image/*");
```

```
    //用 startActivityForResult 方法，需要重写 onActivityResult() 方法，拿
到图片做裁剪操作
            //第二个参数为请求码，可以根据业务需求自己编号
          startActivityForResult(openAlbumIntent, CHOOSE_PICTURE);
      }
```

选择本地使用照片需要用到 Intent 的动作（Action）和类型（Type）两大属性，Action 是指 Intent 要完成的动作，是一个字符串常量。Type 属性显式指定 Intent 的数据类型（MIME）。

“ACTION_GET_CONTENT”常量表示让用户选择特定类型的数据，并返回该数据的 URI，我们利用该常量设置 Type 为“image/*”，可获得 android 手机内的所有 image。

打开相册是带有返回值的启动，我们需要使用 startActivityForResult 启动方式，然后重写 onActivityResult() 方法，当成功返回时，图片再做裁剪操作。

② 打开系统相机，代码路径如下：

【代码 4-40】 MineFragment.java

```
    private Uri tempUri;//拍照保存的Uri
        public static final int TAKE_PICTURE = 55;//拍照
        /**
         * 启用本地相机
         */
        private void choseHeadImageFromCameraCapture() {
            Intent openCameraIntent = new Intent();
             openCameraIntent.setAction(MediaStore.ACTION_IMAGE_
CAPTURE);
            // 将拍照所得的相片保存到SD卡根目录
            if (hasSdcard()) {
            tempUri = Uri.fromFile(new File(Environment.
getExternalStorageDirectory(), "head.jpg"));
             openCameraIntent.putExtra(MediaStore.EXTRA_OUTPUT,
tempUri);
            }
         //第二个参数为请求码，可以根据业务需求自己编号
            startActivityForResult(openCameraIntent, TAKE_PICTURE);
        }
```

“MediaStore.ACTION_IMAGE_CAPTURE”常量可以调用系统相机，实现拍照功能。如果我们需要将照片存储在 SD 卡中，我们需要判断 SD 卡是否可用，代码路径如下：

【代码 4-41】 MineFragment. java

```
        /**
         * 检查设备是否存在SDCard的方法
         */
        public static boolean hasSdcard() {
            String state = Environment.getExternalStorageState();
            if (state.equals(Environment.MEDIA_MOUNTED)) {
                // 有存储的SDCard
                return true;
            } else {
```

```
                return false;
            }
        }
```

在 SD 卡可用的情况下，我们保存图片路径为 Uri 的形式。“MediaStore.EXTRA_OUTPUT”设置需要一个 Uri 对象，并指定一个保存图像的路径和文件名。此设置为可选，但是强烈建议使用，如果你没有指定此值，相机应用会把图像以默认的名字保存在默认位置。

打开相机也是带返回值的启动，需要使用 startActivityForResult 启动方式，然后重写 onActivityResult() 方法，当返回成功时，图片再做裁剪操作。

③ 重写 onActivityResult() 方法代码路径如下：

【代码 4-42】 com.huatec.mvptest.ui.mine.MineFragment

```
    private static final int CROP_SMALL_PICTURE = 44;// 裁剪
  /**
     * 处理相册返回结果
     * @param requestCode
     * @param resultCode
     * @param data
     */
    @Override
    public void onActivityResult(int requestCode, int resultCode, 
Intent data) {
        super.onActivityResult(requestCode, resultCode, data);
        // 用户没有进行有效的设置操作，返回
        if (resultCode == RESULT_CANCELED) {
            Toast.makeText(getActivity(), "取消", Toast.LENGTH_
LONG).show();
            return;
        }
        if (resultCode == RESULT_OK) {
            switch (requestCode) {
                case TAKE_PICTURE:// 拍照
                    cutImage(tempUri); // 对图片进行裁剪处理
                    break;
                case CHOOSE_PICTURE:// 本地照片选择
                    if (data != null) {
                        cutImage(data.getData()); // 对图片进行裁剪
处理
                    }
                    break;
                case CROP_SMALL_PICTURE://
                    if (data != null) {
                        setImageToView(data); // 让刚才选择裁剪得到
的图片显示在界面上，以及图片上传到服务器
                    }
                    break;
            }
```

```
        }
    }
```

如果是相机、相册操作，则在拿到 Uri 后裁剪操作；如果是裁剪操作，需将裁剪的图片处理成圆形上传至服务器。

④ 图片裁剪，代码路径如下：

【代码 4-43】 MineFragment.java

```
    /**
     * 裁剪图片方法
     */
    protected void cutImage(Uri uri) {
        if (uri == null) {
            Log.i("dyp", "The uri is not exist.");
        }
        tempUri = uri;
        Intent intent = new Intent("com.android.camera.action.CROP");
        //com.android.camera.action.CROP 这个 action 是用来裁剪图片的
        intent.setDataAndType(uri, "image/*");
        // 设置裁剪
        intent.putExtra("crop", "true");
        // aspectX aspectY 是宽高的比例
        intent.putExtra("aspectX", 1);
        intent.putExtra("aspectY", 1);
        // outputX outputY 是裁剪图片宽高
        intent.putExtra("outputX", 150);
        intent.putExtra("outputY", 150);
        intent.putExtra("return-data", true);
        startActivityForResult(intent, CROP_SMALL_PICTURE);
    }
```

选择照片或拍照的图片一般尺寸比较大，需要裁剪，否则会导致系统崩溃。我们通过设置“com.android.camera.action.CROP”裁剪，可以设置宽高比例和图片宽高尺寸。

需要注意，“intent.putExtra(“return-data”, true);”的作用，return-data 为 true，表示系统相册会在 onActivityForRestlt() 方法中通过 Intent 将头像数据传送给我们，然后我们通过 Bundle 拿到系统相机或相册给的 Extras 再对图片圆形处理，最终返回 Bitmap 对象，代码路径如下：

【代码 4-44】 MineFragment.java

```
    private Bitmap mBitmap;
   /**
     * 获取并保存裁剪之后的图片数据
     */
    protected void setImageToView(Intent data) {
        Bundle extras = data.getExtras();
        if (extras != null) {
            mBitmap = extras.getParcelable("data");
   mBitmap = PhotoUtils.toRoundBitmap(mBitmap);// 因项目需求，把图片转
成圆形
```

```
                // headImg.setImageBitmap(mBitmap);// 头像设置为新的图片
                uploadPic(mBitmap);// 上传图片到服务器
            }
        }
```

PhotoUtils 是一个图片处理工具类，用于将图片转化成圆形。在处理好图片之后，再做图片的上传。

4.2.2 文件上传

图片上传，涉及使用 Retrofit 对文件上传。Retrofit 文件上传并不是很复杂的工作，我们在介绍 Retrofit 注解的时候讲过，细心的同学一定会记得 @Part 和 @Multipart 这两个注解，接下来可以发挥二者的用武之地了。

步骤一：配置网络请求

① 使用 Swagger 验证更改头像接口。

如图 4-22 所示，更改头像接口为 POST 请求，请求参数分别为：file 和 Authorization，file 的 Parameter Type 为 formData，Data Type 为 file 文件。Authorization 的 Parameter Type 为 header，Value 为登录成功返回的 tokenValue。

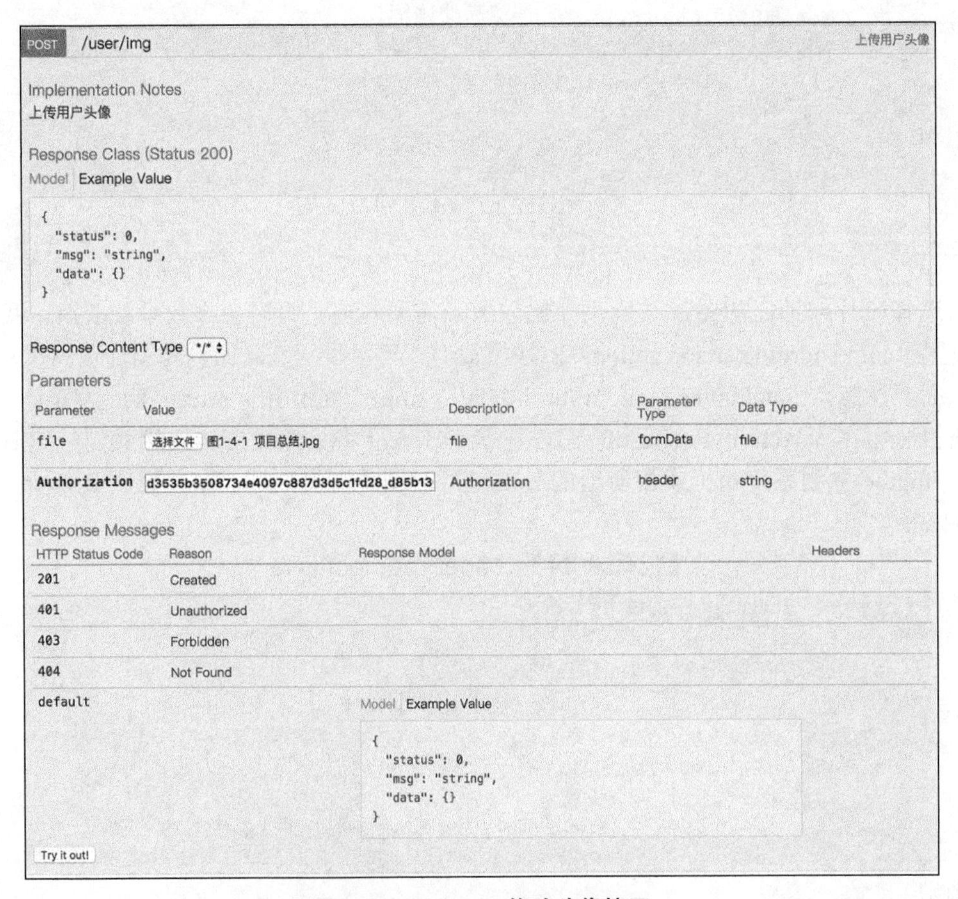

图4-22 Swagger修改头像接口

选择图片，填入 Authorization，单击“Try it out”，完成验证，如图 4-23 所示。

```
Request URL

Response Body

{
  "status": 1,
  "msg": "更改成功",
  "data": "/uploadfiles/images/user/1511947439445.jpg"
}

Response Code

200
```

图4-23　验证修改头像接口

从上图中可以看出，“data” 的 value 为返回的图片路径，但不是完整路径，需要拼接。

② 在 MyService 中描述网络请求方法，代码路径如下：

【代码 4-45】 MyService.java

```
    // 上传头像
    @POST("user/img")
    @Multipart
    Observable<ResultBase> uploadFile(@Part MultipartBody.Part file,
@Header("Authorization") String authorization);
```

上传 Retrofit 文件需要使用 POST 请求方式配合 @Part 注解，在项目中我们需要使用 Authorization 请求头完成身份验证。接下来，我们回顾这几个注解的含义。

- Multipart：作用于方法，使用该注解表示请求体是分为多个部分的，每一部分作为一个参数，且用 @Part 注解声明。
- @Part：作用于方法的参数，用于定义 Multipart 请求的每个 part，使用该注解定义的参数，参数值可以为空。为空时，则忽略，使用该注解定义的参数类型如果是 okhttp3.MultipartBody.Part，内容将被直接使用。省略 part 中的名称，即 @Part MultipartBody.Part file。
- Header：作用于方法的参数，用于添加请求头，使用该注解定义的请求头可以为空。为空时，会自动忽略，当传入一个 List 或 array 时，会拼接每个非空的 item 的值到请求头中。具有相同名称的请求头不会相互覆盖，而是会添加到请求头中。

③ 在 DataManager 中管理网络请求，再近一步代码路径如下：

【代码 4-46】 DataManager.java

```
    /**
     * 上传头像
```

```
     * @param file
     * @return
     */
  public Observable<ResultBase> uploadHeadPic(File file) {
  // 根据文件格式封装文件，file 为需要上传的文件
      RequestBody requestFile = RequestBody.create(MediaType.
parse("multipart/form-data"), file);
  // 构建 MultipartBody.Part，用于配置与台商定好的 key、文件名、封装的文件
      MultipartBody.Part MultipartFile = MultipartBody.Part.
createFormData("file", file.getName(), requestFile);
     return myService.uploadFile(MultipartFile,userPreferencesHelper.
getPrefKeyUserToken());
     }
```

上述代码中使用的是Retrofit2.x版本的上传文件，和Retrofit1.x版本有所不同，Retrofit2.x上传文件使用方式如下。

① 首先要根据文件格式封装文件，构建RequestBody。

② 然后构建MultipartBody.Part，用于配置与后台商定好的key、文件名、封装的文件。

③ 最后将MultipartFile作为参数传递给网络请求方法。

【知识拓展】

Multipart/form-data是一种上传文件的媒体格式，需要在表单中进行文件上传时使用。而Http原始方法不支持Multipart/form-data请求，这个请求自然是由原始的请求方法拼装而成。Multipart/form-data在本质上还是post请求，其不同点在于请求头和请求体。Multipart/form-data的请求头必须包含一个特殊的头信息：Content-Type，且其值也必须规定为Multipart/form-data，同时还需要规定一个内容分割符用于分割请求体中的多个post的内容，如文件内容和文本内容需要自然分割，否则接收方无法正常解析和还原这个文件。

Multipart/form-data的请求体也是一个字符串，其构造方式和post的请求体不同，post是简单的name=value值连接，而Multipart/form-data是添加了分隔符等内容的构造体。

④ 在MinePresenter中配置网络请求方法，代码路径如下：

【代码4-47】 MinePresenter.java

```
    /**
     * 修改头像网络请求
     * @param file
     * @param progressDialog
     */
    public void updateHeadPic(final File file, final ProgressDialog
progressDialog) {
       subscribe(datamanager.uploadHeadPic(file), newRequestCallBack
<ResultBase>() {
```

```
//……
        });
    }
```

步骤二：发送网络请求

在 MineFragment 中发送网络请求，将 bitmap 转化为 file 并上传，代码路径如下：

【代码 4-48】 MineFragment.java

```
    private void uploadPic(Bitmap bitmap) {
        // 这里把 Bitmap 转换成 file，然后得到 file 的 url，做文件上传操作，注意，
这里得到的图片已经是圆形图片了
        String imagePath = PhotoUtils.savePhoto(bitmap,
        Environment.getExternalStorageDirectory().getAbsolutePath(),
String.valueOf(System.currentTimeMillis()));
            //进行网络判断
            if (NetUtils.isConnected(getActivity())) {
                //进度条
                //……
                if (imagePath != null) {
                    File file = new File(imagePath);
              presenter.updateHeadPic(file, headDialog);// 这里是把图片以
文件的形式上传到服务器。
                }
            } else {
                Toast.makeText(getActivity(), "网络无法连接，请检查您的网络
设置", Toast.LENGTH_SHORT).show();
            }
    }
```

【注意】

我们先使用图片处理工具类 PhotoUtils 将 Bitmap 转换成 file，然后得到 file 的 url，再做上传文件的操作。这里得到的图片已经是圆形了，图片的名称是以当前时间命名的。

步骤三：更新 UI

① 在 MineView 中定义更新 UI 的回调方法，分别用于处理更新头像、错误信息提示、Token 过期，代码路径如下：

【代码 4-49】 MineView.java

```
public interface MineView extends BaseView {
    //更新头像
    void updateHead(String msg,String imgurl);
    //信息提示
    void showMessage(String info);
    //token 过期
    void tokenOut(String msg);
}
```

② 在MinePresenter中，根据网络请求状态回调不同的更新UI的方法，代码路径如下：

【代码 4-50】 MinePresenter.java

```
    // 请求完成
                @Override
                public void onCompleted() {progressDialog.dismiss();}
               // 请求错误
                @Override
                public void onError(Throwable e) {
                    progressDialog.dismiss();
                    getView().showMessage(e.getMessage());
   }
   // 请求成功
                @Override
                public void onNext(ResultBase userDataResultBase) {
                    if ("1".equals(userDataResultBase.getStatus())) {
                    // 更新头像
                   getView().updateHead(userDataResultBase.getMsg(),
   (String)userDataResultBase.getData());
   //token 过期,
                    } else if ("-100".equals(userDataResultBase.
 getStatus())) {
                      helper.clear(); // 清空持久化数据
                      getView().tokenOut(userDataResultBase.getMsg());
                      // 请求失败
                    } else {
                     getView().showMessage(userDataResultBase.getMsg());
                    }
                }
```

我们讲解onNext()方法的3种状态。

a. status=1，表示请求成功，调用更新头像的方法，传入请求成功的信息和图片路径。图片路径是一个字符串，getData()方法返回的是Object类型，需要使用String类型强转。

b. status=-100，表示请求成功，Token失效。可分两种情况，一种是多账户登录（限制只有一个用户登录），另一种是Token时间过期。Token一旦失效之后，除登录注册外的所有接口将不能访问，必须重新登录获取新的Token。所以，我们要清空之前的持久化数据，并调用Token过期的方法。

c. status=0或其他数值，表示请求失败，调用请求失败的方法，提示用户修改失败。

③ MineFragment实现MineView接口，更新UI。

a. 更新头像，代码路径如下：

【代码 4-51】 MineFragment.java

```
    /**
     * 更新头像
     * @param imgUrl
     */
    @Override
    public void updateHead(String msg, String imgUrl) {
```

```
            Toast.makeText(getActivity(), msg, Toast.LENGTH_SHORT).show();
            // 上传成功之后显示在页面上
            String url = MyService.HEAD_IMG + imgUrl;
             Glide.with(getActivity()).load(url).error(R.mipmap.heads).
into(headImg);
        }
```

使用 Glide 图片加载框架加载头像，返回的 imgUrl 需要拼接，我们将路径的 base 地址定义在 MyService 中，方便统一修改。为了防止加载失败显示空白，使用 error() 方法设置了加载错误的占位图。

b. token 失效，提示用户 token 过期，跳转登录，代码路径如下：

【代码 4-52】 MineFragment.java

```
        /**
         * token 超时，重新登录获取 token
         * @param msg
         */
        @Override
        public void tokenOut(String msg) {
            Toast.makeText(getActivity(), msg, Toast.LENGTH_SHORT).show();
            // 跳转登录
            Intent intent = new Intent(getActivity(), LoginActivity.class);
            startActivity(intent);
            // 关闭自己
            getActivity().finish();
        }
```

c. 请求失败信息提示，代码路径如下：

【代码 4-53】 MineFragment.java

```
       /**
         * 请求失败信息提示
         * @param info
         */
        @Override
        public void showMessage(String info) {
          Toast.makeText(getActivity(), info, Toast.LENGTH_SHORT).show();
        }
```

至此，使用 Retrofit2.x 上传文件就结束了。

【自主学习】

本项目是针对 6.0 权限的适配，随着 Android 版本越来越高，Android 对隐私的保护力度也随之越大，Android7.0 给开发者带来了新的挑战。私有目录被限制访问，提高了私有文件的安全性；“StrictMode API 政策”，禁止向外部应用公开 file:// URI。如果一项包含文件 file:// URI 类型的 Intent 离开你的应用，则会失败，并出现 FileUriExposedException 异常，如调用系统相机拍照裁剪照片等。

应对策略：若要在应用间共享文件，可以发送 content:// URI 类型的 URI，并授予 URI 临时访问权限。进行此授权的最简单方式是使用 FileProvider 类。在此我们不做过多介绍，感兴趣的同学可自行查找资料。

4.2.3 任务回顾

知识点总结

本章主要涉及的知识点为以下内容。

1. Android6.0 系统动态获取敏感权限。
2. 第三方控件 Dialog 选择框的配置与使用。
3. 调用系统相机相册，进行图片裁剪。
4. 将裁剪图片处理成圆形样式。
5. Retrofit 使用 @Part 和 @Multipart 注解实现图片上传。
6. 使用 Glide 加载上传的图片。

学习足迹

图 4-24 所示为任务二的学习足迹。

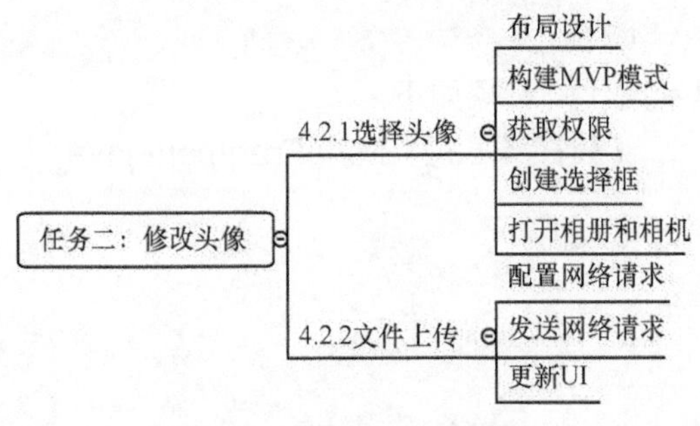

图4-24　任务二学习足迹

思考与练习

1. 文件上传涉及哪些权限？
2. 打开相机、相册、裁剪的 Action 分别是什么？
3. Activity 的启动方式有几种？分别是什么？
4. onActivityResult 方法中 requestCode 和 resultCode 分别代表什么？
5. 使用 Retrofit 文件上传涉及的注解有哪些？

A. @POST　　B. @GET　　C. @Par　　D. @Multipart

6. 编程题：调用系统相机拍照，或从相册中选择照片，进行裁剪，并显示在页面上，页面自行设计，需要考虑到 Android6.0 以上系统的权限问题。

4.3 项目总结

本项目是开发用户中心模块，包括登录、注册、修改头像等内容。项目开发阶段也从架构设计、框架搭建进入到了详细模块开发阶段。模块开发是一个经过网络请求、数据解析、逻辑处理，并将数据展示在页面上的过程，可以让学生更好地理解二次封装之后的框架如何使用，加深对封装的理解。

项目总结如图 4-25 所示，在本项目中，我们还介绍了 Butterknife 的 View、Resource、Action 注入框架，可以大大地提升开发效率，减少代码的冗余。除了页面方面，在业务逻辑上，我们讲解了登录注册的正则校验、Android6.0 以上获取敏感权限、相机相册的调用、图片的裁剪、文件的上传、图片的加载等众多小的业务模块，这些功能模块几乎在每个 App 中都能应用得到。

学生通过本项目的学习，可以掌握用户模块开发中的重要业务逻辑。对这些业务逻辑提炼封装，最终形成工具类，在今后的同类项目开发中，根据需求稍作改动就可以直接使用。

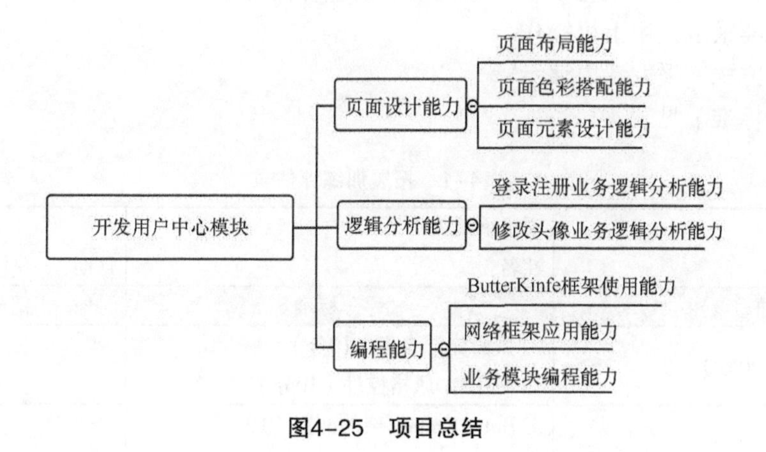

图4-25 项目总结

4.4 拓展训练

自主实践：修改密码

本项目中包括个人信息的修改，如头像、邮箱、密码。修改头像我们已经在任务二中讲过，修改邮箱和密码业务逻辑基本相似，这里我们选择修改密码作为本次的自主实践。修改密码接口可通过 Swagger 查看，具体如图 4-26 所示，页面设计可参考注册页面。

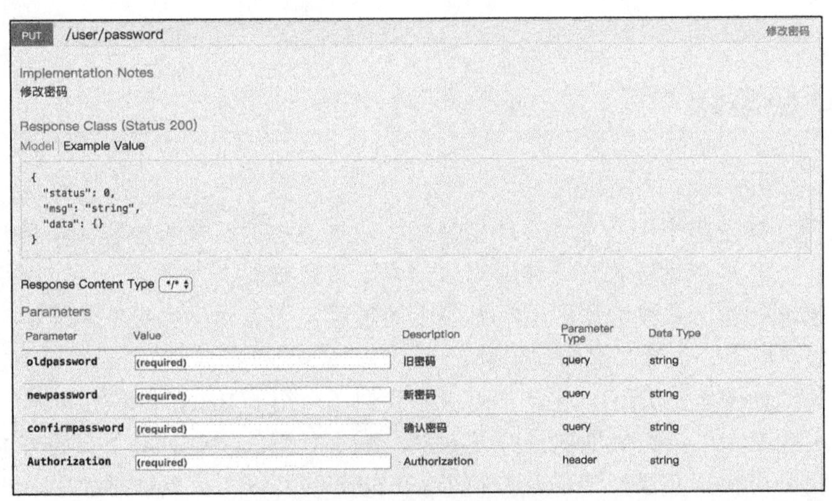

图4-26 修改密码接口

◆ **拓展训练要求**

① 掌握 ButterKnife 框架的使用。

② 掌握密码的正则校验。

③ 掌握网络请求、数据解析、数据展示的整体流程。

◆ **格式要求**：采用上机操作。

◆ **考核方式**：采取课内演示。

◆ **评估标准**：见表 4-1。

表4-1 拓展训练评估表

项目名称： 修改密码	项目承接人： 姓名：	日期：
项目要求	**评分标准**	**得分情况**
页面设计（共20分）	① 页面简洁合理（10分） ② 使用MD风格控件（10分）	
Butterknife（共30分）	① ButterKnife框架的配置（10分） ② View绑定（10分） ③ Listener绑定（10分）	
信息校验（共20分）	① 正则匹配（10分） ② 新密码与旧密码匹配（10分）	
网络请求（共30分）	① 描述接口（10分） ② 配置网络请求方法（10分） ③ 更新UI（10分）	
评价人	**评价说明**	**备注**
个 人		
老 师		

项目 5

开发设备功能模块

项目引入

项目组每个周五都有例会，大家汇报本周的工作进度，并附上下周的工作计划。夏天的时候，同事们都还很积极，提前十分钟去会议室等着，刚刚入冬，会议室冷得让人瑟瑟发抖。负责硬件的同事有了主意，他在会议室放了一个温湿度传感器，然后把空调打开，等到会议室达到舒适的温度时，他的电脑上会有温馨提示，提醒大家可以去开会了，同事们纷纷为温湿度传感器点赞。

Andrew:“师父，如果我们能用手机控制会议室的空调，那更好了，连开空调都省了”。

Philip:“Andrew 这个想法不错！如果我们做一个智能会议室，大家想象一下，开会之前，智能会议室已经为我们准备好了一切……”

大家都沉醉在了 Philip 描述的美好情景中，激烈地讨论着……

Andrew :“Philip 经理，前提是我们要把这些设备接入到 App 中！”。

Philip :“是的，这就是我们接下来的任务。负责后台和硬件的部门先汇报本周的工作进度”。

Jack:“现在后台已经开发完设备模块，可以创建设备、绑定设备、查看设备信息、控制设备，还在完善一些小细节。”

Henry:“我现在已经做好了几种类型的智能硬件，包括：吸顶灯、温湿度传感器、门禁、烟雾报警器等，现在准备先和后台对接，测试一下”。

Anne :“我们这边，也紧跟后台的步伐，准备开发设备功能模块。”

Philip:“好！争取下周，我们能实现手机端对接设备，实现设备的远程控制，等我们测试没问题之后，就可以考虑改造我们的会议室了。”

设备模块是整个 App 的最核心模块，包括设备绑定、管理、控制、查看历史数据等。实现起来比用户模块要复杂得多，希望 Andrew 能学到更多技术。

知识图谱

图 5-1 为项目 5 的知识图谱。

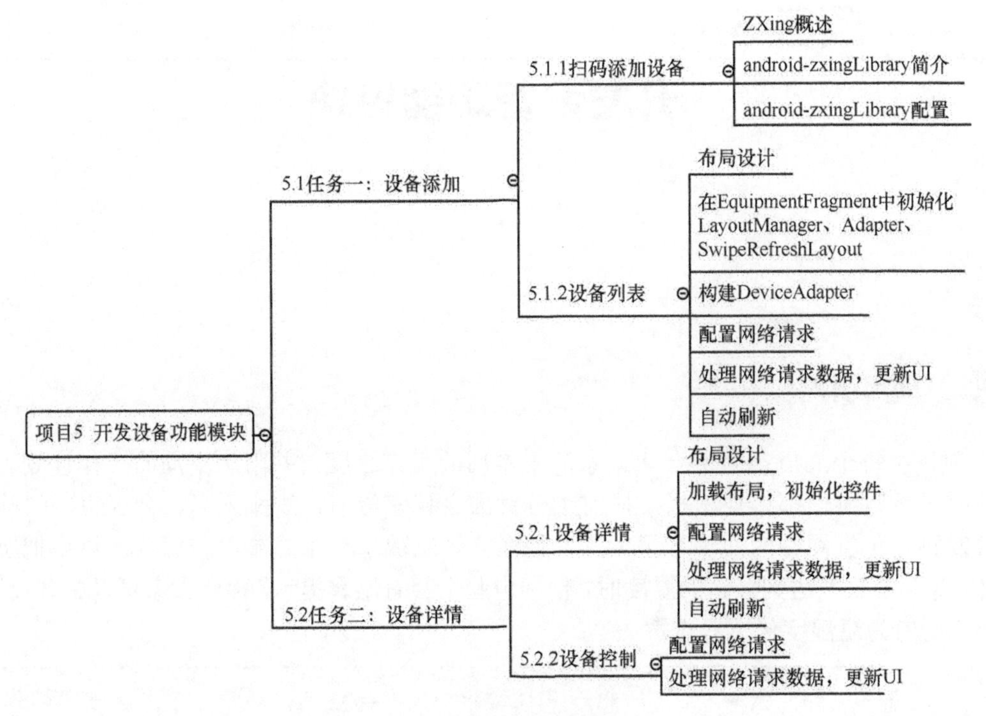

图5-1 项目5知识图谱

5.1 任务一：设备添加

【任务描述】

Alisa 是我的好友，她和我分享了我在各国旅游时的趣闻，不过几句简单的话，却引起了我的注意。她说："我不知道二维码是什么，但在中国却很常见。" 这的确让我感到吃惊，作为一个到处都贴有二维码的中国，扫码已经是一件司空见惯的事情。在地铁海报上、饭店餐桌上、商家的商铺上等。扫码二维码也非常方便，比如你可以扫码完成支付、加入社交网络、获得打折优惠、扫码开锁、掌握其他信息等。

二维码是一个连接线上和线下的强大工具，更是智能设备与手机绑定的一大利器。试想，我们没有任何用户喜欢对着屏幕输入烦琐的设备 Mac 地址，人们更习惯的是使用二维码。所以，从产品的角度上讲，通过扫描二维码来完成设备的添加，提高了用户的体验。

那如何通过扫一扫来添加设备，就是我们这次的主要任务。

5.1.1　扫码添加设备

1. ZXing 概述

ZXing 项目是谷歌推出的用来识别多种格式条形码的开源项目。Zxing 由多人在维护，覆盖主流编程语言，也是目前还在维护的较受欢迎的二维码扫描开源项目之一。

ZXing 的项目很庞大，包含许多项目，本节主要说述 Android 所涉及的。主要的核心代码在 Core 和 android-core 项目文件夹里面。

Core 项目：

① ZXing 使用 maven 构建整个工程，可以使用 intelli IDEA 打开整个项目，编译打包 core 项目（核心解码库），得到 jar。

② 使用 maven 中心库。

直接下载 jar 包也省去了通过 maven 编译的麻烦，如果喜欢研究，可以从网站获取帮助文档。

android-core 项目：

这个项目中只有一个 CameraConfigurationUtils 类，主要是配置摄像头的一些参数，可以手动合并到 android 项目中。

官方提供了 ZXing 在 Android 上的使用例子，作为官方示例，ZXing-android 考虑了多种情况，包括多种解析格式、解析得到的结果分类、长时间无活动自动销毁机制等。有时候我们需要根据自己的情况定制使用需求，因此会精简官方示例。在项目中，我们仅仅用来实现扫描二维码和识别图片二维码两个功能。为了实现高精度的二维码识别，在 ZXing 原有项目的基础上，需要进行改进，定制化 UI 界面，使得二维码识别的效率有所提升。

2. android-zxingLibrary 简介

通过上面的介绍，ZXing 的定制化还是比较复杂的，我们通过选取优秀的开源框架 android-zxingLibrary 以达到快速开发的目的。

android-zxingLibrary 功能特点：

① 可打开默认二维码扫描页面；

② 支持对图片 Bitmap 的扫描功能；

③ 支持对 UI 的定制化操作；

④ 支持对条形码的扫描功能；

⑤ 支持生成二维码操作；

⑥ 支持控制闪光灯开关。

3. android-zxingLibrary 配置

在 module 的 build.gradle 中执行 compile 操作，添加如下代码：

```
implementation 'cn.yipianfengye.android:zxing-library:2.2'
```

接下来，我们将一步步的实现二维码扫描功能，如图 5-2 所示。

步骤一：定制 UI 页面。

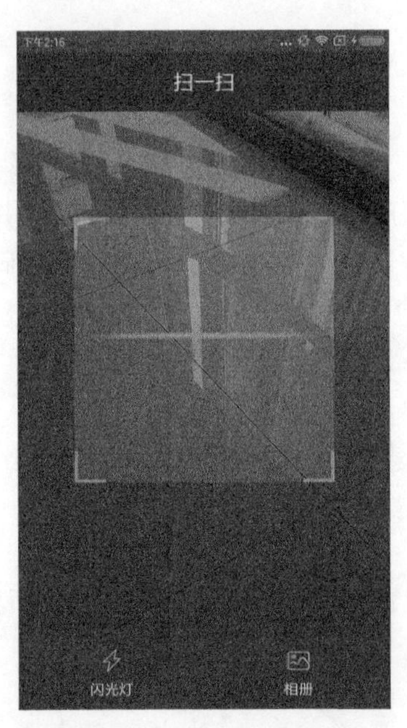

图5-2 “扫一扫”页面

整个页面分为上下两部分，第一部分是标题，第二部分是一个帧布局（FrameLayout1）。其包含扫描框（FrameLayout2）和横向的线性布局（LinearLayout），LinearLayout包含了闪光灯和相册两个TextView。代码路径如下：

【代码 5-1】 activity_zxing.xml

```
<?xml version="1.0" encoding="utf-8"?>
<LinearLayout xmlns:android="http://schemas.android.com/apk/res/
android"
    android:layout_width="match_parent"
    android:layout_height="match_parent"
    android:orientation="vertical">
<!-- 标题 -->
<TextView
        android:layout_width="match_parent"
        android:text="扫一扫"
        android:gravity="center"
        android:textSize="20sp"
        android:background="@color/app_bg"
        android:textColor="#ffffff"
        android:layout_height="?attr/actionBarSize" />
<FrameLayout
        android:layout_width="match_parent"
        android:layout_height="wrap_content"
        android:layout_weight="1">
<!-- 扫描框 -->
<FrameLayout
            android:id="@+id/fl_my_container"
            android:layout_width="match_parent"
```

```
            android:layout_height="match_parent"
            android:visibility="visible" />
<!-- 闪光灯和相册 -->
<LinearLayout
            android:layout_width="match_parent"
            android:layout_height="wrap_content"
            android:layout_gravity="bottom|center_horizontal"
            android:background="#AA333333"
            android:orientation="horizontal"
            android:paddingTop="10dp"
            android:paddingBottom="10dp">
<TextView
                android:id="@+id/flash_lamp"
                android:layout_width="0dp"
                android:layout_height="wrap_content"
                android:layout_weight="1"
                android:drawablePadding="5dp"
                android:drawableTop="@mipmap/light"
                android:gravity="center"
                android:text="闪光灯"
                android:textColor="#FFFFFF" />
<TextView
                android:id="@+id/album"
                android:layout_width="0dp"
                android:layout_height="wrap_content"
                android:layout_weight="1"
                android:drawablePadding="5dp"
                android:drawableTop="@mipmap/picture"
                android:gravity="center"
                android:text="相册"
                android:textColor="#FFFFFF" />
</LinearLayout>
</FrameLayout>
</LinearLayout>
```

扫描框为什么要使用FrameLayout作为容器呢？原因是扫描组件是通过Fragment实现的，id为fl_my_container的FrameLayout就是我们需要替换的扫描组件。

步骤二：初始化二维码定制界面。

① 首先，在ui包下创建zxing包，然后依次创建ZxingView接口、ZxingPresenter和ZxingActivity，分别继承于父类BaseView、BasePresenter和BaseActivity。

② 在ZxingActivity中加载布局，初始化二维码定制界面CaptureFragment（CaptureFragment是内置的Fragment），代码路径如下：

【代码5-2】 ZxingActivity.java

```
public class ZxingActivity extends BaseActivity<ZxingView,
ZxingPresenter> implements ZxingView {
    private CaptureFragment captureFragment;
//……
```

```
        /**
         * 初始化二维码定制界面 CaptureFragment
         */
        private void initView() {
            // 执行扫描 Fragment 的初始化操作
            captureFragment = new CaptureFragment();
            // 为二维码扫描界面设置定制化界面
                CodeUtils.setFragmentArgs(captureFragment, R.layout.
fragment_zxing);
            //扫描结果回调接口
            captureFragment.setAnalyzeCallback(analyzeCallback);
            //替换我们的扫描控件
            getSupportFragmentManager().beginTransaction().replace(R.
id.fl_my_container, captureFragment).commit();
        }
    }
```

动态添加 CaptureFragment 主要分为以下 4 步。

第一步：获取 FragmentManager，其获取通过在 V4 包中使用 getSupportFragment Manager 实现，系统中原生的 Fragment 是通过 getFragmentManager 获得的。

第二步：开启一个事务，通过调用 beginTransaction 方法开启。

第三步：向容器内加入 CaptureFragment，使用 replace 方法实现，此步骤需要传入容器的 id 和 CaptureFragment 的实例。

第四步：提交事务，使用 commit 方法提交。

③ 初始化 CaptureFragment 之后，通过 CodeUtils.setFragmentArgs() 方法为二维码扫描界面设置定制化界面 R.layout.fragment_zxing，代码路径如下：

【代码 5-3】 fragment_zxing.xml

```
    <?xml version="1.0" encoding="utf-8"?>
    <FrameLayout xmlns:android="http://schemas.android.com/apk/res/
android"
        xmlns:app="http://schemas.android.com/apk/res-auto"
        android:layout_width="match_parent"
        android:layout_height="match_parent">
    <SurfaceView
            android:id="@+id/preview_view"
            android:layout_width="wrap_content"
            android:layout_height="wrap_content" />
    <com.uuzuche.lib_zxing.view.ViewfinderView
            android:id="@+id/viewfinder_view"
            android:layout_width="wrap_content"
            android:layout_height="wrap_content"
            app:inner_corner_color="#0effc2"
            app:inner_corner_length="30dp"
            app:inner_corner_width="3dp"
            app:inner_height="250dp"
            app:inner_margintop="100dp"
            app:inner_scan_bitmap="@mipmap/scan_image"
```

```
        app:inner_scan_iscircle="false"
        app:inner_scan_speed="10"
        app:inner_width="250dp" />
</FrameLayout>
```

扫描界面依旧是一个帧布局（Frame Layout）式的结构，底部是一个透明可见的SurfaceView，上面是自定义的扫描框。

扫描框可定制化的属性如下：

【代码 5-4】 扫描框属性

```
<declare-styleable name="innerrect">
<attr name="inner_width" format="dimension"/><!-- 控制扫描框的宽度 -->
<attr name="inner_height" format="dimension"/><!-- 控制扫描框的高度
-->
<attr name="inner_margintop" format="dimension" /><!-- 控制扫描框距
离顶部的距离 -->
<attr name="inner_corner_color" format="color" /><!-- 控制扫描框四
角的颜色 -->
<attr name="inner_corner_length" format="dimension" /><!-- 控制扫
描框四角的长度 -->
<attr name="inner_corner_width" format="dimension" /><!-- 控制扫描
框四角的宽度 -->
<attr name="inner_scan_bitmap" format="reference" /><!-- 控制扫描
图 -->
<attr name="inner_scan_speed" format="integer" /><!-- 控制扫描速度
-->
<attr name="inner_scan_iscircle" format="boolean" /><!-- 控制小圆
点是否展示 --></declare-styleable>
```

【知识拓展】

SurfaceView 是什么？

SurfaceView 是视图（View）的继承类，这个视图里内嵌了一个专门用于绘制的 Surface。用户可以控制该 Surface 的格式和尺寸，Surfaceview 控制这个 Surface 的绘制位置。Surface 是纵深排序（Z-ordered）的，它总在自己所在窗口的后面。Surfaceview 提供了一个可见区域，只有在这个可见区域内 Surface 部分内容才可见。Surface 的排版显示受到视图层级关系的影响，它的兄弟视图结点会在顶端显示，这意味者 Surface 的内容会被其兄弟视图遮挡，这一特性可以用来放置遮盖物（overlays）(例如，文本和按钮等控件)。如果 Surface 上面有透明控件，那么它的每次变化都会触发框架重新计算它和顶层控件之间的透明效果，这会影响性能。

步骤三：设置二维码扫描回调。

通过 setAnalyzeCallback（analyzeCallback）方法可以设置二维码扫描回调。回调接口 CodeUtils.AnalyzeCallback，代码路径如下：

【代码 5-5】 ZxingActivity.java

```
    /**
     * 二维码解析回调函数
     */
     CodeUtils.AnalyzeCallback analyzeCallback = new CodeUtils.
AnalyzeCallback() {
       //解析成功
        @Override
        public void onAnalyzeSuccess(Bitmap mBitmap, String result) {
            //发送网络请求
            requstData(result);
                Toast.makeText(ZxingActivity.this, "" + result,
Toast.LENGTH_SHORT).show();
        }
      //解析失败
        @Override
        public void onAnalyzeFailed() {
             Toast.makeText(ZxingActivity.this, "解析失败", Toast.
LENGTH_SHORT).show();
        }
    };
```

AnalyzeCallback 接口有两个回调函数，onAnalyzeSuccess() 代表解析成功，包含两个参数，第一个参数 mBitmap 指代扫描的二维码图片，第二个参数 result 指代二维码中携带的信息。项目中，result 就是设备的唯一序列号，得到序列号之后，我们就可以发送网络请求了。onAnalyzeFailed() 代表解析失败。

【注意】

二维码扫描需要使用摄像头权限，我们需要在跳转到扫描页面之前申请该权限。

步骤四：申请权限。

权限申请依然使用 Acp 框架，需要申请相机、读写权限，代码路径如下：

【代码 5-6】 EquipmentFragment.java

```
    /**
     * 权限申请
     */
    public void scan() {
          Acp.getInstance(getActivity()).request(new AcpOptions.
Builder()
                               .setPermissions(Manifest.permission.
CAMERA
                  ,Manifest.permission.READ_EXTERNAL_STORAGE
                  , Manifest.permission.WRITE_EXTERNAL_STORAGE)
                        .build(),
                 new AcpListener() {
```

```
//权限申请成功，进入扫码页面
                        @Override
                        public void onGranted() {
                            Intent intent = new Intent(getActivity(),
ZxingActivity.class);
                            startActivity(intent);
                        }
//申请权限被拒绝，需要进入设置中重新申请。
                       @Override
                       public void onDenied(List<String> permissions) {
                           Toast.makeText(getActivity(), permissions.
toString() + "权限拒绝", Toast.LENGTH_SHORT).show();
                        }
                    });
        }
```

另外，还需要在 AndroidMnifest.xml 中进行静态配置，代码路径如下：

【代码 5-7】 AndroidMnifest.xml

```
<!-- 相机权限 -->
<uses-permission android:name="android.permission.CAMERA" />
<!-- 闪光灯权限 -->
<uses-permission android:name="android.permission.FLASHLIGHT" />
<!-- 读写权限 -->
<uses-permission       android:name="android.permission.READ_
EXTERNAL_STORAGE" />
<uses-permission android:name="android.permission.WRITE_EXTERNAL_
STORAGE" />
<!-- 震动权限 -->
<uses-permission android:name="android.permission.VIBRATE" />
<!-- 唤醒权限 -->
<uses-permission android:name="android.permission.WAKE_LOCK" />
<!-- 指需要相机和闪光灯的支持 -->
<uses-feature android:name="android.hardware.camera" />
<uses-feature android:name="android.hardware.camera.autofocus" />
```

【注意】

已存在于 AndroidMnifest.xml 中的权限可被直接调用，不需要重复配置。

【自主学习】

请查阅资料，了解 uses-permission 和 uses-feature 的区别。

步骤五：配置网络请求。

① 在 Swagger 中验证添加设备的接口，输入设备 ID 和 token，如图 5-3 所示。

单击“try it out”，完成验证，如图 5-4 所示。

② 在 MyService 中描述网络请求方法，配置网络请求类型和参数，代码路径如下：

【代码 5-8】 MyService.java

```
    /**
     * 添加设备
     * @param device_pk  设备 id
     * @param authorization token
     * @return
     */
    @POST("holder/device/{device_pk}")
     Observable<ResultBase> addDevice(@Path("device_pk") String
device_pk, @Header("Authorization") String authorization);
```

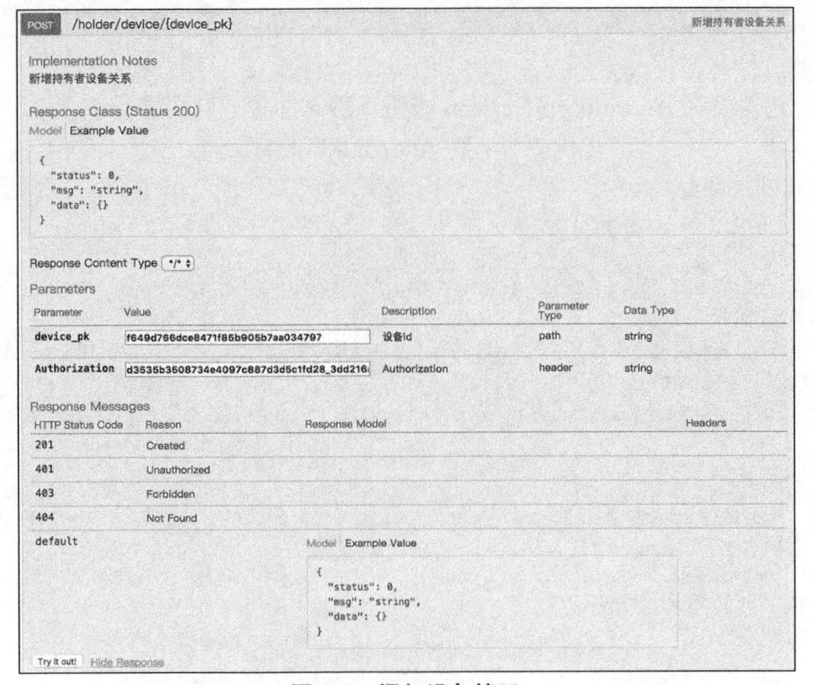

图5-3　添加设备接口

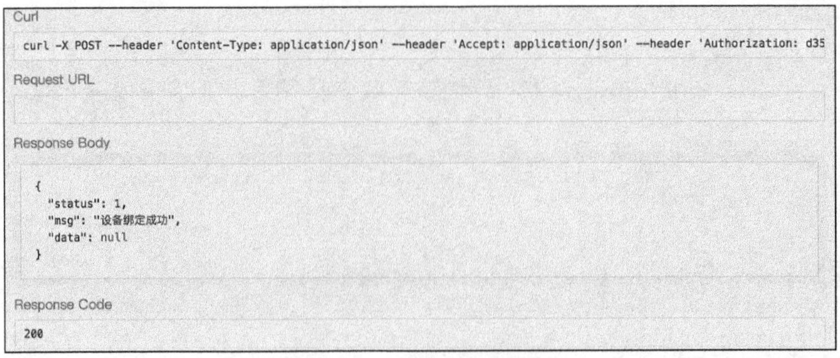

```
Curl
curl -X POST --header 'Content-Type: application/json' --header 'Accept: application/json' --header 'Authorization: d35

Request URL

Response Body
{
  "status": 1,
  "msg": "设备绑定成功",
  "data": null
}

Response Code
200
```

图5-4　添加设备结果

添加设备接口是 post 请求，使用 @Path 注解代表请求路径 url 可动态替换，注意 @

Path(“ ”) 内名字与请求参数相同。

③ 在 DataManager 中统一管理网络请求代码路径如下：

【代码 5-9】 DataManager.java

```
    /**
     * 添加设备
     * @param dev_id
     * @return
     */
    public Observable<ResultBase> addDevice(String dev_id) {
        return myService.addDevice(dev_id,
userPreferencesHelper.getPrefKeyUserToken());
    }
```

④ 在 ZxingPresenter 中定义网络请求方法，代码路径如下：

【代码 5-10】 ZxingPresenter.java

```
public class ZxingPresenter extends BasePresenter<ZxingView> {
    //添加设备方法
    public void addEquipment(String deviceId){
            subscribe(dataManager.addDevice(deviceId), new
RequestCallBack<ResultBase>() {
            @Override
            public void onCompleted() {
            }
            @Override
            public void onError(Throwable e) {
            }
            @Override
            public void onNext(ResultBase mResultBase) {
                }
            }
        });
    }
}
```

⑤ 在 ZxingActivity 中发送网络请求，代码路径如下：

【代码 5-11】 ZxingActivity.java

```
public class ZxingActivity extends BaseActivity<ZxingView,
ZxingPresenter> implements ZxingView {
    /**
     * 网络请求添加设备
     * @param result
     */
    public void requstData(String result) {
        if (NetUtils.isConnected(this)) {
            if (!TextUtils.isEmpty(result)) {
                //网络请求
                presenter.addEquipment(result);
            }
```

```
            } else {
                Toast.makeText(this, "网络无法连接，请检查您的网络设置",
Toast.LENGTH_SHORT).show();
            }
    }
    //……
    }
```

由于设备 id 是从设备列表页面传递过来的，我们需要对设备 id 进行判空操作，当设备的 id 不为空时，我们使用 ZxingPresenter 发送网络请求。

步骤六：处理网络请求数据，更新 UI。

① 在 ZxingView 中定义更新 UI 的回调方法，代码路径如下：

【代码 5-12】 ZxingView.java

```
public interface ZxingView extends BaseView {
    /**
     * 网络请求结果处理
     * @param isSuccess 成功与否 1 成功  0 失败
     * @param msg 后台返回数据
     */
    void showMessage(boolean isSuccess, String msg);
    /**
     * token 失效
     * @param msg 后台返回数据
     */
    void tokenOut(String msg);
}
```

② 在 ZxingPresenter 中根据不同请求状态调用不同的更新 UI 的方法，代码路径如下：

【代码 5-13】 ZxingPresenter.java

```
@Override
            public void onCompleted() {
            }
            @Override
            public void onError(Throwable e) {
                getView().showMessage(false,e.getMessage());
            }
            @Override
            public void onNext(ResultBase mResultBase)
{  getView().showMessage("1".equals(mResultBase.getStatus()),
mResultBase.getMsg());
                if ("-100".equals(mResultBase.getStatus())){
                    helper.clear();
                    getView().tokenOut(mResultBase.getMsg());
                }
            }
```

③ 在 ZxingActivity 中实现 ZxingView 接口，并使其方法可用，更新 UI，代码路径如下：

【代码 5-14】 ZxingActivity.java

```
    /**
```

```
        * 网络请求结果
        * @param isSuccess 成功与否 1 成功  0 失败
        * @param msg 后台返回数据
        */
       @Override
       public void showMessage(boolean isSuccess, String msg) {
           Toast.makeText(this, msg, Toast.LENGTH_SHORT).show();
           //扫描成功，关闭自己
           if (isSuccess) {
               finish();
           }
       }
   //token过期省略
       }
```

至此，扫码功能就实现了。除此之外，还有两个辅助功能：一个是闪光灯功能，另一个是从相册选取二维码图片进行识别的功能。

闪光灯功能需通过以下步骤实现。

定义一个布尔类型变量 isOpen，其初始化为 false，当闪关灯没有打开的时候，我们可通过 CodeUtils.isLightEnable（true）打开闪光灯，同时将 isOpen 调整为 true；相反，如果闪光灯在打开状态下，我们需要调用 CodeUtils.isLightEnable（false）关闭闪光灯，同时将 isOpen 调整为 false，代码路径如下：

【代码 5-15】 ZxingActivity.java

```
    public static boolean isOpen = false;
    private void openFlash() {
           if (!isOpen) {
               CodeUtils.isLightEnable(true);
               isOpen = true;
           } else {
               CodeUtils.isLightEnable(false);
               isOpen = false;
           }
       }
```

从相册选取二维码图片进行识别的功能也可以通过结合第三方使用文档以及我们前边所讲过的相册操作而简单地实现。

【做一做】

请根据第三方文档，自主练习实现从相册选取二维码图片识别的功能。

5.1.2 设备列表

设备添加成功之后，我们进入设备列表页面，下拉刷新，即可看到绑定的所有设备。现在最常见的列表就是 ListView，几乎每个 App 中都有它。之后，项目中所有的列表的

Listview、GridView 慢慢被替换为 RecyclerView。接下来，我们就来介绍该控件。

步骤一：布局设计。

设备列表页面效果如图 5-5 所示。

图5-5 设备列表

控件的整个布局分为上中下三部分，顶部是一个标题栏，中部是一个列表，底部是 MainActivity 的导航栏，代码路径如下：

【代码 5-16】 activity_device.xml

```
<?xml version="1.0" encoding="utf-8"?>
<LinearLayout xmlns:android="http://schemas.android.com/apk/res/android"
    android:layout_width="match_parent"
    android:layout_height="match_parent"
    android:background="#f2f3f5"
    android:orientation="vertical">
<!-- 标题栏省略 -->
<FrameLayout
        android:layout_width="match_parent"
        android:layout_height="match_parent">
<!—无数据提示文本 -->
<TextView
            android:id="@+id/nodata"
            android:layout_width="wrap_content"
            android:layout_height="wrap_content"
            android:layout_gravity="center"
```

```
                android:drawableLeft="@mipmap/nodata"
                android:drawablePadding="5dp"
                android:gravity="center"
                android:text=" 暂无设备哦 ~, 马上去绑定吧 " />
    <!-- 刷新控件 -->
    <android.support.v4.widget.SwipeRefreshLayout
                android:id="@+id/device_refresh"
                android:layout_width="match_parent"
                android:layout_height="match_parent">
    <!--RecyclerView-->
    <android.support.v7.widget.RecyclerView
                    android:id="@+id/device_list"
                    android:layout_width="match_parent"
                    android:layout_height="match_parent" />
    </android.support.v4.widget.SwipeRefreshLayout>
    </FrameLayout>
    </LinearLayout>
```

FrameLayout 布局默认会将控件放置在左上角，它的大小由控件中最大的子控件决定，如果控件的大小一样，那么同一时刻我们就只能看到显示在最上面的控件，后续添加的控件会覆盖前一个。所以，列表数据会覆盖在 TextView 上，那么 TextView 的作用是什么呢？

列表存在有数据和无数据的情况，有数据时我们可以上下滑动浏览数据，无数据时则是空白，给用户带来的体验较差，所以，TextView 就充当了列表无数据的用户提示。相当于 ListView 的 setEmptyView() 方法。

SwipeRefreshLayout 是 Google 在 support v4 19.1 版本中的 library 更新的一个下拉刷新控件（android-support-v4.jar）。目前其只支持下拉刷新，不支持上拉加载更多操作。作为官方自带的控件，其具有相对较好的通用性及风格，SwipeRefreshLayout 是在 ViewGroup 基础上的延伸，只允许有一个直接子控件，常与列表联合使用。

SwipeRefreshLayout 中各部分作用如下。

① isRefreshing()：判断当前的状态是否为刷新状态。

② setColorSchemeResources(int... colorResIds)：设置下拉进度条的颜色，最多可设置 4 种，参数为可变参数，并且是资源 id，每转一圈就显示一种颜色。

③ setOnRefreshListener(SwipeRefreshLayout.OnRefreshListener listener)：设置监听，需要重写 onRefresh() 方法，执行顶部下拉操作时会调用这个方法，可用于实现请求数据的逻辑，设置下拉进度条消失等。

④ setProgressBackgroundColorSchemeResource(int colorRes)：设置下拉进度条的背景颜色，默认白色。

⑤ setRefreshing(boolean refreshing)：设置刷新状态，true 表示正在刷新，false 表示取消刷新。

RecyclerView 是 Android 5.0 版本中新添加的一个用来取代 ListView 和 GridView 的新控件，存在于 support.v7 包中。RecyclerView 标准化了 ViewHolder，可以轻松实现 ListView 实现不了的样式和功能。我们可通过布局管理器（LayoutManager）控制

Item 的布局方式；通过设置 ItemAnimator 自定义 Item 的添加和删除动画；通过自定义 ItemDecoration 设置 Item 之间的间隔。

RecyclerView 与 ListView 的原理是类似的，除了需要有 Adapter、数据源之外，还需要一个布局管理器（LayoutManager）。RecyclerView 结构如图 5-6 所示。

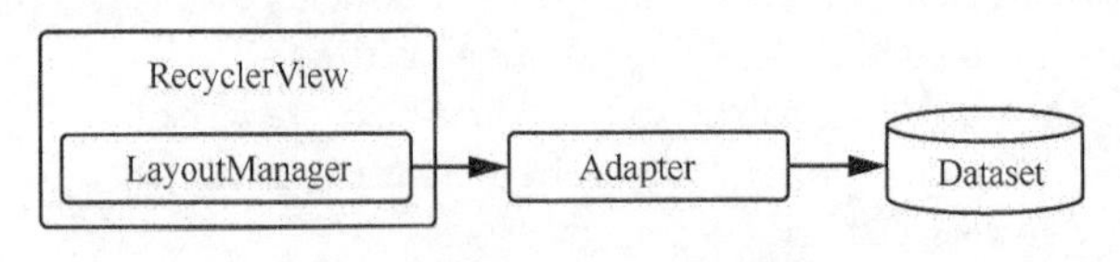

图5-6 RecyclerView结构

① Adapter：使用 RecyclerView 之前，需要一个继承自 RecyclerView.Adapter 的适配器，作用是将数据与每一个 Item 的界面进行绑定。

② LayoutManager：用来确定每一个 Item 如何进行排列摆放，何时展示和隐藏。回收或重用一个 View 的时候，LayoutManager 会向适配器请求新的数据来替换旧的数据，这种机制避免了创建过多的 View 和频繁地调用 findViewById（与 ListView 原理类似）所产生的重复操作。

目前 RecyclerView 中提供了 3 种自带的 LayoutManager：LinearLayoutManager，以垂直或者水平列表方式展示 Item；GridLayoutManager，以网格方式展示 Item；Staggered GridLayoutManager：以瀑布流方式展示 Item。

除以上功能之外，RecyclerView 还提供了实现 Item 的增加和删除的操作组件——ItemAnimator，其可通过 RecyclerView.setItemAnimator(new DefaultItemAnimator()) 实现。

然而，RecyclerView 不提供分割线、单击、长按事件。

步骤二：在 EquipmentFragment 中初始化 LayoutManager、Adapter、SwipeRefreshLayout。

① 加载布局，绑定页面控件，代码省略。

② 初始化 LayoutManager、Adapter、SwipeRefreshLayout，代码路径如下：

【代码 5-17】 EquipmentFragment.java

```
    /**
     * 初始化数据
     */
    private void initViews() {
        nodata.setVisibility(View.VISIBLE);
        nodata.setText("暂无设备哦~，马上去绑定吧");
        // 设置布局管理器为 LinearLayoutManager
        deviceList.setLayoutManager(new LinearLayoutManager(getActiv
ity()));
        // 设置适配器
        adapter = new DeviceAdapter(getActivity());
        deviceList.setAdapter(adapter);
        // 设置刷新进度条颜色
        deviceRefresh.setColorSchemeResources(android.R.color.holo_
green_dark, android.R.color.holo_blue_dark, android.R.color.holo_
orange_dark);
```

```
        // 设置下拉刷新事件
        deviceRefresh.setOnRefreshListener(new SwipeRefreshLayout.
OnRefreshListener() {
            @Override
            public void onRefresh() {
                // 网络请求
                refreshData(deviceRefresh);
            }
        });
    }
```

RecyclerView 设置布局管理器通过 setLayoutManager() 方法实现，需要传入一个 LayoutManager 参数，此外，我们将其设置为 LinearLayoutManager。LinearLayoutManager 有 3 种构造方法，这里我们只使用一个 Context 类型参数的构造器，LinearLayoutManager 默认为方向为竖直方向。

接下来我们设置 Adapter，首先要创建一个继承自 RecyclerView.Adapter 的 DeviceAdapter（也需要 Context 类型的构造方法）；然后通过 setAdapter() 方法将其设置给 RecyclerView。然后，设置 SwipeRefreshLayout 进度条颜色，这里通过传入资源 id 设置 3 种颜色。setOnRefreshListener() 方法可用于设置下拉刷新监听，但需要重写 onRefresh() 方法，我们在 onRefresh() 方法中可进行网络请求。传入 SwipeRefreshLayout 对象的目的是方便在网络请求结束时，通过 setRefreshing（false）方法关闭进度条。

步骤三：构建 DeviceAdapter。

① 创建 DeviceAdapter 继承 RecyclerView.Adapter<RecyclerView.ViewHolder>。

RecyclerView.Adapter 是一个抽象泛型类，泛型参数是 ViewHolder 类型。ViewHolder 是用于优化 ListView 策略的一种方案，保证在滑动时不会重复创建对象，减少内存消耗和屏幕渲染处理。RecyclerView 标准化了 ViewHolder，内部实现了回收机制，无需考虑 View 的复用情况。当然，ViewHolder 既可以是自定义的，也可以是 RecyclerView 自带的。

如果传入的是 RecyclerView.ViewHolder，该如何使用呢？我们接下来对其进行介绍，代码路径如下：

【代码 5-18】 DeviceAdapter.java

```
public class DeviceAdapter extends RecyclerView.Adapter<RecyclerView.
ViewHolder> {
    @Override
    public RecyclerView.ViewHolder onCreateViewHolder(ViewGroup
parent, int viewType) {
        return null;
    }
    @Override
    public void onBindViewHolder(RecyclerView.ViewHolder holder,
int position) {
    }
    @Override
    public int getItemCount() {
        return 0;
```

```
        }
    }
```

继承 RecyclerView.Adapter 需要采用以下几个方法。

- onCreateViewHolder()：负责为 Item 创建视图，被 LayoutManager 调用。
- onBindViewHolder()：负责将数据绑定到 Item 的视图上。
- getItemCount()：获取 Item 的数量。

我们可以发现，onCreateViewHolder() 方法返回的类型是 RecyclerView.ViewHolder，onBindViewHolder() 方法内置的参数也是 RecyclerView.ViewHolder，正好对应 Recycler View.Adapter 传入的参数类型。

② 在 onCreateViewHolder() 中创建 Item 视图。Item 效果如图 5-7 所示。

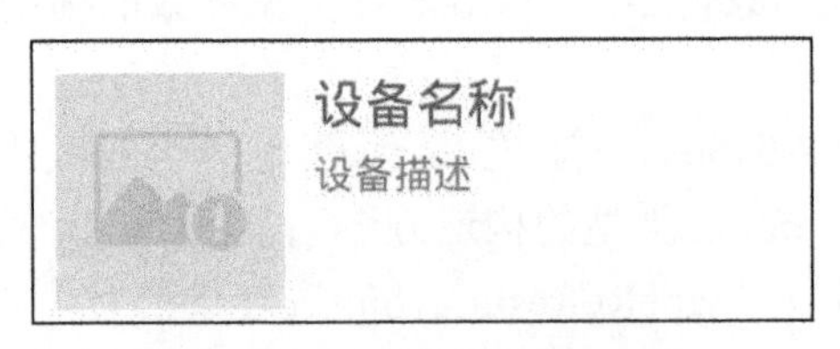

图5-7　设备列表Item效果

图 5-7 所示的子视图分为左右两部分，左边是设备图片，右边是设备名称和设备描述，设备描述文字较多，我们可将其设置为最多显示三行，超出部分显示省略号，代码路径如下：

【代码 5-19】 adapter_device_item.xml

```
<?xml version="1.0" encoding="utf-8"?>
<LinearLayout xmlns:android="http://schemas.android.com/apk/res/
android"
    android:layout_width="match_parent"
    android:layout_height="wrap_content"
    android:layout_marginTop="2dp"
    android:background="@color/white"
    android:gravity="center_vertical"
    android:orientation="horizontal"
    android:padding="10dp">
<ImageView
        android:id="@+id/equipment_image"
        android:layout_width="80dp"
        android:layout_height="80dp"
        android:scaleType="centerCrop"
        android:src="@mipmap/little_image_error" />
<LinearLayout
        android:layout_width="match_parent"
        android:layout_height="match_parent"
        android:orientation="vertical"
        android:paddingLeft="10dp">
<TextView
            android:id="@+id/equipment_name"
```

```
            android:layout_width="wrap_content"
            android:layout_height="wrap_content"
            android:paddingBottom="5dp"
            android:text=" 设备名称 "
            android:textSize="18sp" />
<TextView
            android:id="@+id/equipment_decribe"
            android:layout_width="wrap_content"
            android:layout_height="wrap_content"
            android:ellipsize="end"
            android:lines="3"
            android:text=" 设备描述 "
            android:paddingRight="5dp"
            android:textColor="#999999"
            android:textSize="14sp" />
</LinearLayout>
</LinearLayout>
```

由于RecyclerView没有分割线，所以我们采用一种背景视差法，通过将列表大背景设置成浅灰色，将子视图背景色设置为白色，并且设置android:layout_marginTop="2dp"，形成视差分割线效果。当然，更灵活的方式是使用RecyclerView提供的ItemDecoration自定义分割线。

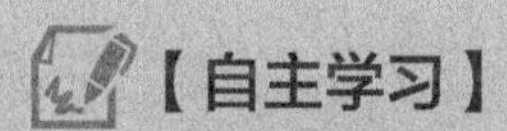

请查阅资料，使用ItemDecoration自定义设备列表分割线效果。

③ 在onCreateViewHolder()中加载布局文件，代码路径如下：

【代码 5-20】 DeviceAdapter.java

```
    @Override
    public RecyclerView.ViewHolder onCreateViewHolder(ViewGroup
parent, int viewType) {
        View view = LayoutInflater.from(mContext).inflate(R.layout.
adapter_device_item, parent,false);
            return null;
    }
```

我们使用ButterKnife绑定控件，勾选Create ViewHolder，确认之后，ViewHodler会自动生成，如图5-8所示，其代码路径如下：

【代码 5-21】 DeviceAdapter.java

```
static class ViewHolder {
        @BindView(R.id.equipment_image)
        ImageView equipmentImage;
        @BindView(R.id.equipment_name)
        TextView equipmentName;
        @BindView(R.id.equipment_decribe)
        TextView equipmentDecribe;
```

```
        ViewHolder(View view) {
            ButterKnife.bind(this, view);
        }
    }
```

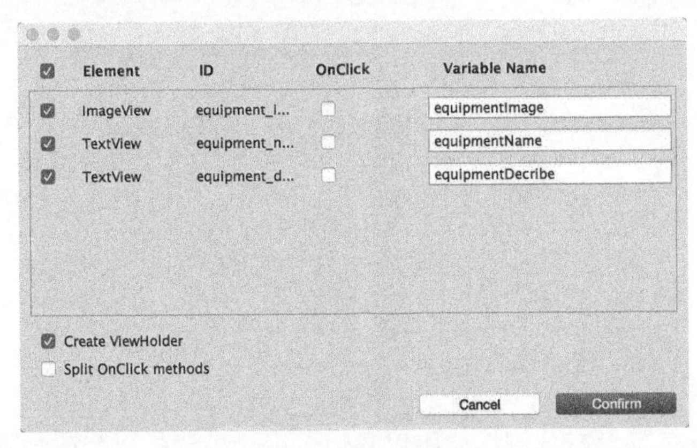

图5-8　Zelezny界面

【注意】

这里的ViewHolder需要继承RecyclerView.ViewHolder。我们需要添加"super(itemView)"语句，否则会报错，代码路径如下：

【代码 5-22】 DeviceAdapter.java

```
class ViewHolder extends RecyclerView.ViewHolder {
        @BindView(R.id.equipment_image)
        ImageView equipmentImage;
        @BindView(R.id.equipment_name)
        TextView equipmentName;
        @BindView(R.id.equipment_decribe)
        TextView equipmentDecribe;
        public ItemViewHolder(View itemView) {
            super(itemView);
            ButterKnife.bind(this, itemView);
        }
    }
```

创建好ViewHolder之后，我们需要在onCreateViewHolder()方法中返回，代码路径如下：

【代码 5-23】 DeviceAdapter.java

```
    @Override
    public RecyclerView.ViewHolder onCreateViewHolder(ViewGroup
parent, int viewType) {
        View view = LayoutInflater.from(mContext).inflate(R.layout.
adapter_device_item, parent, false);
        return new ViewHolder(view);
```

```
    }
```

④ 在 onBindViewHolder() 中将数据与页面视图绑定。

我们首先需要了解数据源的概念和获取方式。

数据源其实就是后台返回的数据，以集合的形式表现，我们提供给外部一个 setList() 方法初始化集合，代码路径如下：

【代码 5-24】 DeviceAdapter.java

```
private ArrayList<DeviceBean> list = new ArrayList<>();
    // 数据源
    public void setList(ArrayList<DeviceBean> dataList) {
    list = dataList;
        // 更新列表数据
    notifyDataSetChanged();
}
```

获取数据源之后，我们就可以进行数据与控件的绑定了，代码路径如下：

【代码 5-25】 DeviceAdapter.java

```
@Override
     public void onBindViewHolder(RecyclerView.ViewHolder holder,
final int position) {
         final DeviceBean data = list.get(position);
         if (list != null && list.size() > 0) {
          String url = MyService.HEAD_IMG + data.getDeviceimg();
Glide.with(mContext).load(url).placeholder(R.mipmap.little_
image_error).error(R.mipmap.little_image_error).into(((ViewHolder)
holder).equipmentImage);
              ((ViewHolder) holder).equipmentName.setText(data.
getTitle());
              ((ViewHolder) holder).equipmentDecribe.setText(data.
getDescription());
         }
     }
```

我们可根据 position 获取集合里对应位置的数据，DeviceBean 是设备实体，如果返回的集合数据不为空，则将每一项数据赋值给对应控件，实现数据与控件的绑定，本例中绑定了设备图片、设备名称、设备描述；图片加载使用 Glide 框架，需要传入一个 Context 类型参数，该 mContext 是通过 DeviceAdapter 构造方法传递进来的，代码如下：

【代码 5-26】 DeviceAdapter.java

```
private Context mContext;
    public DeviceAdapter(Context context) {
        mContext = context;
    }
```

至此，我们已经实现了两种必须实现的方法，还有一种 getItemCount() 方法没有实现。getItemCount() 方法决定 Item 的数量，此处指 List 集合的大小，代码路径如下：

【代码 5-27】 DeviceAdapter.java

```
    @Override
```

```
    public int getItemCount() {
        return list.size();
    }
```

至此，DeviceAdapter 的构建就完成了，接下来我们需要通过网络请求来获取数据源。

步骤四：配置网络请求。

① 使用 Swagger 验证设备列表接口，并定义实体类，如图 5-9 所示。

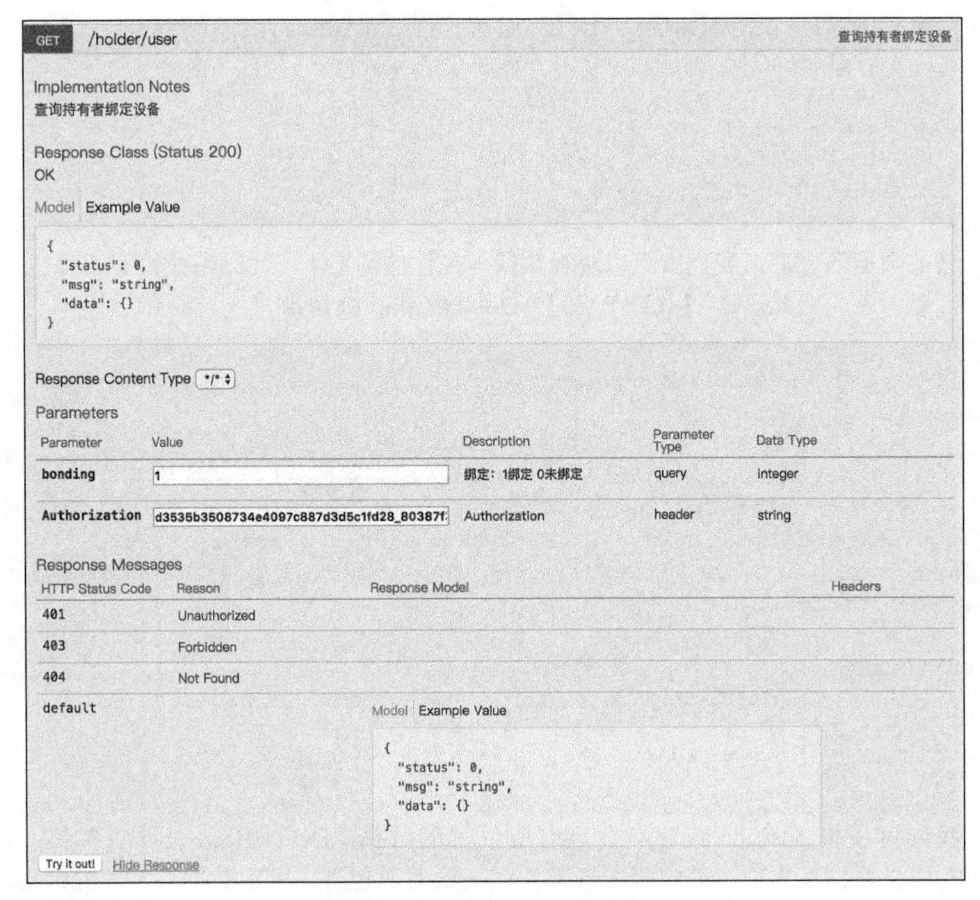

图5-9　Swagger设备列表接口

bonding=1，代表获取用户下所有绑定设备，然后我们单击“try it out”，完成验证，如图 5-10 所示。

根据 Response Body，我们可以构建实体类 DeviceBean，代码路径如下：

【代码 5-28】 DeviceBean.java

```
public class DeviceBean implements Serializable {
    @SerializedName("id")
    private String id; // 设备 id
    @SerializedName("title")
    private String title;// 设备名称
    @SerializedName("status")
```

```
    private int status;// 设备状态
    @SerializedName("deviceimg")
    private String deviceimg;// 设备图片
    @SerializedName("description")
    private String description;// 设备描述
    // 省略 getter setter 方法
}
```

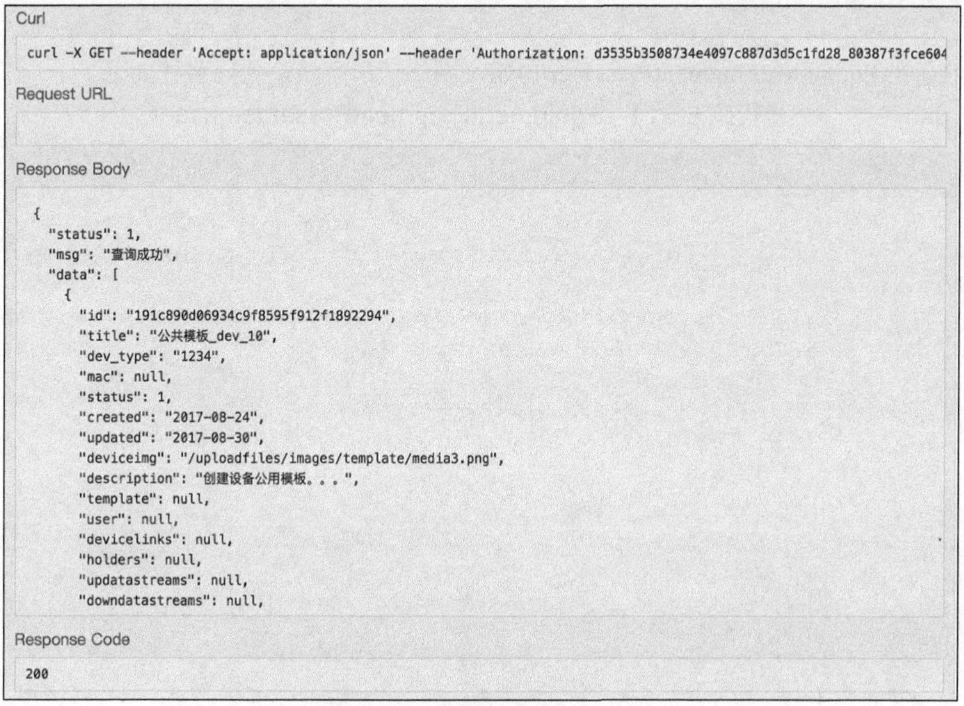

Curl

```
curl -X GET --header 'Accept: application/json' --header 'Authorization: d3535b3508734e4097c887d3d5c1fd28_80387f3fce604
```

Request URL

Response Body


```
{
  "status": 1,
  "msg": "查询成功",
  "data": [
    {
      "id": "191c890d06934c9f8595f912f1892294",
      "title": "公共模板_dev_10",
      "dev_type": "1234",
      "mac": null,
      "status": 1,
      "created": "2017-08-24",
      "updated": "2017-08-30",
      "deviceimg": "/uploadfiles/images/template/media3.png",
      "description": "创建设备公用模板。。。",
      "template": null,
      "user": null,
      "devicelinks": null,
      "holders": null,
      "updatastreams": null,
      "downdatastreams": null,
```


Response Code

200

图5-10 获取Response Body

② 在 MyService 中描述网络请求方法，配置网络请求类型和参数，代码路径如下：

【代码 5-29】 MyService.java

```
    /**
     * 获取设备列表
     * @param bonding 1 代表全部绑定的
     * @param authorization token
     * @return
     */
    @GET("holder/user")
Observable<ResultBase<ArrayList<DeviceBean>>> getDeviceList(
@Query("bonding") int bonding,
@Header("Authorization") String authorization);
```

由于服务器返回的数据以集合的形式出现，所以这里我们需要使用 ArrayList 包裹 DeviceBean。

③ 在 DataManager 中管理网络请求，代码路径如下：

【代码 5-30】 DataManager.java

```
    /**
     * 查询设备 1代表查询所有
     * @return
     */
    public Observable<ResultBase<ArrayList<DeviceBean>>> getDeviceList() {
     return myService.getDeviceList(1, userPreferencesHelper.
getPrefKeyUserToken());
    }
```

④ 在 EquipmentFragmentPresenter 中定义网络请求方法，代码路径如下：

【代码 5-31】 EquipmentFragmentPresenter.java

```
 public class EquipmentFragmentPresenter extends BasePresenter<Equ
ipmentFragmentView> {

       public void getDeviceList(final SwipeRefreshLayout
pullToRefreshLayout) {
         subscribe(datamanager.getDeviceList(), new RequestCallBac
k<ResultBase<ArrayList<DeviceBean>>>() {
             @Override
             public void onCompleted() {
             }
             @Override
 public void onError(Throwable e) {
             }
             @Override
              public void onNext(ResultBase<ArrayList<DeviceBean>>
deviceDataResultBase) {
             }
         });
    }
 }
```

⑤ 在 EquipmentFragment 中发送网络请求，代码路径如下：

【代码 5-32】 EquipmentFragment.java

```
    @Inject
     EquipmentFragmentPresenter presenter;
     /**
      * 发送网络请求
      * @param refreshLayout
      */
     private void refreshData(SwipeRefreshLayout refreshLayout) {
         presenter.getDeviceList(refreshLayout);
     }
```

步骤五：处理网络请求数据，更新 UI。

① 在 EquipmentFragmentView 中定义更新 UI 的回调方法，代码路径如下：

【代码 5-33】 EquipmentFragmentView.java

```
 public interface EquipmentFragmentView extends BaseView {
```

```
    /**
     * 请求成功，数据回调
     * @param bean
     */
    void setData(ArrayList<DeviceBean> bean);
    /**
     * 请求错误进行提示
     * @param msg
     */
    void showMessage(String msg);
    /**
     * token 失效
     * @param msg
     */
    void tokenOut(String msg);
}
```

②在 EquipmentFragmentPresenter 中根据不同的请求状态回调不同更新 UI 的方法，代码路径如下：

【代码 5-34】 EquipmentFragmentPresenter.java

```
//请求完成
@Override
            public void onCompleted() {
                //停止刷新
                pullToRefreshLayout.setRefreshing(false);
}
//请求错误
            @Override
public void onError(Throwable e) {
pullToRefreshLayout.setRefreshing(false);
                getView().showMessage(e.getMessage());
}
//请求成功
            @Override
             public void onNext(ResultBase<ArrayList<DeviceBean>>
deviceDataResultBase) {
               //请求成功
               if ("1".equals(deviceDataResultBase.getStatus())) {
                   getView().setData(deviceDataResultBase.
getData());
               //token 失效
                 } else if ("-100".equals(deviceDataResultBase.
getStatus())) {
                   helper.clear();
                   getView().tokenOut(deviceDataResultBase.
getMsg());
                   //请求失败
                 } else if ("0".equals(deviceDataResultBase.
getStatus())) {
```

```
                    getView().showMessage(deviceDataResultBase.
getMsg());
                }
    }
```

③ 在 EquipmentFragment 中更新 UI，代码路径如下：

【代码 5-35】 EquipmentFragment.java

```
    /**
     * 显示列表
     * @param data
     */
    @Override
    public void setData(ArrayList<DeviceBean> data) {
    // 如果无数据，设置 TextView 显示
        if (data == null || data.size() == 0) {
            nodata.setVisibility(View.VISIBLE);
    nodata.setText(" 暂无设备哦 ~，马上去绑定吧 ");
    // 否则，将数据传递给 DeviceAdapter，显示列表，隐藏 TextView
        } else {
            adapter.setList(data);
            nodata.setVisibility(View.GONE);
        }
    }
    // 网络请求失败
    //token 过期
```

此处我们重点介绍 setData(ArrayList<DeviceBean> data) 这个方法，该方法是网络请求成功时回调的方法，data 为后台返回的设备集合，当集合为空时，提示用户没有绑定的设备；否则，将设备集合通过 setList() 方法传递给 DeviceAdapter 作为数据源。

步骤六：自动刷新。

通常“扫一扫”添加设备成功之后，“扫一扫”页面会关闭，直接进入设备列表，这时候设备列表依然是空白的，我们需要手动下拉刷新，才能查看添加的设备。但这样用户会很容易认为没有添加成功，所以，我们需要设置进入页面自动刷新。

① 在 EquipmentFragment 中定义自动刷新方法 autoRefreshing()，代码如下：

【代码 5-36】 EquipmentFragment.java

```
    private void autoRefreshing() {
        deviceRefresh.setRefreshing(true);
        refreshData(deviceRefresh);
    }
```

② 在 onResume() 方法中调用 autoRefreshing() 方法，代码如下：

【代码 5-37】 EquipmentFragment.java

```
    @Override
    public void onResume() {
        super.onResume();
        autoRefreshing();
    }
```

onResume() 方法在该 activity 与用户交互时执行，用户可以获得 activity 的焦点。在此，我们调用 autoRefreshing() 方法，设置刷新控件自动开始刷新，执行网络请求，获取设备列表。这样，设备添加成功之后，会自动刷新设备列表，用户体验即会得到相应提高。

5.1.3 任务回顾

知识点总结

本章主要涉及的知识点如下所述。

1. Zxing 框架简介、基本使用。
2. 集成第三方 Android-zxingLibrary。
3. android-zxingLibrary 的基本使用，包括自定义扫描框、开启 / 关闭闪光灯、从相册选择图像识别。
4. RecyclerView 配置、LayoutManager、RecyclerView.Adapter。
5. SwipeRefreshLayout 配置与刷新。
6. 使用 Glide 加载设备图片。

学习足迹

图 5-11 所示为任务一的学习足迹。

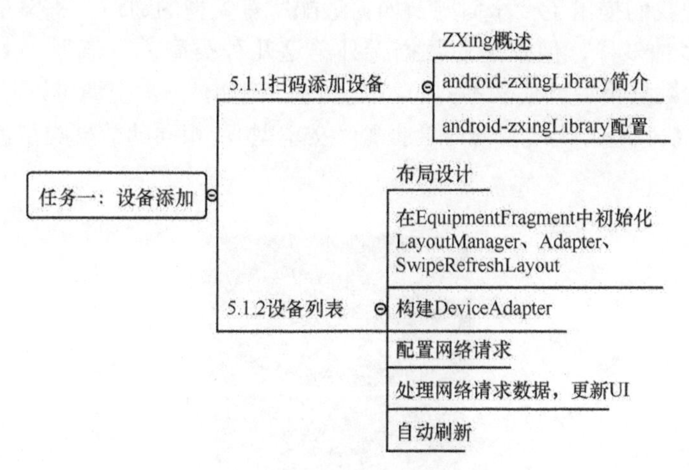

图5-11 任务一学习足迹

思考与练习

1. 简要介绍一下 Zxing 框架中与 Android 相关的核心内容。
2. Android-zxingLibrary 中实现扫描框定制化的类是？
3. RecyclerView 存在于哪个包中？

4. RecyclerView 的 LayoutManager 分别为哪几个？

5. RecyclerView 和 listView 相比有什么不同？

6. 继承 RecyclerView.Adapter 必须实现哪些函数，作用是什么？

7. 介绍一下 SwipeRefreshLayout 的主要方法。

8. 编程题：使用 RecyclerView 和 SwipeRefreshLayout 控件，模拟刷新加载 20 条数据，RecyclerView 布局管理器可以使用（GridLayoutManager、StaggeredGridLayoutManager）。

5.2 任务二：设备详情

【任务描述】

通过设备列表，用户可以直观地看到自己绑定了哪些设备，但无法了解更多设备详情。例如设备的状态、设备的功能（这里我们称作通道）。一个设备可能有很多通道，例如：可以设置数值（数值型）、可以发送一条消息（文本型）、可以控制开关（布尔型）、甚至可以四处流动，上传 GPS 信息（GPS 型）。接下来我们将介绍如何在一个详情页适配所有的通道，又实现对设备的控制。

5.2.1 设备详情

任务描述中我们提出了一个问题：如何适配所有类型的通道。答案是：从数据入手，设备功能虽然多种多样，但发送的数据无外乎这几种类型：数值型、文本型、布尔型、GPS 型。不同的数据类型就代表不同的功能形态。例如，一个空调可以开、关（布尔型），可以调节温度（数值型），出现故障时会报警（文本型）。相同的数据类型拥有相同的布局，如图 5-12 所示。

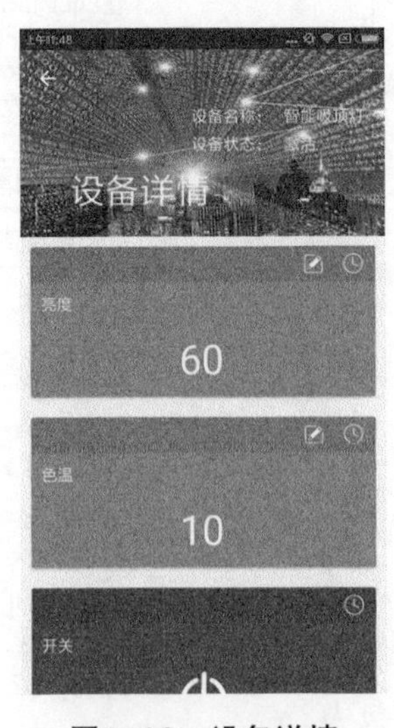

图5-12 设备详情

在数据分类的基础上，为了更好地管理设备产生的海量数据，我们将数据传输的方向也进行了分类：将控制设备作为向下通道，将设备上传数据作为向上通道。举例而言，一个开关功能包含了两种通道，用户控制开关是向下通道，向设备发送指令；设备上传数据是向上通道，显示开关状态。

项目中设备通道采用多类型列表展示，涵盖了 4 种类型。本次任务我们选取相对简单的开关类型进行详述，其他类型的原理和流程与开关类型相同。

步骤一：布局设计。

设备测试详情如图 5-13 所示。

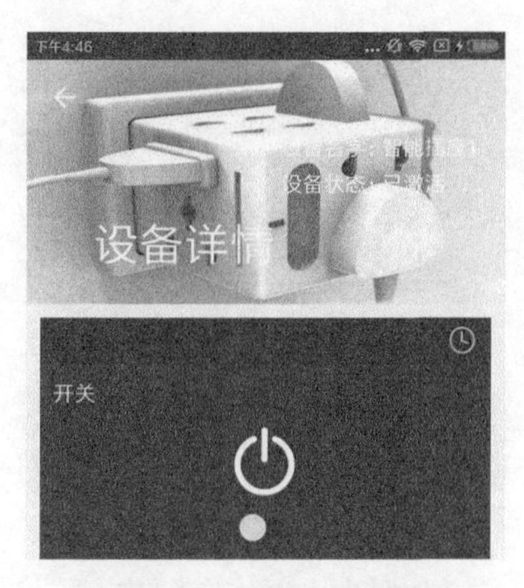

图5-13 测试设备详情

整个页面看起来十分简单，但布局却十分复杂。复杂主要体现在：页面向上滑动时，会有折叠的效果。整体布局的思路如下：整体分为上下两部分，上半部分展示设备图片、名称、状态，下半部分展示通道数据。

设计代码路径如下：

【代码 5-38】 activity_equipment_details.xml

```
<?xml version="1.0" encoding="utf-8"?>
<android.support.design.widget.CoordinatorLayout
xmlns:android="http://schemas.android.com/apk/res/android"
    xmlns:app="http://schemas.android.com/apk/res-auto"
    android:id="@+id/coordinatorLayout"
    android:layout_width="match_parent"
    android:layout_height="match_parent"
    android:fitsSystemWindows="true">
<!--AppBarLayout-->
<android.support.design.widget.AppBarLayout
        android:id="@+id/appBarLayout"
        android:layout_width="match_parent"
        android:layout_height="wrap_content"
        android:fitsSystemWindows="true"
        android:theme="@style/ThemeOverlay.AppCompat.Dark.ActionBar">
<!--CollapsingToolbarLayout-->
```

```
<android.support.design.widget.CollapsingToolbarLayout
            android:id="@+id/collapsing_toolbar"
            android:layout_width="match_parent"
            android:layout_height="wrap_content"
            android:fitsSystemWindows="true"
            app:contentScrim="?attr/colorPrimary"
            app:expandedTitleMarginEnd="70dp"
            app:expandedTitleMarginStart="50dp"
            app:layout_scrollFlags="scroll|exitUntilCollapsed">
<!-- 设备图片占据部分 -->
<RelativeLayout
                android:layout_width="match_parent"
                android:layout_height="200dp"
                android:background="@color/app_bg"
                android:fitsSystemWindows="true"
                android:orientation="horizontal"
                app:layout_collapseMode="parallax">
<ImageView
                    android:id="@+id/device_img"
                    android:layout_width="match_parent"
                    android:layout_height="match_parent"
                    android:scaleType="fitXY" />
<!-- 设备名称及状态 -->
<LinearLayout
                    android:layout_width="wrap_content"
                    android:layout_height="match_parent"
                    android:layout_alignParentRight="true"
                    android:gravity="center|left"
                    android:orientation="vertical"
                    android:paddingRight="20dp">
<TextView
                        android:id="@+id/device_name"
                        android:layout_width="wrap_content"
                        android:layout_height="wrap_content"
                        android:text="设备名称：测试灯"
                        android:textColor="#ffffff"
                        android:textSize="16sp" />
<TextView
                        android:id="@+id/device_state"
                        android:layout_width="wrap_content"
                        android:layout_height="wrap_content"
                        android:paddingBottom="5dp"
                        android:paddingTop="5dp"
                        android:text="设备状态：已激活"
                        android:textColor="#ffffff"
                        android:textSize="16sp" />
</LinearLayout>
</RelativeLayout>
<!--Toolbar 标题栏 -->
```

```
    <android.support.v7.widget.Toolbar
                    android:id="@+id/toolbar"
                    android:layout_width="match_parent"
                    android:layout_height="?attr/actionBarSize"
                    app:layout_collapseMode="pin"
                     app:popupTheme="@style/ThemeOverlay.AppCompat.
Light" />
    </android.support.design.widget.CollapsingToolbarLayout>
    </android.support.design.widget.AppBarLayout>
    <!-- 通道详情页 -->
    <include layout="@layout/details_item" />
    </android.support.design.widget.CoordinatorLayout>
```

下半部分布局是使用 include 标签引入的，详细代码路径如下：

【代码 5-39】 details_item.xml

```
    <?xml version="1.0" encoding="utf-8"?>
    <android.support.v4.widget.SwipeRefreshLayout
        android:id="@+id/swipeRefreshLayout"
        android:layout_width="match_parent"
        android:layout_height="match_parent"
        app:layout_behavior="@string/appbar_scrolling_view_behavior"
        xmlns:android="http://schemas.android.com/apk/res/android"
        xmlns:app="http://schemas.android.com/apk/res-auto">
    <!--NestedScrollView-->
    <android.support.v4.widget.NestedScrollView
              android:layout_width="match_parent"
              android:layout_height="match_parent">
    <LinearLayout
                    android:layout_marginTop="10dp"
                    android:layout_width="match_parent"
                    android:layout_height="100dp"
                    android:layout_margin="10dp"
                    android:background="@mipmap/a"
                    android:gravity="center"
                    android:orientation="vertical">
    <RelativeLayout
                        android:layout_width="match_parent"
                        android:layout_height="wrap_content"
                        android:background="#20000000">
    <ImageView
                            android:id="@+id/value_look_more"
                            android:layout_width="wrap_content"
                            android:layout_height="wrap_content"
                            android:layout_alignParentRight="true"
                            android:layout_centerVertical="true"
                            android:paddingBottom="5dp"
                            android:paddingLeft="10dp"
                            android:paddingRight="10dp"
                            android:paddingTop="5dp"
```

```
                        android:src="@mipmap/history" />
    </RelativeLayout>
    <TextView
                    android:id="@+id/title"
                    android:layout_width="wrap_content"
                    android:layout_height="wrap_content"
                    android:layout_gravity="start"
                    android:padding="10dp"
                    android:text=" 开关通道 "
                    android:textColor="#ffffff"
                    android:textSize="16sp" />
    <ImageView
                    android:id="@+id/switch_img"
                    android:layout_width="wrap_content"
                    android:layout_height="wrap_content"
                    android:layout_marginBottom="10dp"
                    android:paddingLeft="10dp"
                    android:paddingRight="10dp"
                    android:paddingTop="5dp"
                    android:src="@mipmap/off" />
    <Switch
                    android:id="@+id/switchs"
                    android:layout_width="wrap_content"
                    android:layout_height="wrap_content"
                    android:layout_marginBottom="10dp"
                    android:checked="false"
                    android:textOff=" 关闭 "
                    android:textOn=" 开启 " />
    </LinearLayout>
    </android.support.v4.widget.NestedScrollView>
    </android.support.v4.widget.SwipeRefreshLayout>
```

下半部分是可刷新可滚动的布局，包括通道名称、通道状态、控制按钮、历史数据入口。如图 5-14 所示。

图5-14　通道详情

CoordinatorLayout、AppBarLayout、CollapsingToolbarLayout、Toolbar、NestedScrollView 都是 Android 5.0 推出的 Material design 风格控件，可以用于打造各种效果，但对于版本的要求也较高，对 5.0 以上的系统效果体验比较好。

CoordinatorLayout：位于 android.support.design 库中，我们通常把 CoordinatorLayout 作为顶层布局来协调其子布局之间的动画效果。CoordinatorLayout 通过设置子 View 的 Behaviors 来调度子 View，使两个互相关联的 view 之间高度解耦。本项目中将 Behaviors 设置给了 SwipeRefreshLayout，也就是下半部分通道的根布局。

```
    app:layout_behavior="@string/appbar_scrolling_view_behavior"
```

AppBarLayout：位于 android.support.design 库中，继承自 LinearLayout，布局方向为垂直方向，所以，其可被当作垂直布局的 LinearLayout 来使用。当 CoordinatorLayout 发生滚动手势的时候，AppBarLayout 的子 View（CollapsingToolbarLayout）通过在布局中设置 app:layout_scrollFlags 属性，来触发相应的滚动。我们在 CollapsingToolbarLayout 中设置了 layout_scrollFlags。

```
    app:layout_scrollFlags="scroll|exitUntilCollapsed"
```

AppBarLayout 可以用于协调其子 view（CollapsingToolbarLayout），使其随着其他兄弟 view（通道详情 view）在发生滚动的时候发生相应滚动（例如布局上半部分和下半部分一起滚动）。

app:layout_scrollFlags 属性有 4 个枚举值。

① Scroll: 所有想滚动出屏幕的 view 都需要设置这个 flag，没有设置这个 flag 的 view 将被固定在屏幕顶部。

② enterAlways: 设置这个 flag 时，向下的滚动都会导致该 view 变为可见，启用快速“返回模式”。

③ enterAlwaysCollapsed: 当你的视图已经设置 minHeight 属性又使用此标志时，你的视图只能以最小高度进入，只有当滚动视图到达顶部时才扩大到完整高度。

④ exitUntilCollapsed: 滚动退出屏幕，最后折叠在顶端。

CollapsingToolbarLayout：位于 android.support.design 库中，主要用于实现折叠效果。它需要放在 AppBarLayout 布局里面，并且作为 AppBarLayout 的直接子 view。它继承至 FrameLayout，给它设置 layout_scrollFlags，它可以控制 CollapsingToolbarLayout 中的控件在响应 layout_behavior 事件时进行相应的 scrollFlags 滚动事件（通过给 CollapsingToolbarLayout 的子 view 设置 app:layout_collapseMode 属性）。

CollapsingToolbarLayout 的子 View 中通过设置 layout_collapseMode 属性来响应折叠模式，该属性有两个枚举值。

①“pin”：固定模式，在折叠的时候最后固定在顶端。

②“parallax”：视差模式，在折叠的时候会有视差折叠的效果。

这里我们给 Relativelayout 和 Toolbar 都设置了 layout_collapseMode 属性，代码路径如下：

【代码 5-40】 activity_equipment_details.xml

```
<RelativeLayout
            ……
        app:layout_collapseMode="parallax"/>
<android.support.v7.widget.Toolbar
            ……
                app:layout_collapseMode="pin"/>
```

CollapsingToolbarLayout 的几个常用属性如下。

① app:collapsedTitleTextAppearance 用于在收缩时设置 Title 文字外形。

② app:expandedTitleTextAppearance 用于在展开时设置 Title 文字外形

③ app:contentScrim 用于在标题文字停留在顶部时候设置背景。

④ app:expandedTitleMarginStart 用于在展开时设置 title 向左填充的距离。

⑤ app:expandedTitleMarginEnd 用于在收缩时设置 Title 向左填充的距离。

ToolBar：谷歌新推出的代替 ActionBar 的一个标题栏控件，能将背景拓展到状态栏，依赖于 support v7，使用之前需要把 style 中继承的主题改为 NoActionBar，代码路径如下：

【代码 5-41】 styles.xml

```
<!-- Base application theme. -->
<style name="AppTheme" parent="Theme.AppCompat.Light.NoActionBar">
<!-- Customize your theme here. -->
<item name="colorPrimary">@color/colorPrimary</item>
<item name="colorPrimaryDark">@color/colorPrimaryDark</item>
<item name="colorAccent">#5DC9D3</item>
<item name="windowActionBar">false</item>
<item name="android:windowNoTitle">true</item>
</style>
```

Toolbar 也可以用于设置“标题”“副标题”“Logo”“NavigationIcon”以及“Menu 菜单”，也可以自定义布局，效果如图 5-15 所示。

图5-15　Toolbar元素

项目中 CollapsingToolbarLayout 作为 Toolbar 的父布局容器，折叠时 CollapsingToolbarLayout 设置的标题会滑动到 Toolbar 的位置，效果如图 5-16 所示。

图5-16　ToolBar效果

【做一做】

Toolbar 已替代了 ActionBar 出现在大众的视野，使用极其广泛，请结合上文所讲内容，为 Toolbar 设置“标题”“副标题”“Logo”“NavigationIcon”以及“Menu 菜单”自定义布局。

NestedScrollView：存在于新版的 support-v4 兼容包里，和普通的 ScrollView 并没有多大的区别，它是 Meterial Design 中设计的一个控件，目的是跟 Meterial Design 中的其他控件兼容。在 Meterial Design 中，RecyclerView 代替了 ListView，而 NestedScrollView 代替 ScrollView。

NestedScrollView 可以与 AppBarLayout 协调滚动，可以被用作自带 Behavior 的 ScrollView 来使用，但是它并没有继承 ScrollView，而继承了 FrameLayout。

布局中还有一个出现频率较高的属性 fitsSystemWindows：用于实现状态栏（status_bar）各版本适配方案。

① Android5.0 以上：Material Design 风格，半透明（App 的内容不被上拉到状态栏）。

② Android4.4(kitkat) 以上至 5.0：全透明（App 的内容不被上拉到状态）。

③ Android4.4(kitkat) 以下：不占据 status bar。

如果某个 view 的 fitsSystemWindows 设为 true，那么该 view 的 padding 属性将由系统设置，用户在布局文件中设置的 padding 会被忽略。系统会为该 View 设置一个 paddingTop，值为 status bar 的高度。fitsSystemWindows 默认状态为 false。

以下几点需要注意。

① 只有将 statusbar 设为透明，或者界面设为全屏显示（设置 View.SYSTEM_UI_FLAG_LAYOUT_FULLSCREEN flag）时，fitsSystemWindows 才会起作用。

② 一般情况下，如果多个 view 同时设置了 fitsSystemWindows，只有第一个会起作用。

③ 特殊情况下，view 可以对 fitsSystemWindows 进行个性化，例如 CoordinatorLayout 对 fitsSystemWindows 的个性化，CoordinatorLayout 的子控件如果也被设置了 fitsSystemWindows 属性，一样会起作用。

步骤二：加载布局，初始化控件。

① 初始化 toolbar，代码路径如下：

【代码 5-42】 EquipmentDetailsActivity.java

```
  public class EquipmentDetailsActivity extends BaseActivity
<EquipmentDetailsView, EquipmentDetailsPresenter> implements
EquipmentDetailsView {
  //初始化 toolbar
  private void initAppBarLayout() {
  //设置 ActionBar 为 Toolbar
          setSupportActionBar(toolbar);
  //设置返回按钮 NavigationIcon 可见
          getSupportActionBar().setDisplayHomeAsUpEnabled(true);
  //设置返回按钮单击事件
              toolbar.setNavigationOnClickListener(new View.
OnClickListener() {
              @Override
              public void onClick(View v) {
                  finish();
              }
```

```
            });
        }
    }
```

设置 ActionBar 为 Toolbar，设置 NavigationIcon 按钮可见，并设置 NavigationIcon 单击事件。

使用 Toolbar 需要注意以下几个问题。

【注意】

① 必须先调用 setSupportActionBar(mToolbar)。

② getSupportActionBar() 一定要在 setSupportActionBar(Toolbar toolbar) 之后调用。

③ setDisplayHomeAsUpEnabled(true) 是 ActionBar 的方法，用于设置 NavigationIcon 可见。

④ setNavigationOnClickListener() 必须要在 setSupportActionBar() 之后调用才能生效。因为 setSupportActionBar(Toolbar) 会将 Toolbar 转换成 Acitionbar，单击监听也会重新设置。

②初始化刷新控件，设置进度条颜色，设置下拉刷新监听，代码路径如下：

【代码 5-43】 EquipmentDetailsActivity.java

```
 public class EquipmentDetailsActivity extends BaseActivity
<EquipmentDetailsView, EquipmentDetailsPresenter> implements
EquipmentDetailsView {
 //初始化刷新控件
     private void initView()
 { swipeRefreshLayout.setColorSchemeResources(android.R.color.holo_green_
dark, android.R.color.holo_blue_dark, android.R.color.holo_orange_dark);
         //刷新
         swipeRefreshLayout.setOnRefreshListener(new
 SwipeRefreshLayout.OnRefreshListener() {
             @Override
 public void onRefresh() {
 //网络请求
                 refreshData(swipeRefreshLayout);
             }
         });
     }
 }
```

步骤三：配置网络请求。

① 使用Swagger验证设备详情接口，并创建实体类DeviceDatailsBean，如图5-17所示。

输入设备 id 和用户 token，单击 "try it out" 完成验证，如图 5-18 所示。

设备详情的 JSON 比较复杂，通过使用 JSON 可视化工具我们可以清晰地查看层级嵌套关系，效果如图 5-19 所示。

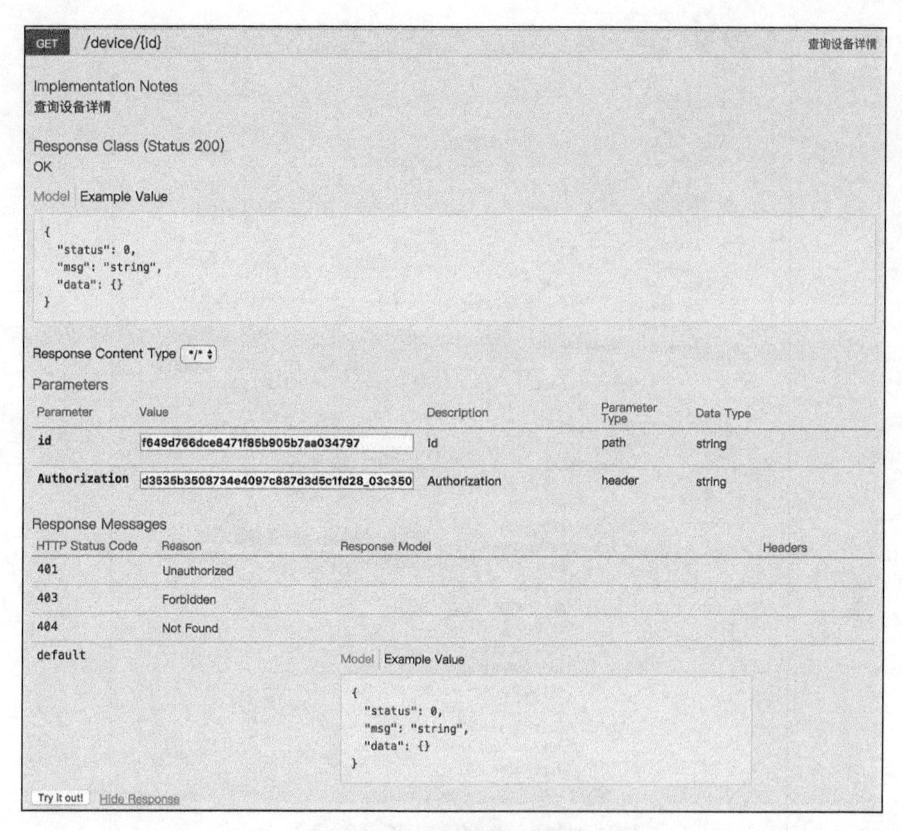

图5-17　验证设备详情

Curl

```
curl -X GET --header 'Accept: application/json' --header 'Authorization: d3535b3508734e4097c887d3d5c1fd28_03c350558b174
```

Request URL

```
http://192.168.14.208:8080/hiot/device/f649d766dce8471f85b905b7aa034797
```

Response Body

```
{
  "status": 1,
  "msg": "查询成功",
  "data": {
    "deviceId": "f649d766dce8471f85b905b7aa034797",
    "title": "智能插座1",
    "dev_type": "1",
    "mac": null,
    "status": 1,
    "created": "2017-12-05",
    "updated": "2017-12-05",
    "deviceimg": "/uploadfiles/images/template/1512440801706.jpg",
    "description": "这是一个智能插座。",
    "updatastreamDataDtoList": [
      {
        "upDataStreamId": "2d4d3069bae041899e6aab297b97856b",
        "title": "开关",
        "data_type": 2,
        "measureunit": null,
        "datastreamlink": {
```

Response Code

```
200
```

图5-18　获取Response Body

```
⊟{
    "status":1,          ① ResultBase
    "msg":"查询成功",
    "data":⊟{            ② DeviceDetailsBean
        "deviceId":"f649d766dce8471f85b905b7aa034797",
        "title":"智能插座1",
        "dev_type":"1",
        "mac":null,
        "status":1,
        "created":"2017-12-05",
        "updated":"2017-12-05",
        "deviceimg":"/uploadfiles/images/template/1512440801706.jpg",
        "description":"这是一个智能插座。",
        "updatastreamDataDtoList":⊟[
            ⊟{                  ③ ArrayList<UpdatastreamDataDtoList>
                "upDataStreamId":"2d4d3069bae041899e6aab297b97856b",
                "title":"开关",
                "data_type":2,
                "measureunit":null,
                "datastreamlink":⊟{ ④ DataStreamlink
                    "id":"f69ce07e7402427eaf0d7d4da54001bf",
                    "title":"开关",
                    "updatastream":null,
                    "downdatastream":⊟{  ⑤ Downdatastream
                        "id":"333145805ea04b4aba356891dbc81af2",
                        "title":"开关",
                        "data_type":2,
                        "device":null,
                        "configunits":null,
                        "configurations":null,
                        "messages":null,
                        "locations":null,
                        "switches":null,
                        "datastreamlink":null,
                        "direction":2
                    }
                },
                "dataList":⊟[   ⑥ ArrayList<DataList>
                    ⊟{
                        "upDataStreamId":"2d4d3069bae041899e6aab297b97856b",
                        "timing":"2017-12-08 15:41:13",
                        "status":1
                    }
                ],
                "direction":1
            }
        ],
        "devicemetadataList":⊞Array[0]
    }                                ⑦ ArrayList<DevicemetadataList>
}
```


图5-19　JSON层级嵌套关系

• ResultBase 类：最外层实体。

• DeviceDetailsBean 类：设备详情实体类，关键字段：title（标题）、status（状态）、deviceimg（图片），代码路径如下：

【代码 5-44】 DeviceDetailsBean.java

```
/**
 * 设备详情
 */
public class DeviceDetailsBean implements Serializable {
    @SerializedName("deviceId")// 设备 id
    private String deviceId;
    @SerializedName("title")// 设备名称
    private String title;
    @SerializedName("status") // 设备状态
```

```
        private String status;
        @SerializedName("deviceimg") // 设备图片
        private String deviceimg;
        @SerializedName("updatastreamDataDtoList")
    private ArrayList<UpdatastreamDataDtoList> updatastreamDataDtoList;
// 通道集合
    //……getter setter
    }
```

• UpdatastreamDataDtoList 类：通道实体类，关键字段：title（通道名称）、data_type（通道类型），“2”表示布尔型，代码路径如下；

【代码 5-45】 UpdatastreamDataDtoList.java

```
    /**
     * 通道实体类
     */
    public class UpdatastreamDataDtoList implements Serializable {
        @SerializedName("upDataStreamId")
        private String upDataStreamId;
        @SerializedName("title")
        private String title;
        @SerializedName("data_type")
        private String data_type;
        @SerializedName("dataList")
        private ArrayList<DataList> dataList;// 开关类型实体
        @SerializedName("datastreamlink")
    private Datastreamlink datastreamlink;// 通道关联
    //……getter setter
    }
```

• DataStreamlink 类：双向通道关联实体类，当为双向通道时，实体类如下例代码所示，当为单向通道时，DataStreamlink 为 null 代码路径如下：

【代码 5-46】 Datastreamlink.java

```
    /**
     * 双向通道关联实体
     */
    public class Datastreamlink implements Serializable {
        @SerializedName("id")
        private String id;
        @SerializedName("title")
        private String title;
        @SerializedName("updatastream")
        private String updatastream;
        @SerializedName("downdatastream")
    private Downdatastream downdatastream;
    //……getter setter
    }
```

• Downdatastream 类：向下通道实体类，关键字段：id（向下通道 id，用于向设备发送指令）和 data_type（向下通道类型）。当 DataStreamlink 为 null 时，Downdatastream

不存在，代码路径如下：

【代码 5-47】 Downdatastream.java

```
/**
 * 向下通道实体
 */
public class Downdatastream implements Serializable {
    @SerializedName("id")
    private String id;
    @SerializedName("title")
    private String title;
    @SerializedName("data_type")
    private String data_type;
@SerializedName("device")
//……getter setter
}
```

• DataList 类：向上通道数据实体类，不同数据类型对应不同的实体，本次以布尔型为例。关键字段：status 表示开关通道的状态，1 表示开、0 表示关，代码路径如下：

【代码 5-48】 DataList.java

```
/**
 * 开关通道数据
 */
public class DataList implements Serializable {
    @SerializedName("upDataStreamId")
    private String upDataStreamId;
    @SerializedName("timing")
    private String timing;
    @SerializedName("status")
private int status;
//……getter setter
}
```

• DevicemetadataList 类：设备元数据实体，本详情页面不展示，可忽略。

了解实体类的层级嵌套关系以及关键字段，有助于帮助我们设置后续页面的展示。

② 在 MyService 中描述网络请求，配置网络请求类型和参数，代码路径如下：

【代码 5-49】 MyService.java

```
    /**
      * 设备详情
      * @param id 设备 ID
      * @param authorization token
      * @return
      */
     @GET("device/{id}")
     Observable<ResultBase<DeviceDetailsBean>> getDeviceDetails(@Path
("id") String id, @Header("Authorization") String authorization);
```

③ 在 DataManager 中管理网络请求，代码路径如下：

【代码 5-50】 DataManager.java

```
        /**
        * 设备详情
        * @param id
        * @return
        */
         public Observable<ResultBase<DeviceDetailsBean>>
getDeviceDetails(String id) {
         return myService.getDeviceDetails(id,userPreferencesHelper.
getPrefKeyUserToken());
      }
```

④ 在 EquipmentDetailsPresenter 中配置网络请求方法，代码路径如下：

【代码 5-51】 EquipmentDetailsPresenter.java

```
  public class EquipmentDetailsPresenter extends BasePresenter<Equi
pmentDetailsView> {
      public void getDeviceDetails(String id,final SwipeRefreshLayout
swipeRefreshLayout) {
          subscribe(dataManager.getDeviceDetails(id), new RequestCa
llBack<ResultBase<DeviceDetailsBean>>() {
              @Override
              public void onCompleted() {
                  swipeRefreshLayout.setRefreshing(false);
              }
              @Override
  public void onError(Throwable e) {
  swipeRefreshLayout.setRefreshing(false);
             }
              @Override
              public  void  onNext(ResultBase<DeviceDetailsBean>
detailsResultBase) {
              }
          });
      }
  }
```

⑤ 在 EquipmentDetailsActivity 中发送网络请求，代码路径如下：

【代码 5-52】 EquipmentDetailsActivity.java

```
     private static final String ID = "f649d766dce8471f85b905b7aa034797";
  //……
     private void refreshData(SwipeRefreshLayout swipeRefreshLayout)
{
         if (NetUtils.isConnected(this)) {
            presenter.getDeviceDetails(ID, swipeRefreshLayout);
         } else {
           Toast.makeText(this, "网络连接失败，请检查网络设置", Toast.
LENGTH_SHORT).show();
         }
      }
```

在实际项目中，设备详情需要根据设备ID进行请求，通常我们单单击设备列表某一项将设备ID在跳转时通过intent.putExtra()传递到设备详情页，详情页通过“getIntent().getSerializableExtra(“”)”获取ID，再进行网络请求。

步骤四：处理网络请求数据，更新UI。

①在EquipmentDetailsView接口中配置更新UI的回调方法，代码路径如下：

【代码5-53】 EquipmentDetailsView.java

```
public interface EquipmentDetailsView extends BaseView {
    //数据处理
    void setData(DeviceDetailsBean bean);
    //token过期处理
    void tokenOut(String msg);
    //错误处理
    void showMessage(String msg);
}
```

② 在EquipmentDetailsPresenter中根据不同的请求状态回调不同的更新UI的方法，代码路径如下：

【代码5-54】 EquipmentDetailsPresenter.java

```
    @Override
    public void onError(Throwable e) {
        pullToRefreshLayout.setRefreshing(false);
     //请求失败，提示用户
       getView().showMessage(e.getMessage());
    }
    @Override
      public void onNext(ResultBase<ArrayList<DeviceBean>>
deviceDataResultBase) {
        //请求成功
        if ("1".equals(deviceDataResultBase.getStatus())) {
          //展示页面数据
           getView().setData(deviceDataResultBase.getData());
           //token失效，清空持久化
           } else if ("-100".equals(deviceDataResultBase.
getStatus())) {
           helper.clear();
           getView().tokenOut(deviceDataResultBase.getMsg());
           //请求失败，提示用户
        } else if ("0".equals(deviceDataResultBase.getStatus())) {
           getView().showMessage(deviceDataResultBase.getMsg());
        }
    }
  //……
```

③ 在EquipmentDetailsActivity中更新UI，代码路径如下。

【代码5-55】 EquipmentDetailsActivity.java

```
 /**
  * 数据展示
```

```
     * @param data
     */
    @Override
    public void setData(DeviceDetailsBean data) {
        //data 不为空
        if (data != null) {
         // 设置标题
            collapsingToolbar.setTitle(" 设备详情 ");
            String url = MyService.HEAD_IMG + data.getDeviceimg();
        // 设置设备图片
        Glide.with(this).load(url).placeholder(R.mipmap.image_error).
error(
    R.mipmap.image_error).into(deviceImg);
    // 设置设备名字
    deviceName.setText(" 设备名字 : " + data.getTitle());
    // 设置设备状态
            if ("0".equals(data.getStatus())) {
                deviceState.setText(" 设备状态 : 未激活 ");
            }
            if ("1".equals(data.getStatus())) {
                deviceState.setText(" 设备状态 : 已激活 ");
            }
            // 通道集合不为空情况
            if (data.getUpdatastreamDataDtoList() != null && data.
getUpdatastreamDataDtoList().size() > 0) {
                // 获取第一个通道
                final UpdatastreamDataDtoList updatastreams = data.
getUpdatastreamDataDtoList().get(0);
                // 通道名字
                title.setText(TextUtils.isEmpty(updatastreams.
getTitle()) ? "" : updatastreams.getTitle());
                // 通道的数据不为空，并且为开关类型
                if (updatastreams.getDataList() != null && updatastreams.
getDataList().size() > 0 && ("2".equals(updatastreams.getData_type()))) {
                    // 取集合中第一个数据
                    DataList dataList = updatastreams.getDataList().get(0);
                    // 判断开关状态，置开关状态图片和开关按钮 0: 关 1: 开
                    if (dataList.getStatus() == 0) {
                        switchImg.setImageResource(R.mipmap.off);
                        switchs.setChecked(false);
                    } else if (dataList.getStatus() == 1) {
                        switchImg.setImageResource(R.mipmap.on);
                        switchs.setChecked(true);
                    } else {
                        switchImg.setImageResource(R.mipmap.off);
                        switchs.setChecked(false);
                    }
                    // 如果通道无数据，则显示默认全为关的状态
                } else {
```

```
                    switchImg.setImageResource(R.mipmap.off);
                    switchs.setChecked(false);
                }
                // 如果通道为单向的，不可控制，开关按钮隐藏
                if (updatastreams.getDatastreamlink() == null) {// 单向
                    if (switchs.getVisibility() == View.VISIBLE)
                        switchs.setVisibility(View.GONE);
                } else {// 如果通道为双向的，开关按钮显示，可控制
                    if (switchs.getVisibility() == View.GONE)
                        switchs.setVisibility(View.VISIBLE);
                }
            }
        }
    }
```

setData() 方法用于展示设备的详细信息，流程如下。

① 获取二级实体设备详情 DeviceDetailsBean，在数据不为空的情况下，加载设备图片、名称和状态。

② 在设备通道不为空的情况下，加载第一个设备通道的信息，包含标题、向上通道数据。

③ 在通道类型为开关类型且数据不为空的情况下，加载开关的状态信息。

④ 如果当前通道是双向通道，开关显示，可控制设备；如果是单向通道，开关不显示，不可控制设备。

步骤五：自动刷新，代码路径如下：

【代码 5-56】 EquipmentDetailsActivity.java

```
    /**
     * 自动刷新
     */
    private void autoRefreshing() {
        swipeRefreshLayout.setRefreshing(true);
        refreshData(swipeRefreshLayout);
    }
    @Override
    protected void onResume() {
        super.onResume();
        autoRefreshing();
    }
```

至此设备详情页的开发就结束了。

5.2.2 设备控制

设备控制的实现是通过给设备向下通道发送一条消息来实现的，以开关类型为例，开表示发送“1”、关表示发送“0”。

步骤一：配置网络请求。

① 在 Swagger 中验证开关型向下通道接口如图 5-20 所示。

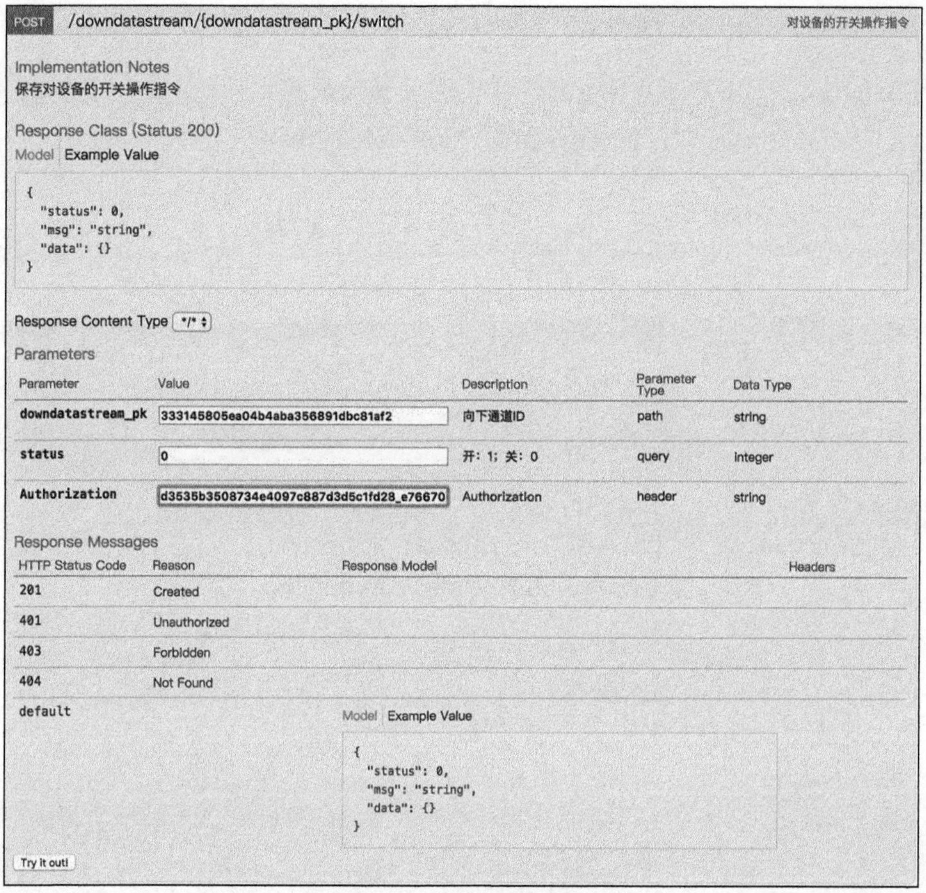

POST /downdatastream/{downdatastream_pk}/switch　对设备的开关操作指令

Implementation Notes
保存对设备的开关操作指令

Response Class (Status 200)
Model　Example Value

```
{
  "status": 0,
  "msg": "string",
  "data": {}
}
```

Response Content Type */*

Parameters

Parameter	Value	Description	Parameter Type	Data Type
downdatastream_pk	333145805ea04b4aba356891dbc81af2	向下通道ID	path	string
status	0	开：1；关：0	query	integer
Authorization	d3535b3508734e4097c887d3d5c1fd28_e76670	Authorization	header	string

Response Messages

HTTP Status Code	Reason	Response Model	Headers
201	Created		
401	Unauthorized		
403	Forbidden		
404	Not Found		
default		Model　Example Value { "status": 0, "msg": "string", "data": {} }	

Try it out!

图5-20　开关操作接口

输入开关型向下通道的id、status（1表示开、0表示关）、token，单击“try it out”，完成验证按钮，如图5-21所示。

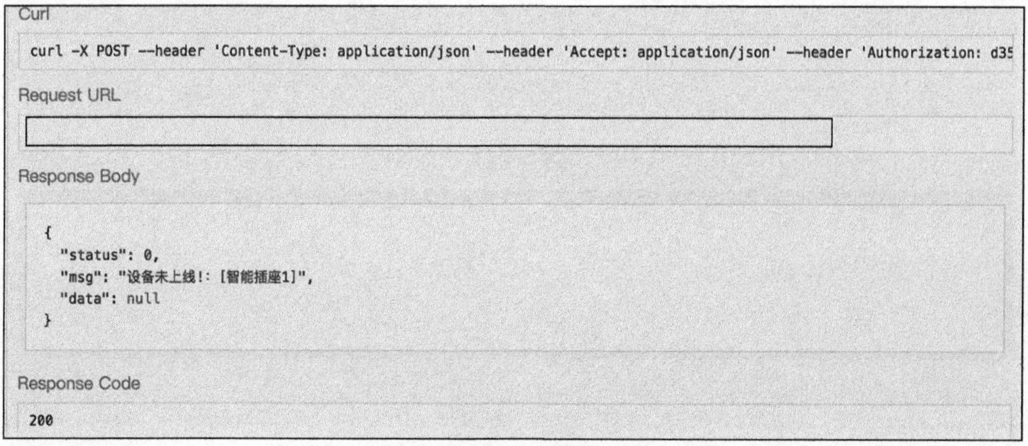

Curl

```
curl -X POST --header 'Content-Type: application/json' --header 'Accept: application/json' --header 'Authorization: d35
```

Request URL

Response Body

```
{
  "status": 0,
  "msg": "设备未上线!: [智能插座1]",
  "data": null
}
```

Response Code

200

图5-21　获取Response Body

通过查看，我们如果发现返回的 JSON 数据与已经创建的 ResultBase 实体类相对应，则不必重复创建。

② 在 MyService 接口中描述网络请求方法，配置网络请求类型和参数，代码路径如下：

【代码 5-57】 MyService.java

```
    /**
     * 开关通道控制
     * @param downdatastream_pk 向下通道 id
     * @param status 通道状态 1: 开 0: 关
     * @param authorization token
     * @return
     */
    @POST("downdatastream/{downdatastream_pk}/switch")
    Observable<ResultBase> postSwitch(@Path("downdatastream_pk")
String downdatastream_pk, @Query("status") int status, @
Header("Authorization") String authorization);
```

③ 在 DataManager 中管理网络请求，代码路径如下：

【代码 5-58】 DataManager.java

```
    /**
     * 开关控制通道
     * @param id 向下通道 id
     * @param zot 状态 1开 0关
     * @return
     */
  public Observable<ResultBase> postSwitch(String id, int zot) {
  return myService.postSwitch(id, zot,
        userPreferencesHelper.getPrefKeyUserToken());
    }
```

④ 在 EquipmentDetailsPresenter 中定义网络请求方法，代码路径如下：

【代码 5-59】 EquipmentDetailsPresenter.java

```
    /**
     * 配置开关
     * @param id
     * @param zot
     */
    public void postSwitch(String id, int zot) {
        subscribe(dataManager.postSwitch(id, zot), new
RequestCallBack<ResultBase>() {
            @Override
            public void onCompleted() {
            }
            @Override
            public void onError(Throwable e) {
            }
            @Override
            public void onNext(ResultBase userDataResultBase) {
            }
```

```
        });
    }
```

⑤ 在 EquipmentDetailsActivity 中发送网络请求。

控制设备是有条件限制的，只有在双向通道且向下通道 ID 不为空的情况下才可以发送网络请求，代码路径如下：

【代码 5-60】 EquipmentDetailsActivity.java

```
    @Override
  public void setData(DeviceDetailsBean data) {
  //......
  // 如果通道为单向的、不可控制、开关按钮隐藏
                  if (updatastreams.getDatastreamlink() == null) {// 单向
                      if (switchs.getVisibility() == View.VISIBLE)
                          switchs.setVisibility(View.GONE);
                  } else {// 如果通道为双向的、开关按钮显示、可控制
                      if (switchs.getVisibility() == View.GONE)
                          switchs.setVisibility(View.VISIBLE);
                      // 开关按钮切换状态
                      switchs.setOnClickListener(new View.
OnClickListener() {
                          @Override
                          public void onClick(View v) {
                              // 在向下通道的 id 不为空的情况
  if (!TextUtils.isEmpty(updatastreams.getDatastreamlink().
getDowndatastream().getId())) {
                                  // 开关被选中，则发送开的指令
  if (switchs.isChecked()) {switchImg.setImageResource(R.mipmap.
on);
                                      // 发送通道 id 和指令 1(开)
  presenter.postSwitch(updatastreams.getDatastreamlink().
getDowndatastream().getId(), 1);
  }else {// 发送向下通道的 id 和指令 0 (关)
                      switchImg.setImageResource(R.mipmap.off);
presenter.postSwitch(updatastreams.getDatastreamlink().
getDowndatastream().getId(), 0);
                              }
                          }
                      }
                  });
              }
  }
```

通过 switch 控件我们可以控制指令的发送，switch 为“ON”，发送“开”指令，status=1；switch 为“OFF”，发送“关”指令，status=0；switch 在开关的同时，switchImg 的状态需要被切换。

步骤二：处理网络请求数据，更新 UI。

① 在 EquipmentDetailsView 中配置更新 UI 的回调方法，代码路径如下：

【代码 5-61】 EquipmentDetailsView.java

```
    // 操作回调 isSuccess=true 请求成功否则失败
    void handleMessage(boolean isSuccess, String msg);
```

② 在 EquipmentDetailsPresenter 网络请求中根据不同的请求状态回调不同更新 UI 的方法，代码路径如下：

【代码 5-62】 EquipmentDetailsPresenter.java

```
        //……
        // 网络请求错误
        @Override
        public void onError(Throwable e) {
            getView().handleMessage(false, e.getMessage());
    }
    // 网络请求数据处理
        @Override
        public void onNext(ResultBase userDataResultBase) {
            if ("-100".equals(userDataResultBase.getStatus())) {
                helper.clear();
                getView().tokenOut(userDataResultBase.getMsg());
            } else if ("1".equals(userDataResultBase.getStatus())) {
                getView().handleMessage(true, userDataResultBase.
getMsg());
            } else {
                getView().handleMessage(false, userDataResultBase.
getMsg());
            }
    }
    //……
```

③ 在 EquipmentDetailsActivity 中更新 UI，代码路径如下：

【代码 5-63】 com.huatec.mvptest.ui.deviceDetails.EquipmentDetailsActivity

```
    @Override
    public void handleMessage(boolean isSuccess, String msg) {
        Toast.makeText(this, msg, Toast.LENGTH_SHORT).show();
        // 如果操作成功，刷新页面，更新最先状态
        if (isSuccess){
            autoRefreshing();
        }
    }
```

控制设备成功，通过刷新当前页面，我们可以查看设备最新状态。

最后，我们还应在 AndroidManifest.xml 中注册 EquipmentDetailsActivity，代码路径如下：

【代码 5-64】 AndroidManifest.xml

```
    <activity android:name=".ui.deviceDetails.EquipmentDetailsActivity"
              android:configChanges="orientation|keyboardHidden|scre
enSize|"
              android:launchMode="singleTask"
```

```
    android:screenOrientation="portrait"/>
```

至此，开关型双向通道的控制与数据展示就开发完成了。

5.2.3　任务回顾

知识点总结

本章主要涉及的知识点如下所述。

1.CoordinatorLayout 简介与用法。

2.AppBarLayout 简介与用法。

3.CollapsingToolbarLayout 简介与用法。

4.Toolbar 简介与用法。

5.NestedScrollView 简介与用法。

6. 设备详情数据解析、逻辑判断、数据展示。

7.Switch 控件切换状态发送指令。

学习足迹

图 5-22 所示为任务二的学习足迹。

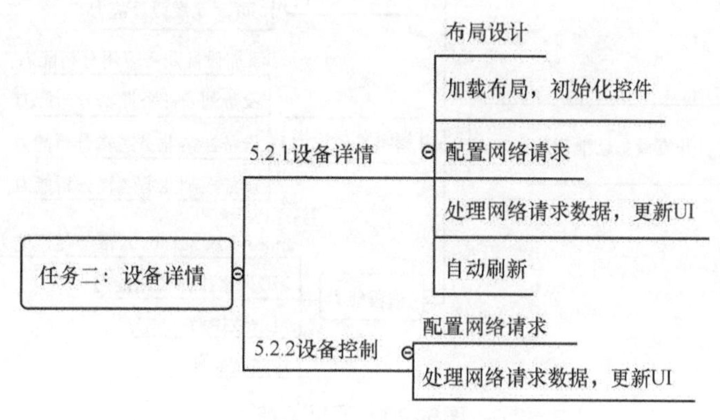

图5-22　任务二学习足迹

思考与练习

1. CoordinatorLayout、AppBarLayout、CollapsingToolbarLayout、Toolbar 、NestedScrollView 都是风格控件。

2. 以下控件中，存在 v7 包的是（　　）；存在新版 v4 包中的是（　　）；存在 android.support.design 库中的是（　）。

A. CoordinatorLayout　　　　B. AppBarLayout

C. CollapsingToolbarLayout　　　　D. Toolbar　E　NestedScrollView

3. AppBarLayout 中 app:layout_scrollFlags 属性有 4 个枚举值分别是什么，呈现的效果如何？

5.3 项目总结

本项目是完成设备核心模块的开发的过程，包括扫码添加设备、设备列表、设备详情、设备控制。通过扫码添加设备模块，我们对 ZXing 框架有了一定的认知，也学会了 android-zxingLibrary 框架的集成；通过设备列表模块，我们学习了更加适当的列表控件 RecyclerView 和官方推荐的刷新控件 SwipeRefreshLayout，实现了列表的下拉刷新；通过设备详情模块，我们学习了更多 MD 风格的控件：CoordinatorLayout、AppBarLayout、CollapsingToolbarLayout、Toolbar 、NestedScrollView，营造了更加实用的折叠效果；通过设备控制模块，我们学习了如何根据不同通道类型发送不同的指令对其进行控制。

通过这四大模块的学习，学生们不仅可以了解更多新的技术，在业务逻辑上也会得到很大的提升，项目总结如图 5-23 所示。

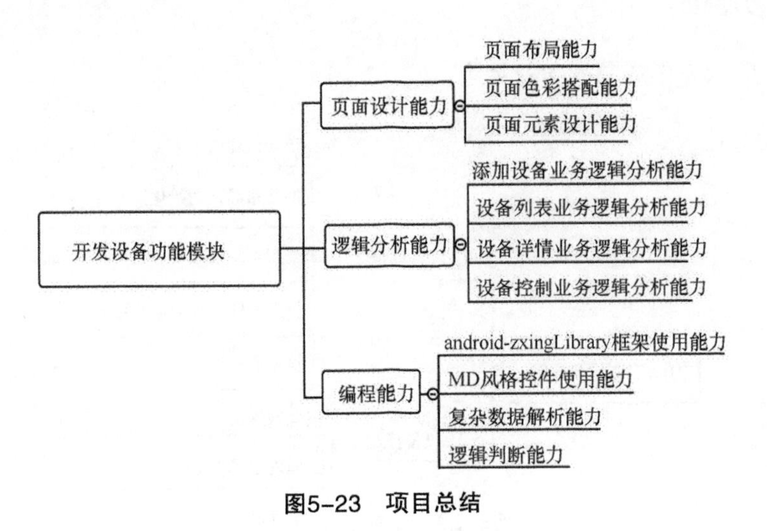

图5-23 项目总结

5.4 拓展训练

自主实践：控制数值型和文本型通道

任务二中我们以开关型通道为例，讲解了如何控制设备的开关状态，接下来，我们将以数值型、文本型通道作为拓展，让同学们深入了解不同通道的控制形式。GPS 型通道较为复杂，学习了项目 6 之后，大家可以自行拓展。

首先，我们需要创建一个具有这两种类型通道的设备模板，然后根据模板来创建设备，此过程可以通过云平台或者 Swagger 接口来实现。如果我们想测试控制设备，那这两个通道都应为双向通道，单向通道只显示状态，不能进行控制如图 5-24 所示。

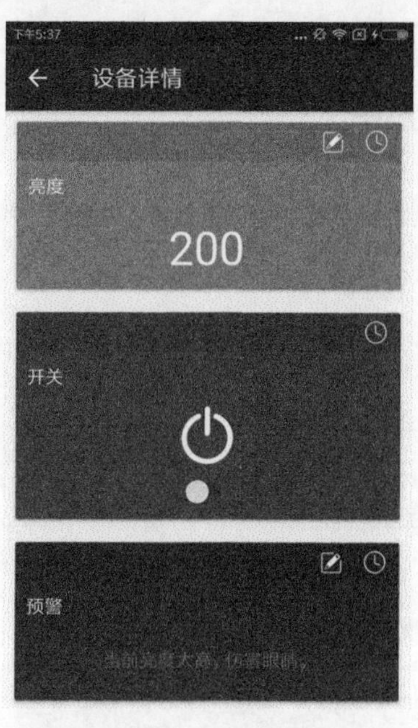

图5-24 设备详情

其次，我们可以为每个通道模拟一些数据，当然，没有数据也是可以的。数值型和文本型的控制样式如图 5-25 所示，我们可通过单击通道右上角的“铅笔”图标对其进行触发。

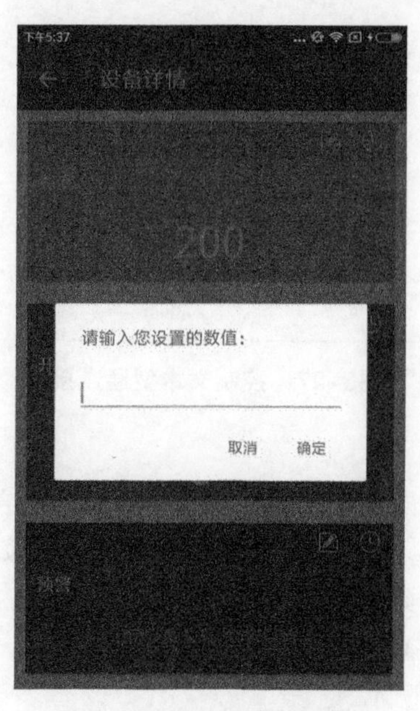

图5-25 控制数值型通道

控制数值型通道接口示意如图 5-26 所示。

POST /downdatastream/{downdatastream_pk}/configuration 对设备的配置操作指令

Implementation Notes

保存对设备的数值型配置操作指令

Response Class (Status 200)

Model Example Value

```
{
  "status": 0,
  "msg": "string",
  "data": {}
}
```

Response Content Type */*

Parameters

Parameter	Value	Description	Parameter Type	Data Type
downdatastream_pk	(required)	向下通道ID	path	string
value	(required)	数值型配置值	query	string
Authorization	(required)	Authorization	header	string

图5-26 控制数值型通道接口

控制文本型通道接口示意如图 5-27 所示。

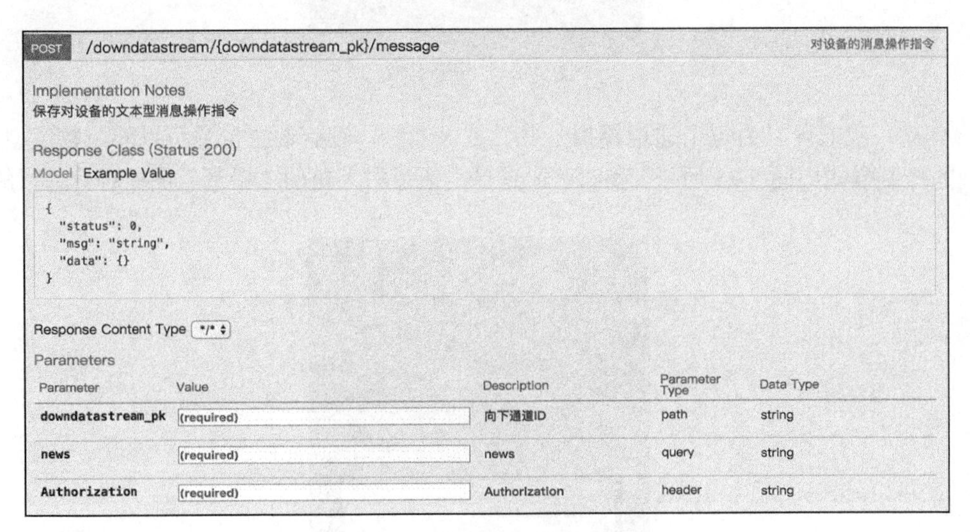

图5-27 控制文本型通道接口

◆ **拓展训练要求**

① 要求在任务二的设备详情基础上实现一个设备两种类型通道，实现通道控制。

② 通道样式参考图 5-24 和图 5-25，双向通道有控制按钮，单向通道无控制按钮。

③ 要求控制成功后刷新页面，上传设备的最新数据。

◆ **格式要求**：采用上机操作。

◆ **考核方式**：采取课内演示。

◆ **评估标准**：见表 5-1。

表5-1　拓展训练评估表

项目名称： 文本型数据可视化	项目承接人： 姓名：	日期：
项目要求	**评分标准**	**得分情况**
页面设计（共30分）	① 详情页样式MD风格（10分） ② 通道样式合理（10分） ③ 通道控制样式合理（10分）	
网络请求（共40分）	① 详情页网络请求（10分） ② 通道数据展示（10分） ③ 数值型网络请求（10分） ④ 文本型网络请求（10分）	
刷新（共30分）	① 刷新样式自定义（10分） ② 进入详情页自动刷新（10分） ③ 通道控制成功后刷新详情页（10分）	
评价人	**评价说明**	**备注**
个人		
老师		

项目 6

开发设备数据可视化

项目引入

大数据的同事统计了公司打卡排名情况。

> Andrew:“大数据的同事很专业，可以利用各种图表进行统计分析，这是什么技术？”
> Anne：“数据可视化技术。”
> Andrew：“数据可视化是什么？”
> Anne：“数据可视化是当下应用很广的大数据应用技术，旨在借助于图形化手段，清晰有效地传达与沟通信息，接下来我们的任务就是完成设备数据的可视化！”

知识图谱

图 6-1 为项目 6 的知识图谱。

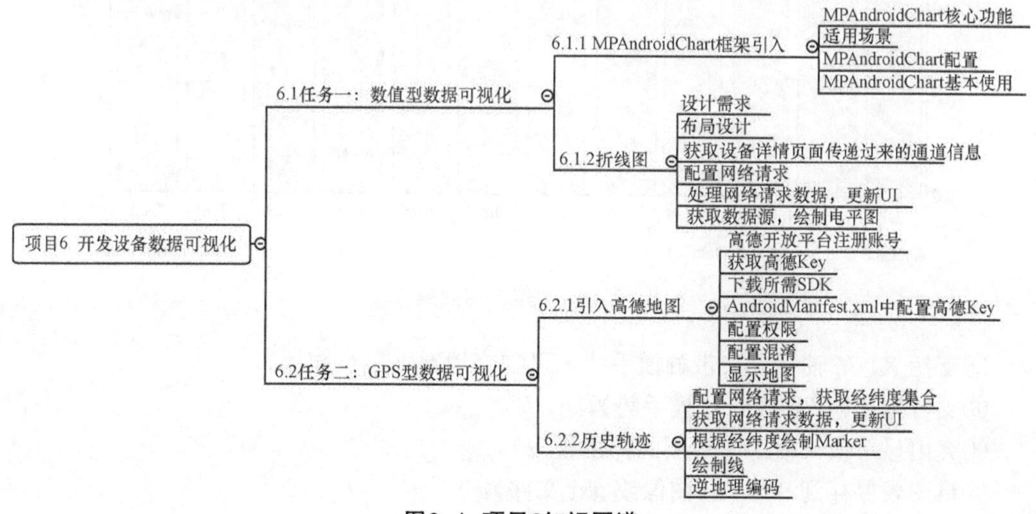

图6-1 项目6知识图谱

6.1 任务一：数值型数据可视化

【任务描述】

物联网应用产生的数据有几个特点：海量、多态、动态、关联。那么想要将数据的状态清晰地展示出来，就需要借助数据的可视化手段，以图表的形式展示数据，让用户和数据之间有一个清晰的沟通方式。

不同形式对应不同的数据类型，比如：数值型采用折线图，开关型采用电平图，文本型采用时间轴的形式，GPS 型采用地图，接下来我们将介绍如何使用电平图展示开关型的历史数据。

6.1.1 MPAndroidChart框架引入

MPAndroidChart 是一款基于 Android 的强大、易用的开源图表库，支持跨平台操作。

1. MPAndroidChart 核心功能

①支持 8 种不同的图表类型（条形图、折线图、饼图、散点图、泡泡图、直方图、雷达图、组合图），组合图如图 6-2 所示。

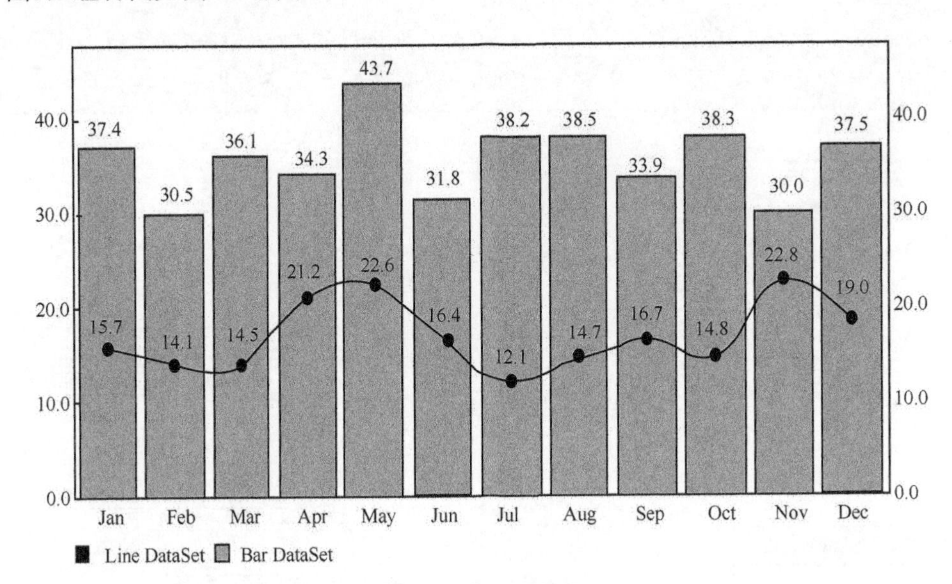

图6–2 组合图效果

②支持 X、Y 轴缩放（带触摸手势，可独立地对轴进行缩放）。

③支持拖拽 / 平移（带触摸手势）。

④突出显示值（使用可定制的弹出视图）。

⑤将图表保存到 SD 卡（图像或 .txt 文件）。

⑥预先定义颜色模板。

⑦自动生成标注。

⑧支持自定义 X、Y 轴的显示标签。

⑨支持 X、Y 轴动画。

⑩支持为 X、Y 轴设置最大值和附加信息。

⑪支持自定义字体、画笔、图例、颜色、背景、手势、虚线等。

⑫ Gradle 支持。

2. 适用场景

适用于需要利用图表展示大量数据，又需要一个较好的用户体验的场景。

3．MPAndroidChart 配置

在 Project 级别的 build.gradle 中添加代码如下：

【代码 6-1】 Project build.gradle

```
allprojects {
    repositories {
        maven { url "https://jitpack.io" }
    }
}
```

在 App 级别的 build.gradle 中添加代码如下：

【代码 6-2】 app build.gradle

```
dependencies {
implementation 'com.github.PhilJay:MPAndroidChart:v3.0.1'
}
```

然后，单击“Sync Now”，编译项目即可。

4．MPAndroidChart 基本使用

（1）创建 Chart

使用 LineChart、BarChart、ScatterChart、CandleStickChart、PieChart、BubbleChart、RadarChart 或 CombineChart 时我们需要先在布局文件中对其进行定义，然后在 Activity、Fragmet 或 Adapter 中进行绑定，或者直接在代码中创建，然后将其添加到布局中。

（2）设置 Chart 的样式

当创建好一个 Chart 后，我们就可以为该 Chart 设置样式，包括 Chart 的缩放、平移、拖拽、Chart 视图窗口的边距和加载动画，*x*/*y* 轴标签的样式、显示的位置、坐标轴的宽度、是否可用、图例的位置、文字大小、线条颜色等，代码路径如下：

【代码 6-3】 设置 Chart 样式

```
lineChart.getDescription().setEnabled(false);// 设置描述
lineChart.setPinchZoom(true);// 设置按比例放缩柱状图
//x 坐标轴设置
XAxis xAxis = lineChart.getXAxis();
xAxis.setPosition(XAxis.XAxisPosition.BOTTOM);// 设置 X 轴标签显示
位置
xAxis.setDrawGridLines(false);// 不绘制格网线
```

```
xAxis.setGranularity(1f);// 设置最小间隔，防止当放大时，出现重复标签
xAxis.setLabelCount(12);// 设置 x 轴显示的标签个数
xAxis.setAxisLineWidth(2f);// 设置 x 轴宽度，... 其他样式
//y 轴设置
YAxis leftAxis = lineChart.getAxisLeft();// 取得左侧 y 轴
leftAxis.setPosition(YAxis.YAxisLabelPosition.OUTSIDE_CHART);//y
轴标签绘制的位置
leftAxis.setDrawGridLines(false);// 不绘制 y 轴格网线
leftAxis.setDrawLabels(false);// 不显示坐标轴上的值，... 其他样式
lineChart.getAxisRight().setEnabled(false);
// 图例设置
Legend legend = lineChart.getLegend();
// 设置图例位置 chart 的正上方，水平显示
legend.setHorizontalAlignment(Legend.LegendHorizontalAlignment.
CENTER);
legend.setVerticalAlignment(Legend.LegendVerticalAlignment.TOP);
legend.setOrientation(Legend.LegendOrientation.HORIZONTAL);
legend.setDrawInside(false);
legend.setDirection(Legend.LegendDirection.LEFT_TO_RIGHT);
// 设置图例的形状包括正方形、圆形、线形
legend.setForm(Legend.LegendForm.LINE);
legend.setTextSize(12f);// 设置图例字体大小，
lineChart.setExtraOffsets(10, 30, 20, 10); // 设 置 视 图 窗 口 大 小
lineChart.setTouchEnabled(true); // 可触摸
lineChart.setDragEnabled(true); // 可拖曳
lineChart.setScaleEnabled(true);// 可缩放
lineChart.setVisibleXRangeMaximum(5); // 一个界面最多显示 6 个点（包括
原点），其他点可以通过滑动看到
lineChart.setVisibleXRangeMinimum(3); // 一个页面最少显示 4 个点（包括
原点）
lineChart.setExtraOffsets(10, 30, 20, 10);// 设置视图窗口大小
lineChart.animateX(1500);// 数据显示动画，从左往右依次显示
……
```

（3）添加数据

当设置好一个 Chart 的样式后，我们就可以为该 Chart 添加数据，例如在 LineChart 中，一个 Entry 类代表图上的一个（x, y）坐标对，但在其他的 Chart 类型中，例如 BarChart，BarEntry 类代表图上的一个 (x, y) 坐标对，代码路径如下：

【代码 6-4】 初始化 Entry 坐标集合

```
ChartData[] dataObjects = ...;
List<Entry> entries = new ArrayList<Entry>();
for (ChartData data : dataObjects) {
    // turn your data into Entry objects
    entries.add(new Entry(data.getValueX(), data.getValueY()));
}
```

用 List<Entry> 初始化一个 LineDataSet 对象以代表该数据集。如果一个 LineChart 有多个 LineDataSet，我们可为每个 LineDataSet 设置其特征的样式，代码路径如下：

【代码 6-5】 设置 LineDataSet 对象

```
  LineDataSet dataSet = new LineDataSet(entries, "Label"); // add
entries to dataset
  dataSet.setColor(...);
  dataSet.setValueTextColor(...); // style, ...
```

然后，我们将 LineDataSet 添加到 LineData 对象中。LineData 对象持有 LineChart 的所有数据，并允许设置额外的样式。最后，我们将 LineData 对象设置到 LineChart 并刷新该 LineChart，代码路径如下：

【代码 6-6】 设置 LineData 对象

```
  ArrayList<ILineDataSet> dataSets = new ArrayList <ILineDataSet>();
  dataSets.add(dataSet); // add the datasets ...other add
  LineData lineData = new LineData(dataSets);
  chart.setData(lineData);
  chart.setValueTextSize(10f);// 设置数值字体大小， ...other style
  chart.invalidate(); // refresh
```

以折线图为例，我们介绍了 MPAndroidChart 的使用流程。MPAndroidChart 还有很多强大的功能，例如手势交互监听、数据格式器、动态添加和删除数据、实时数据、修改视窗（Viewport）、动画（Animations）、弹窗 MakerView 等。

【自主学习】

感兴趣的同学可以查看 MPAndroidChart 的 wiki 和 javadoc，进一步学习。
wiki 地址：https://github.com/PhilJay/MPAndroidChart/wiki。
javadoc 地址：https://jitpack.io/com/github/PhilJay/MPAndroidChart/v3.0.3/javadoc/。

6.1.2 折线图

接下来，我们结合项目中的需求，来实现数值型和布尔型（开关型）数据的可视化。

布尔型其实是 true 和 false 的表现形式，为了设备便于处理指令，我们设置“1”代表 true、“0”代表 false，我们也可将其理解为：一个开关的状态就是由“0”和“1”组成的。

数值型和布尔型的历史数据都是由 n 个数字组成的，都可以通过折线图来表示，区别是二者的折线图表现形式不同，如图 6-4 所示。

数值型折线图是我们最常见的折线图的表现形式，而布尔型则是高低电平的表现形式，“1”高电平，代表开，“0”低电平，代表关，符合用户的思维逻辑。

接下来，我们来介绍页面的设计需求。

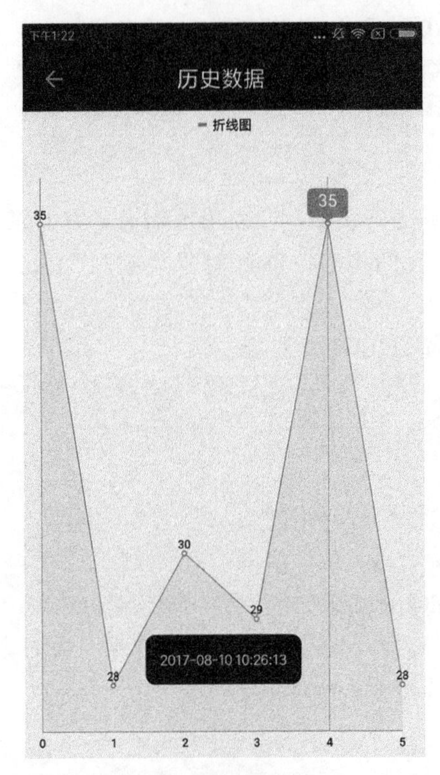

图6-3　数值型折线图

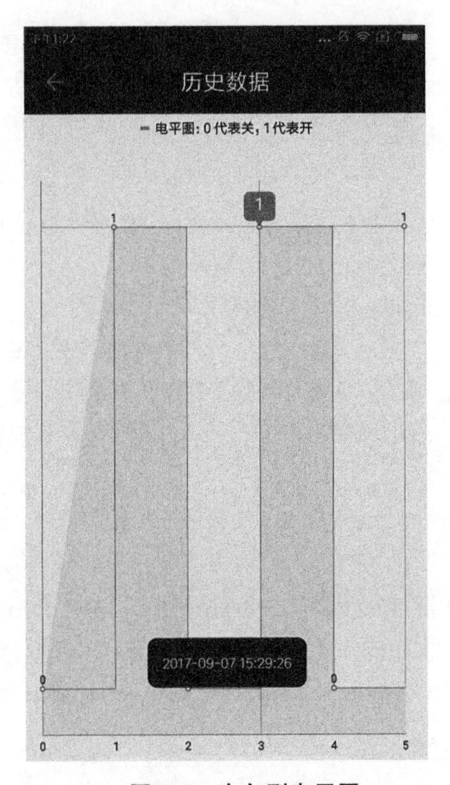

图6-4　布尔型电平图

1. 设计需求

① Y 轴在左侧，且不显示标签，右边无 Y 轴；

② X 轴在底部，且标签在 X 轴外部，以 0 为原点，1 为步长递增；

③ 一个页面最多显示 6 个点（包括原点）；

④ X 轴、Y 轴均不绘制网格线；

⑤ 图例位于折线图正上方中心位置，图例形状为线形；

⑥ 折线中的每一个点为空心圆形，且显示数值；

⑦ 单击某个点，弹出图 6-3 所示的 Marker，放大数值，并弹出对应的时间；

⑧ 折线图可触摸，缩放，拖动；

⑨ 数据超过满屏后，可向左滑动，展示更多数据，这里限制最多 500 条；

⑩ 有从左至右的动画绘制效果。

⑪细节部分：包括字体大小、颜色、折线宽度、颜色、X 轴 Y 轴线宽度、颜色等。

2. 布局设计

① 在布局文件中定义 LineChart，然后在 LineChartActivity 中对其进行绑定代码路径如下：

【代码 6-7】 activity_line_chart.xml

```
<?xml version="1.0" encoding="utf-8"?>
<LinearLayout xmlns:android="http://schemas.android.com/apk/res/
android"
```

```
    xmlns:app="http://schemas.android.com/apk/res-auto"
    android:id="@+id/activity_line_chart"
    android:layout_width="match_parent"
    android:layout_height="match_parent"
    android:orientation="vertical">
<!-- 标题栏 -->
<android.support.v7.widget.Toolbar
        android:id="@+id/toolbar"
        android:layout_width="match_parent"
        android:layout_height="?actionBarSize"
        android:background="@color/app_bg"
        app:popupTheme="@style/ThemeOverlay.AppCompat.Light" >
<TextView
            android:id="@+id/title"
                style="@style/TextAppearance.AppCompat.Widget.
ActionBar.Title"
            android:layout_width="wrap_content"
            android:layout_height="wrap_content"
            android:layout_gravity="center"
            android:text=" 历史数据 "
            android:textColor="@color/white"
            android:textSize="20sp" />
</android.support.v7.widget.Toolbar>
<!-- 折线图控件 -->
<com.github.mikephil.charting.charts.LineChart
        android:id="@+id/lineChart"
        android:layout_width="match_parent"
        android:layout_height="match_parent" />
</LinearLayout>
```

② 初始化 Toolbar 标题栏和返回按钮，代码路径如下：

【代码 6-8】 LineChartActivity.java

```
    /**
     * 初始化 Toolbar
     */
    private void initToolBar() {
        setSupportActionBar(toolbar);
        getSupportActionBar().setDisplayHomeAsUpEnabled(true);
         // 设置不显示 Toolbar 的标题
         getSupportActionBar().setDisplayShowTitleEnabled(false);
            toolbar.setNavigationOnClickListener(new View.
OnClickListener() {
            @Override
            public void onClick(View v) {
                finish();
            }
        });
    }
```

【注意】

这里设置的返回按钮，颜色是黑色的，我们需要将其设置成白色，该操作可通过修改 base 主题的 textColorSecondary 属性实现，代码路径如下：

【代码 6-9】 style.xml

```
<!-- Base application theme. -->
<style name="AppTheme" parent="Theme.AppCompat.Light.NoActionBar">
<!-- Customize your theme here. -->
    ……
<item name="android:textColorSecondary">@color/white</item>
</style>
```

3. 获取设备详情页面传递过来的通道信息

① 设备详情页通过“intent.putExtra()”将向上通道的 id 和类型传递给历史数据页，代码路径如下：

【代码 6-10】 EquipmentDetailsActivity.java

```
    /**
     * 查看历史数据
     * @param upDataStreamId 向上通道 id
     */
    private void showMore(final String upDataStreamId) {
        if (!TextUtils.isEmpty(upDataStreamId)){
            // 查看更多数据
                valueLookMore.setOnClickListener(new View.
OnClickListener() {
                @Override
                public void onClick(View view) {
    Intent intent = new Intent(EquipmentDetailsActivity.this,
LineChartActivity.class);
                    // 传递向上通道 id
                    intent.putExtra("upId",upDataStreamId);
                    // 开关类型传递 false，数值型传递 true
                    intent.putExtra("flag",false);
                    startActivity(intent);
                }
            });
        }
    }
```

② 接收从设备详情页面传递过来的向上通道 id 和类型标识，代码路径如下：

【代码 6-11】 LineChartActivity.java

```
    private String id;
    private boolean flags;
    /**
     * 获取设备详情页面传递的数据
```

```
    */
    private void initData() {
        //向上通道 id
        id = (String) getIntent().getSerializableExtra("upId");
        //true 为数值型，false 为开关型
        flags = getIntent().getBooleanExtra("flag",false);
    }
```

flags 是为了区分是数值型通道还是布尔型通道（开关型），数值型是 true，布尔型是 false。获取到向上通道 id 之后，我们就可以进行网络请求了。

4. 配置网络请求

① 使用 Swagger 验证开关型向上通道的接口，并根据要求返回 JSON 创建实体类，如图 6-5 所示。

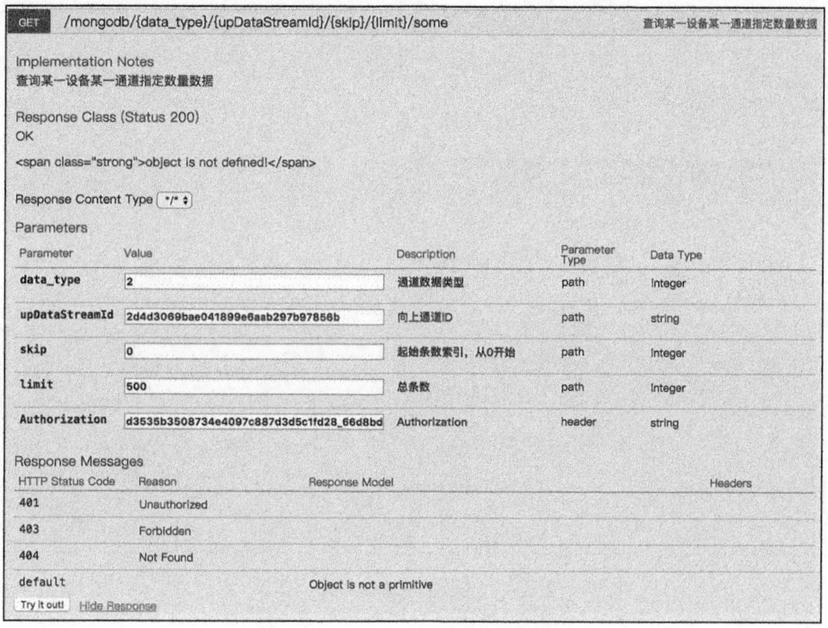

GET /mongodb/{data_type}/{upDataStreamId}/{skip}/{limit}/some　　查询某一设备某一通道指定数量数据

Implementation Notes
查询某一设备某一通道指定数量数据

Response Class (Status 200)
OK

<span class="strong">object is not defined!</span>

Response Content Type */*

Parameters

Parameter	Value	Description	Parameter Type	Data Type
data_type	2	通道数据类型	path	integer
upDataStreamId	2d4d3069bae041899e6aab297b97856b	向上通道ID	path	string
skip	0	起始条数索引，从0开始	path	integer
limit	500	总条数	path	integer
Authorization	d3535b3508734e4097c887d3d5c1fd28_66d8bd	Authorization	header	string

Response Messages

HTTP Status Code	Reason	Response Model	Headers
401	Unauthorized		
403	Forbidden		
404	Not Found		
default		Object is not a primitive	

Try it out!　Hide Response

图6-5　开关型通道历史数据

输入通道数据类型，“2”代表开关型；输入向上通道 id；输入起始索引和总条数；输入 token；单击“try it out”按钮，完成验证，如图 6-6 所示。

从返回的 JSON 数据中我们可以看出 data 是一个集合，每一条对应一个对象，也就是我们之前创建的 DataList 实体。

② 在 MyService 接口中描述网络请求方法，配置网络请求类型和参数，代码路径如下：

【代码 6-12】 MyService.java

```
/**
    * 获取开关通道历史数据
    * @param data_type 数据类型 2：代表开关类型
    * @param upDataStreamId  向上通道 id
    * @param skip 起始条数索引从 0 开始
```

```
        * @param limit 总条数
        * @param authorization token
        * @return
        */
       @GET("mongodb/{data_type}/{upDataStreamId}/{skip}/{limit}/some")
        Observable<ResultBase<ArrayList<DataList>>> getSwitchHistory(@
Path("data_type") int data_type, @Path("upDataStreamId")
                    String upDataStreamId, @Path("skip") int skip, @
Path("limit") int limit, @Header("Authorization") String authorization);
```

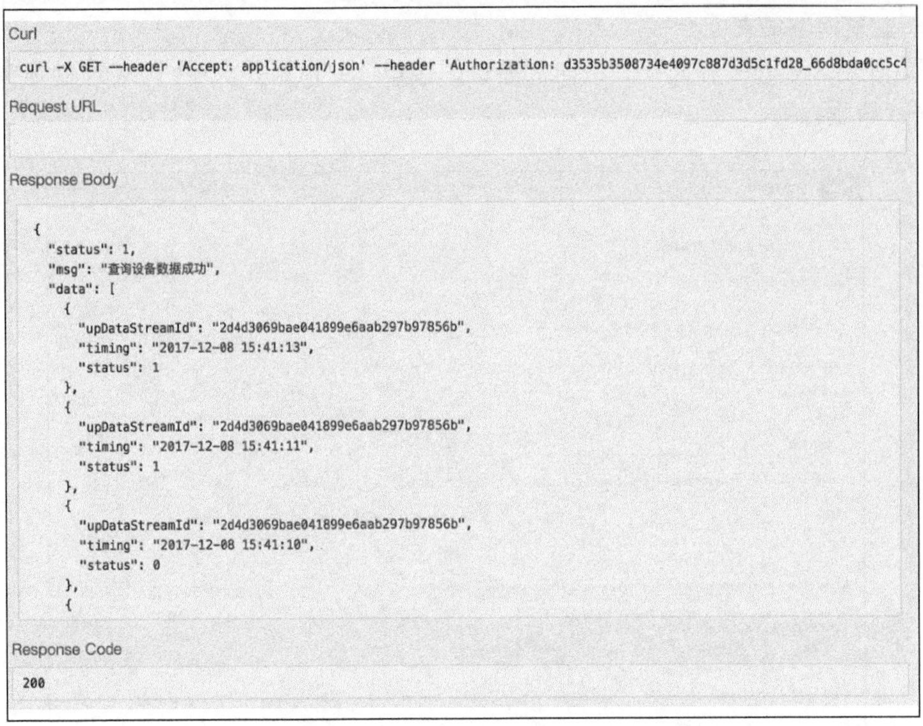

Curl

```
curl -X GET --header 'Accept: application/json' --header 'Authorization: d3535b3508734e4097c887d3d5c1fd28_66d8bda0cc5c4
```

Request URL

Response Body


```
{
  "status": 1,
  "msg": "查询设备数据成功",
  "data": [
    {
      "upDataStreamId": "2d4d3069bae041899e6aab297b97856b",
      "timing": "2017-12-08 15:41:13",
      "status": 1
    },
    {
      "upDataStreamId": "2d4d3069bae041899e6aab297b97856b",
      "timing": "2017-12-08 15:41:11",
      "status": 1
    },
    {
      "upDataStreamId": "2d4d3069bae041899e6aab297b97856b",
      "timing": "2017-12-08 15:41:10",
      "status": 0
    },
    {
```


Response Code

200

图6-6　获取Response Body

③ 在 DataManager 中管理网络请求，代码路径如下：

【代码 6-13】 DataManager.java

```
    /**
        * 获取开关
        * @param id  向上通道 id
        * @param index 起始索引从 0 开始
        * @param limit  总条数
        * @return
        */
  public Observable<ResultBase<ArrayList<DataList>>>
  getSwitchHistory(String id, int index, int limit) {
            return myService.getSwitchHistory(2, id, index, limit,
userPreferencesHelper.getPrefKeyUserToken());
     }
```

④ 在 LineChartPresenter 中定义网络请求方法 getSwitchHistory()，代码路径如下：

【代码 6-14】 LineChartPresenter.java

```
    public class LineChartPresenter extends BasePresenter
<LineChartView> {
       /**
        * 开关型
  * @param id  向上通道 id
        * @param index 起始索引从 0 开始
        * @param limit  总条数
        * @param
        */
       public void getSwitchHistory(String id, int index, int limit,
final ProgressDialog progressDialog) {
               subscribe(dataManager.getSwitchHistory(id, index,
limit), new RequestCallBack<ResultBase<ArrayList<DataList>>>() {
                @Override
                public void onCompleted() {
                    progressDialog.dismiss();
                }
                @Override
                public void onError(Throwable e) {
                }
                @Override
                  public void onNext(ResultBase<ArrayList<DataList >>
resultBase) {
                }
            });
       }
   }
```

⑤ 在 LineChartActivity 中发送网络请求，代码路径如下：

【代码 6-15】 LineChartActivity.java

```
  /**
        * 网络请求
        */
       public void getData() {
           if (NetUtils.isConnected(this)) {
               ProgressDialog progressDialog = new   ProgressDialog(
LineChartActivity.this,
                       R.style.AppTheme_Dark_Dialog);
               progressDialog.setIndeterminate(true);
               progressDialog.setMessage("请稍候……");
               progressDialog.show();
               //数值
               if (flags) {
                   //   presenter.getRefreshValueHistory(id, 0, 500,
progressDialog);
               //开关
               } else {
```

```
                        presenter.getSwitchHistory(id, 0, 500,
progressDialog);
             }
         } else {
             Toast.makeText(this, "网络无法连接，请检查您的网络设置",
Toast.LENGTH_SHORT).show();
         }
     }
```

flags 用来区分通道类型，“false”代表布尔型通道。

5. 处理网络请求数据，更新 UI

① 在 LineChartView 中定义更新 UI 回调方法，代码路径如下：

【代码 6-16】 LineChartView.java

```
public interface LineChartView extends BaseView {
//请求错误
    void showMsg(String msg);
//token 失效
    void tokenOut(String msg);
//为折线图提供数据源
    void getSwitchHistoryData(ArrayList<DataList> data);
}
```

② 在 LinePresenter 中根据请求状态回调不同的更新 UI 的方法，代码路径如下：

【代码 6-17】 LineChartPresenter.java

```
        //……
            //请求错误
            @Override
            public void onError(Throwable e) {
                getView().showMsg(e.getMessage());
            }
            @Override
               public void onNext(ResultBase<ArrayList<DataList>>
resultBase) {
                //请求成功
                if ("1".equals(resultBase.getStatus())) {
 getView().getSwitchHistoryData(resultBase.getData());
            //token 失效
                } else if ("-100".equals(resultBase.getStatus()))
{
                    helper.clear();
 getView().tokenOut(resultBase.getMsg());
                  //请求失败
                } else if ("0".equals(resultBase.getStatus())) {
                    getView().showMsg(resultBase.getMsg());
                }
 }
 //……
```

6. 获取数据源，绘制电平图

我们将数据分类，定义 3 个集合分别存放 X 轴标签、Y 轴数值、时间戳，代码路径如下：

【代码 6-18】 LineChartActivity.java

```
    private List<String> xAxisValues;//X 轴标签集合
  private List<Float> yAxisValues;//Y 轴数值集合
  private List<String> timing;// 时间集合
     /**
       * 获取开关历史数据集合，绘制电平图
       * @param data
       */
      @Override
      public void getSwitchHistoryData(ArrayList<DataList> data) {
          if (data != null && data.size() > 0) {
              xAxisValues = new ArrayList<>();//X 轴
              yAxisValues = new ArrayList<>();// 点
  timing = new ArrayList<>();// 时间点
  // 循环为集合赋值
              for (int i = 0; i < data.size(); ++i) {
                  xAxisValues.add("" + i);// 从 0 开始，步长为 1 递增
                        yAxisValues.add(Float.valueOf(data.get(i).
getStatus()));// 点的高度集合
                  timing.add(data.get(i).getTiming());// 每个点对应的
时间集合
  }
  // 画电平图
                 MPChartHelper.setLineChart(lineChart, xAxisValues,
yAxisValues, timing, " 电平图 : 0 代表关，1 代表开 ", true, true);
          } else {
              lineChart.setNoDataText(" 暂无历史数据 ");
          }
      }
```

如果数据为空，我们可通过设置 lineChart.setNoDataText(“”) 参数，为图表添加无数据页面；如果数据不为空，使用 MPChartHelper 绘制电平图。

MPChartHelper 是我们自定义的绘制图表工具类，我们首先要了解 setLineChart() 方法内参数的作用，代码路径如下：

【代码 6-19】 MPChartHelper.java

```
      /**
       * 单线单 Y 轴
       * @param lineChart
       * @param xAxisValue X 轴的值
       * @param yAxisValue Y 轴的值
       * @param timing 时间
       * @param title 每一个数据系列标题
        * @param showSetValues 是否在折线上显示数据集的值。true 为显示，此
时 Y 轴上的数值不可见，否则相反
       * @param isSwitch 是否是开关类型，true : 展示电平图 false: 折线图
       */
        public static void setLineChart(LineChart lineChart,
List<String> xAxisValue, List<Float> yAxisValue, List<String> timing,
```

```
    String title, boolean showSetValues, boolean isSwitch) {
            //线数据集合，List<Float>代表一条线的Y轴数据集合
            List<List<Float>> entriesList = new ArrayList<>();
            //这里只有一条线、一个数据集
            entriesList.add(yAxisValue);
            //图例数据集
            List<String> titles = new ArrayList<>();
            //只有一条线、一个图例
            titles.add(title);
              setLinesChartStyle(lineChart, xAxisValue, entriesList,
timing, titles, showSetValues, null, isSwitch);
        }
```

setLineChart() 方法有以下几个参数。

① lineChart：图表控件对象。

② xAxisValue：X 轴的值。

③ yAxisValue：Y 轴的值。

④ timing：时间戳集合，与点相对应。

⑤ title：数据系列标题。

⑥ showSetValues：是否在折线上显示数据集的值，true 为显示，此时 Y 轴上的数值不可见，否则相反。

⑦ isSwitch：是否是开关类型，true 表示展示电平图，false 表示展示折线图。

setLineChart() 方法的业务逻辑是：一个图表中可能不止一条线，如果 List<Float> 代表 1 条线的 value 数据集合，那么 List<List<Float>> 就代表 *n* 条线的 value 数据集合。这里我们只有 1 条线，即一个数据集合 yAxisValue，我们可将其添加进 entriesList 集合。

接下来我们介绍 setLinesChartStyle() 的设置方法，其参数与 setLineChart() 方法意义相同，但多了一个参数 int[] lineColors，这是一个颜色数组，用于设置绘制折线和图例的颜色，为 null 时取默认颜色，默认颜色为绿色，代码路径如下：

【代码 6-20】 MPChartHelper.java

```
    /**
        * 绘制线图，默认最多绘制三种颜色。所有线均依赖左侧Y轴显示
        * @param lineChart
        * @param xAxisValue     X轴的值
        * @param yXAxisValues   Y轴的值
        * @param titles         每一个数据系列的标题
         * @param showSetValues 是否在折线上显示数据集的值。true为显示，此
时Y轴上的数值不可见，否则相反
         * @param lineColors     线的颜色数组。为null时取默认颜色，此时最多
绘制3种颜色。
         * @param isSwitch 是否是开关类型，true表示展示电平图 ，false表示
展示折线图
        */
        public static void setLinesChartStyle(final LineChart
lineChart, List<String> xAxisValue, List<List<Float>> yXAxisValues, final
```

```
List<String> timing, List<String> titles, boolean showSetValues,
int[] lineColors, boolean isSwitch) {
            lineChart.getDescription().setEnabled(false);// 设置隐藏图
表描述
          lineChart.setPinchZoom(true);// 设置按比例缩放折线图
          // 添加 marker
          MPChartMarkerView markerView = new MPChartMarkerView(lineChart.
getContext(), R.layout.custom_marker_view);
          lineChart.setMarker(markerView);
          // 设置单击事件，弹出 X 轴每一项的值
               lineChart.setOnChartValueSelectedListener(new
OnChartValueSelectedListener() {
               // 弹出每个点对应的时间
               @Override
               public void onValueSelected(Entry e, Highlight h) {
                       Toast.makeText(lineChart.getContext(), timing.
get((int) e.getX()), Toast.LENGTH_SHORT).show();
               }
               @Override
               public void onNothingSelected() {
               }
          });
       //……
      }
```

上述代码主要用于设置 lineChart 的一些属性，包括：隐藏图表描述、可按比例缩放折线图、添加 MakerView、单击事件。

MarkerView 是 MPAndroidChart 提供的一个抽象类，用于给 chart 设置 marker。setMarkerView（MarkerView mv）方法可以为 chart 设置一个 MarkerView 从而显示选中的值。

MPChartMarkerView 的实现需要通过继承 MakerView 抽象类来完成，然后实现自己的构造方法和继承自 MarkerView 类的抽象方法。代码路径如下：

【代码 6-21】 MPChartMarkerView.java

```
  public class MPChartMarkerView extends MarkerView {
      private ArrowTextView tvContent;
      /**
       * 设置布局
       * @param context
        * @param layoutResource the layout resource to use for the
MarkerView
       */
      public MPChartMarkerView(Context context, int layoutResource)
{
          super(context, layoutResource);
          tvContent = (ArrowTextView) findViewById(R.id.tvContent);
      }
      @Override
      public void refreshContent(Entry e, Highlight highlight) {
          if (e instanceof CandleEntry) {
```

```
                CandleEntry ce = (CandleEntry) e;
                    tvContent.setText(StringUtils.double2String(ce.
getHigh(), 2));
            } else {
                tvContent.setText(StringUtils.double2String(e.getY(), 2));
            }
            super.refreshContent(e, highlight);//必须加上该句话
        }
        private MPPointF mOffset;
        @Override
        public MPPointF getOffset() {
            if(mOffset == null) {
                // center the marker horizontally and vertically
                    mOffset = new MPPointF(-(getWidth() / 2),
-getHeight());
            }
            return mOffset;
        }
    }
```

关键方法如下。

① MPChartMarkerView(Context context, int layoutResource)：构造方法、设置布局、绑定控件。

② refreshContent(Entry e, Highlight highlight)：每次 MarkerView 重绘此方法都会被调用，并提供更新其显示内容的机会（例如，为一个 TextView 设置文本）。它提供了当前突出显示的 Entry 和相应的 Highlight 对象以获得更多信息。

③ getOffset()：返回要绘制的 MarkerView 在 X 轴，Y 轴的偏移位置。此处绘制在点的正上方中心位置。

MPChartMarkerView 加载的布局中还有一个 ArrowTextView 控件，也是我们自定义的控件，效果如如图 6-7 所示。

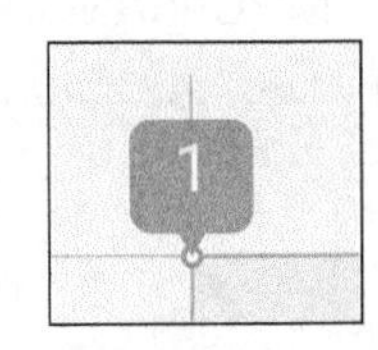

图6–7　MarkerView效果

ArrowTextView 继承自 TextView，上方是一个圆角矩形，下方是一个倒三角，布局文件代码路径如下：

【代码 6-22】 custom_marker_view.xml

```
<?xml version="1.0" encoding="utf-8"?>
<LinearLayout xmlns:android="http://schemas.android.com/apk/res/
android"
    xmlns:app="http://schemas.android.com/apk/res-auto"
    android:layout_width="wrap_content"
```

```
    android:layout_height="wrap_content"
    android:orientation="vertical">
<com.huatec.mvptest.widget.mpChart.ArrowTextView
        android:id="@+id/tvContent"
        android:layout_width="wrap_content"
        android:layout_height="wrap_content"
        android:ellipsize="end"
        android:gravity="center"
        android:maxLines="1"
        android:paddingBottom="10dp"
        android:paddingLeft="10dp"
        android:paddingRight="10dp"
        android:text=""
        android:textColor="@color/white"
        android:textSize="15sp"
        app:bg="@color/lines"
        app:radius="5dp" />
</LinearLayout>
```

由于ArrowTextView继承自TextView，所以其拥有TextView的所有属性，例如：android:ellipsize="end"和android:maxLines="1",二者配合起来最多显示一行,超出部分为省略号。

MrkerView会在执行LineChart的选中事件指令时弹出，单击事件需要通过以下两种方法实现：onValueSelected()和onNothingSelected()。onValueSelected()在点选中时执行，这里弹出了该点对应的时间戳，onNothingSelected()是没有选中的方法。

接下来,我们介绍设置X轴和Y轴的样式的方法,具体用法可参考如下代码中的注释：

【代码 6-23】 MPChartHelper.java

```
        //X 坐标轴设置
        XAxis xAxis = lineChart.getXAxis();
        //X 轴在底部
        xAxis.setPosition(XAxis.XAxisPosition.BOTTOM);
        // 不绘制 X 轴网格
        xAxis.setDrawGridLines(false);
        // 设置最小间隔，防止当放大时，出现重复标签
        xAxis.setGranularity(1f);
        // 设置 X 轴标签个数
        xAxis.setLabelCount(xAxisValue.size());
```

【代码 6-24】 MPChartHelper. java

```
        // 左侧 Y 轴设置
        YAxis leftAxis = lineChart.getAxisLeft();
        //Y 轴标签绘制的位置
        leftAxis.setPosition(YAxis.YAxisLabelPosition.OUTSIDE_CHART);
        // 不绘制 Y 轴网格
        leftAxis.setDrawGridLines(false);
        if (showSetValues) {
            leftAxis.setDrawLabels(false);// 折线上显示值，则不显示坐标轴
上的值
        }
```

```
        // 设置不显示右边的 Y 轴
        lineChart.getAxisRight().setEnabled(false);
```

showSetValues 是一个布尔类型的变量，用于控制是否在折线上显示数据集的值，true 为显示，此时 Y 轴上的数值不可见，否则相反。

接下来我们介绍 Legend 的设置，Legend 的显示能够让用户更好地理解图表。默认情况下，所有的图表类型都支持 Legend，且在设置图表数据后 Legend 会自动生成，代码路径如下：

【代码 6-25】 MPChartHelper.java

```
          // 图例设置
          Legend legend = lineChart.getLegend();
          // 图例的位置，在图表正上方
            legend.setHorizontalAlignment(Legend.LegendHorizontal
Alignment.CENTER);
            legend.setVerticalAlignment(Legend.LegendVertical
Alignment.TOP);
            legend.setOrientation(Legend.LegendOrientation.
HORIZONTAL);
          legend.setDrawInside(false);
            legend.setDirection(Legend.LegendDirection.LEFT_TO_
RIGHT);
          legend.setForm(Legend.LegendForm.LINE);
          // 设置图例文字大小
          legend.setTextSize(12f);
```

Legend 通常通过标签的形式 / 形状来表示多个条目中的每一个，如图 6-8 所示。条目数量自动生成的 Legend 取决于 DataSet 的标签不同颜色的数量。Legend 的标签内容取决于图表中所使用的 DataSet 对象。如果没有为 DataSet 对象指定标签，图表将进行自动生成；如果多个颜色被用于一个 DataSet，这些颜色的分类只通过一个标签说明。

电平图: 0代表关, 1代表开

图6–8　图例效果

DataSet 类是所有数据集类的基类，如 LineDataSet、BarDataSet 等。DataSet 类是 Chart 中一组或一类的 Entry 的集合，它被设计成 Chart 内部逻辑上分离的不同值组（例如，LineChart 中特定行的值或 BarChart 中特定 bar 组的值）。DataSet 类中采用的实现方法，可用于所有子类。

设置好图表的基本样式之后，我们需要为 LineChart 设置 Data，这时候就需要用到 LineDataSet(DataSet 子类)。

①组装单个条目的集合并组装一组条目的集合，代码路径如下：

【代码 6-26】 MPChartHelper.java

```
  private static void setLinesChartData(LineChart lineChart,
List<List<Float>> yXAxisValues, List<String> titles, boolean
showSetValues, int[] lineColors, boolean isSwitch) {
    //Entry 是一个 (x,y) 对，条目可以被理解为一条线上的点集合，条目集可以被理解
为线集合
```

```
        List<List<Entry>> entriesList = new ArrayList<>();
        //循环遍历线集合
        for (int i = 0; i < yXAxisValues.size(); ++i) {
            ArrayList<Entry> entries = new ArrayList<>();
            //循环遍历
            for (int j = 0, n = yXAxisValues.get(i).size(); j < n; j++) {
            //Entry(x, y)  j表示X轴坐标, yXAxisValues.get(i).get(j)表示Y
轴坐标
                entries.add(new Entry(j, yXAxisValues.get(i).get(j)));
            }
            entriesList.add(entries);
        }
  ……
  }
```

②为LineChart设置数据，分为两种情况：一种是在LineData不为空的情况下，我们只需更新图表数据即可；另一种是在LineData为空的情况下，需要为图表设置LineData，并定义线的样式和数据格式。

在介绍LineData之前，我们先来介绍一下ChartData，ChartData是所有数据类的基类，比如LineData、BarData等，它可以通过setData(ChartData data){...}方法为Chart提供数据。ChartData类中实现的方法，可用于所有子类。

1）LineData不为空的情况代码路径如下：

【代码6-27】 MPChartHelper.java

```
  private static void setLinesChartData(LineChart lineChart,
List<List<Float>> yXAxisValues, List<String> titles, boolean
showSetValues, int[] lineColors, boolean isSwitch) {
  ……
     //图表数据不为空
    if (lineChart.getData() != null && lineChart.getData().
getDataSetCount() > 0) {
              for (int i = 0; i < lineChart.getData().
getDataSetCount(); ++i) {
          //LineDataSet可以看作是一条线
  LineDataSet set = (LineDataSet) lineChart.getData().
getDataSetByIndex(i);
                   //为每条线设置数据
                   set.setValues(entriesList.get(i));
                   //设置图例
                    set.setLabel(titles.get(i));
  // 设置该DataSet的线宽（最小= 0.2F，最大= 10F）；默认1F；注意：线越细，
性能越好，线越宽，性能越差
  //                set.setLineWidth(1.75f); // 线宽
          //设置线圈的大小（半径），默认为 4F
  //                set.setCircleSize(5f);// 显示的圆形大小
              }
          //数据改变，刷新页面
            lineChart.getData().notifyDataChanged();
```

```
                lineChart.notifyDataSetChanged();
            //图表数据为空，初始化
            } else{
    }
    //……
    }
```

LineDataSet可以看成是一条折线，我们需要为这条折线设置数据，设置图例上的标题；也可以设置线的宽度和点的线圈大小。

2）LineData为空的情况代码路径如下：

【代码6-28】 MPChartHelper.java

```
      else {
               ArrayList<ILineDataSet> dataSets = new ArrayList<>();
               for (int i = 0; i < entriesList.size(); ++i) {
                   LineDataSet set = new LineDataSet(entriesList.
get(i), titles.get(i));
  //                 set.setLineWidth(1.75f); // 线宽
  //                 set.setCircleSize(5f);
                  if (isSwitch) {
                     //设置为方形折线
                        set.setMode(set.getMode() == LineDataSet.
Mode.STEPPED
                              ? LineDataSet.Mode.LINEAR
                              : LineDataSet.Mode.STEPPED);
                  }
                  if (lineColors != null) {
                     //设置线的颜色
                        set.setColor(lineColors[i % entriesList.
size()]);
                     //设置线圈的颜色
                           set.setCircleColor(lineColors[i %
entriesList.size()]);
                     //设置线圈的内圆（孔）的颜色
                     set.setCircleColorHole(Color.WHITE);
                  } else {
                     set.setColor(LINE_COLORS[i % 3]);
                     set.setCircleColor(LINE_COLORS[i % 3]);
                     set.setCircleColorHole(Color.WHITE);
                  }
                  dataSets.add(set);
  }
  ……
        }
```

如果LineData为空，则需要先对LineDataSet赋值（LineDataSet相当于一条线）；然后再通过setMode()方法设置线的样式。此时，需要传入一个LineDataSet.Mode参数，Mode是一个枚举类，有4种类型，分别是LINEAR（线性）、STEPPED（跨步）、CUBIC_BEZIER（立体贝塞尔）、HORIZONTAL_BEZIER（水平贝塞尔）。isSwitch

变量用于区分通道类型，布尔型设置为 STEPPED，数值型设置为 LINEAR。

接下来是线、线圈、线圈实心的颜色设置，最多可设置 3 种颜色，代码路径如下：

【代码 6-29】 MPChartHelper.java

```
public static final int[] LINE_COLORS = {
            Color.rgb(140, 210, 118), Color.rgb(159, 143, 186),
Color.rgb(233, 197, 23)
    };// 绿色、紫色、黄色
```

线的数据和样式都定义好之后，将其添加到 dataSets 集合中，用于构建 LineData 对象，代码路径如下：

【代码 6-30】 MPChartHelper.java

```
else{
……
     LineData data = new LineData(dataSets);
            if (showSetValues) {
                 // 设置 DataSet 数据对象包含的数据的值文本的大小（单位是
dp）。
                data.setValueTextSize(10f);
                    // 为 LineData 数据对象包含的数据设置自定义的
ValueFormatter
                data.setValueFormatter(new IValueFormatter() {
                    @Override
                     public String getFormattedValue(float value,
Entry entry, int i, ViewPortHandler viewPortHandler) {
                        return StringUtils.double2String(value,2);
                    }
                });
            } else {
                // 启用 / 禁用绘制所有 DataSets 数据对象包含的数据的值文本
                data.setDrawValues(false);
            }
            // 为折线图设置数据
lineChart.setData(data);
}
```

LineData 可以设置数据集文本的大小，也可以自定义 IValueFormatter 数据格式器。

IValueFormatter 是一个接口，在被绘制到屏幕之前允许自定义图表内所有的值的格式。我们创建自定义的格式类并让它实现 IValueFormatter 接口，然后覆盖 getFormattedValue(...) 方法返回你想要的数据类型。

getFormattedValue() 方法返回的是保留两位小数的数值。double2String 是一个工具类，可将 double 转为 string，并最多保留 num 位小数，这里 num=2。

setDrawValues(boolean enabled) 方法用于启用 / 禁用绘制所有 DataSets 数据对象包含的数据的值文本。

setData() 是用来为 LineChart 提供数据的。

到这里，整个折线图的绘制就结束了。

最后，不要忘记在 AndroidManifest.xml 中注册 LineChartActivity，代码路径如下：

【代码 6-31】 AndroidManifest.xml

```
<activity android:name=".ui.visualization.LineChartActivity"
            android:configChanges="orientation|keyboardHidden|scre
enSize|"
            android:launchMode="singleTask"
            android:screenOrientation="portrait"/>
```

综上所述，图表的绘制还是相当复杂的，特别是在加载大量数据的同时又要求较高的用户体验时。MPAndroidChart 是一个非常优秀且强大的开源库，项目中所用的也只是冰山一角，更多的用法还需要通过 MPAndroidChart 提供的 wiki 来学习。

6.1.3 任务回顾

知识点总结

本章主要涉及的知识点如下所述：

1. 数据可视化的作用；
2. MPAndroidChart 框架核心功能、适用场景；
3. MPAndroidChart 的配置和基本使用（以 LineChart 为例）；
4. LineChart X 轴，Y 轴、Labels 样式设置；
5. LineChart 交互手势、缩放、拖拽；
6. LineChart 设置数据、设置颜色；
7. 图例 Legend；
8. 大数据加载、修改视窗 Viewport；
9. 初次进入动画；
10. 添加 MarkerView；
11. 数据格式器；
12. ChartData 类、ChartData 子类、DataSet 类、DataSet 子类。

学习足迹

图 6-9 所示为任务一的学习足迹。

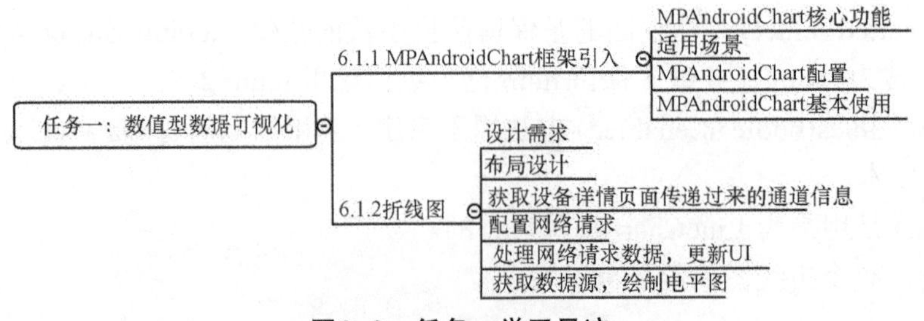

图6-9 任务一学习足迹

思考与练习

1.MPAndroidChart 支持 API________以上，支持平台有________和________。

2. 请简述 MPAndroidChart 至少 6 个核心功能。

3. 请解释 LineData 和 LineDataSet 的含义。

4. 编程题，如图 6-10 所示，根据任务一中所讲内容，使用 LineChart 实现如下样式，单击图中的点，显示数值，图表可缩放、可拖动。

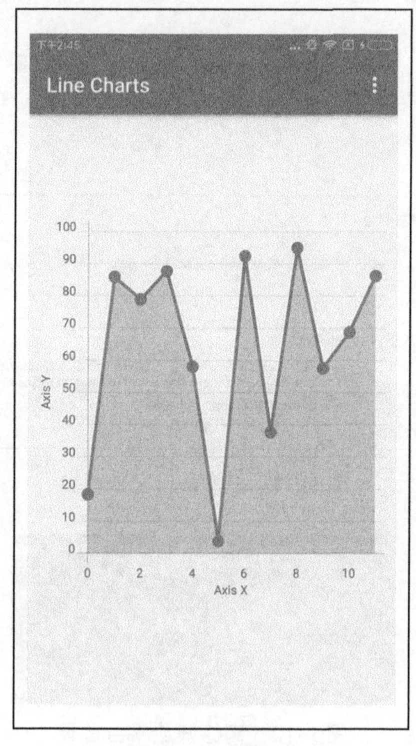

图6-10　折线图

6.2　任务二：GPS 型数据可视化

【任务描述】

“您好！滴滴专车”“100 米后左转”“允许获取当前的位置信息吗？”“骑手正在向您飞奔”。这些字眼，几乎每天都会出现在我们的生活中，人们已经越来越离不开这些位置信息服务类 App 所带来的便捷。不仅在出行类 App 中，在游戏、社交、电商、O2O、运动、智能硬件等各类 App 中都能看到 LBS 的身影。

和我们项目息息相关的就是智能硬件中的 GPS 型通道，智能硬件获取定位数据，然后传送给服务端进行处理，最后在手机软件中进行定位、轨迹追踪等。我们接下来的任务就是绘制设备的移动轨迹。

6.2.1 引入高德地图

第三方地图开放平台主要有高德地图、百度地图、腾讯地图、谷歌地图。其中由于谷歌地图国内不能访问，因此不推荐使用。其他 3 家均可以满足我们项目的需求，所以选择哪个地图都可以。本次任务，我们以高德地图为例，讲解如何使用高德开放平台创建应用，下载 SDK。

1. 注册账号

① 在浏览器中输入“高德开放平台”，如图 6-11 所示。高德开放平台首页如图 6-12 所示。

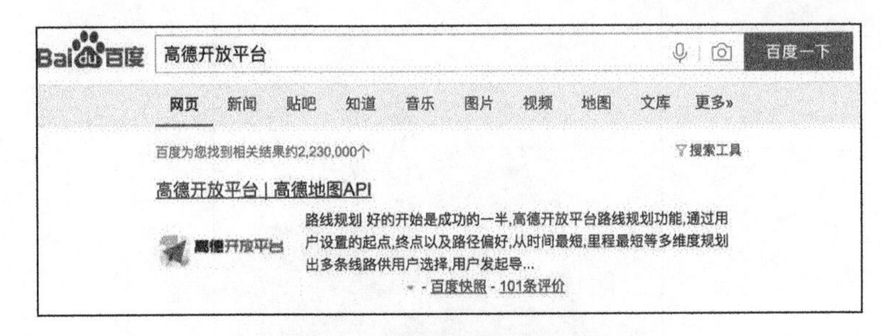

图6-11 搜索高德开放平台

图6-12 高德开放平台首页

② 在页面“右上方导航栏处”有登录注册入口，如图 6-13 所示。如果已经注册，可直接登录，如果未注册，需要先注册再登录。

图6-13 登录注册

注册分为四步，具体如下。

第一步：填写账号信息，通过手机号 + 验证码的方式，完成验证，单击“下一步”按钮，如图 6-14 所示。

第二步：选择开发者类型，分为个人开发者和企业开发者，可根据描述进行选择。这里我们选择个人开发者，如图 6-15 所示。

第三步：完善开发者信息，填入真实姓名、邮箱，红色 * 代表必填项，如图 6-16 所示。

第四步：获取验证码，验证码发送到注册填写的邮箱，单击“下一步”按钮，如图 6-17 所示。

完成注册，如图 6-18 所示。

图6-14　填写账号信息

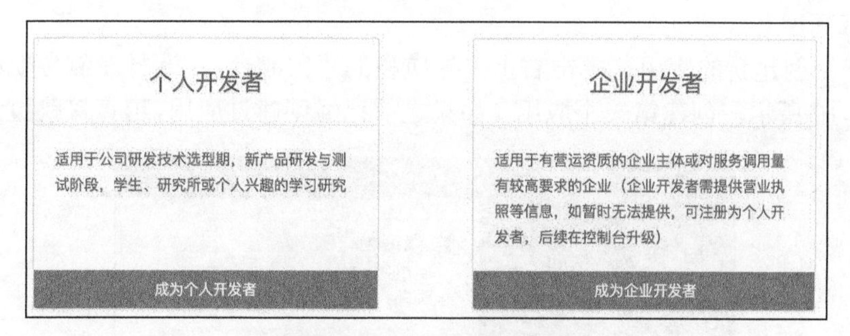

图6-15　选择开发者类型

* 姓名
* 邮箱
拖动验证
验证通过
0692
获取验证码
个人主页
请输入个人主页
开发者简介
智能硬件开发
下一步
重新选择开发者类型

图6-16　完善开发者信息

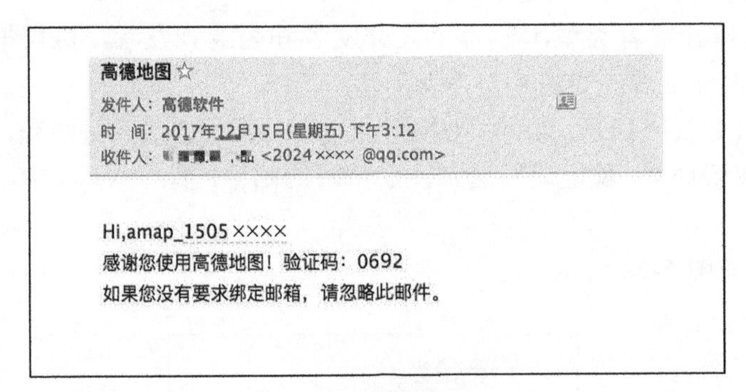

图6-17 获取验证码

图6-18 注册成功

账号注册成功后，请务必先阅读“入门指南”。

2. 获取高德 Key

第一步：创建新的应用，单击右上方导航栏的“控制台”，选择左侧导航栏“应用管理”，如图 6-19 所示。创建第一个应用（如果之前已经创建过应用，可直接跳过这个步骤）。

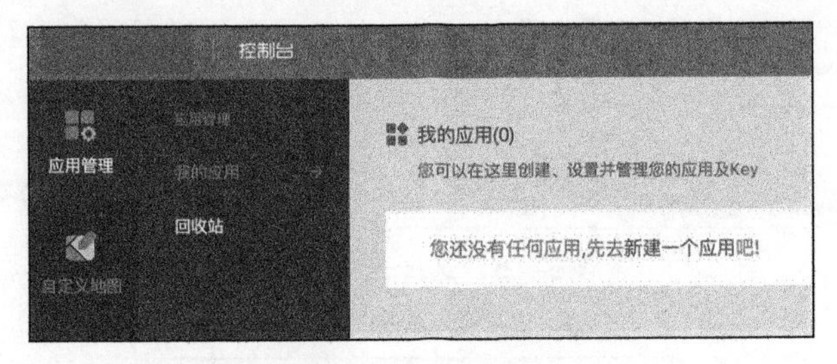

图6-19 应用管理

第二步：输入应用名字（可自定义）这里我们取名为 IoT（物联网），然后输入应用类型，如果没有合适的类型可以选择“其他”，如图 6-20 所示。

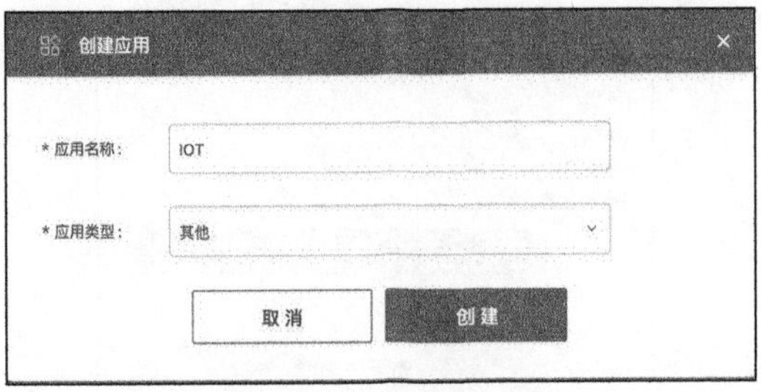

图6-20 创建应用

第三步：单击“创建”，应用就被创建成功了，如图 6-21 所示。

图6-21　成功创建应用

第四步：在创建的应用上单击“添加新 Key”按钮后，输入 key 称，选择服务平台为“Android 平台”，最后依次输入发布版安全码 SHA1、调试版安全码 SHA1 以及 PackageName，如图 6-22 所示。

图6-22　添加Key

Key 名称：IoT-App，建议命名方式：**【应用名 + 应用场景】**。

服务平台：Android 平台

安全码 SHA1：可单击“如何获取”，根据高德官方提供的文档获取，也可参考下文。

PackageName：方式一——可在 AndroidManifest.xml 中 package 标签下获取，代码路径如下：

【代码 6-32】 AndroidManifest.xml

```
<manifest xmlns:android="http://schemas.android.com/apk/res/android"
package="com.huatec.mvptest">
……
</manifest>
```

方式二——App 下的 build.gradle 的 ApplicationID，即为包名。

Key 获取方式：

大多数 App 在调试时使用的签名文件（debug keystore）和最终发布使用的签名文件（自定义的 keystore）是不同的，不同签名文件的 SHA1 值也是不同的。

（1）调试版 SHA1

第一步：打开 Android Studio 的 Terminal 工具。

第二步：输入命令。

```
keytool -list -v -keystore ~/.android/debug.keystore
```

第三步：输入 Keystore 密码。

```
Android
```

回车，获取调试版 SHA1，如图 6-23 所示。

```
密钥库类型: JKS
密钥库提供方: SUN

您的密钥库包含 1 个条目

别名: androiddebugkey
创建日期: 2017-8-26
条目类型: PrivateKeyEntry
证书链长度: 1
证书[1]:
所有者: C=US, O=Android, CN=Android Debug
发布者: C=US, O=Android, CN=Android Debug
序列号: 1
有效期开始日期: Sat Aug 26 21:59:41 CST 2017, 截止日期: Mon Aug 19 21:59:41 CST 2047
证书指纹:
         MD5: 60:E0:EC:B2:2E:68:2A:79:DE:70:17:B9:D6:FC:42:10
         SHA1: 07:34:C1:00:5C:CC:AC:FF:16:33:52:42:6D:A4:90:7A:0C:AD:6A:CE
         SHA256: 6C:8E:4D:4F:F7:36:D6:71:F9:A9:E2:05:F3:7B:F4:08:7F:E5:5B:66:EA:29:1F:AB:DC:37:8E:BB:EC:64:75:E3
         签名算法名称: SHA1withRSA
         版本: 1
```

图6-23　调试版SHA1

（2）正式版 SHA1

正式版 SHA1 的获取基于发布版本的签名文件，那么，如何生成签名文件呢？

第一步：右键单击项目名称，选择 new->Directory，如图 6-24 所示。

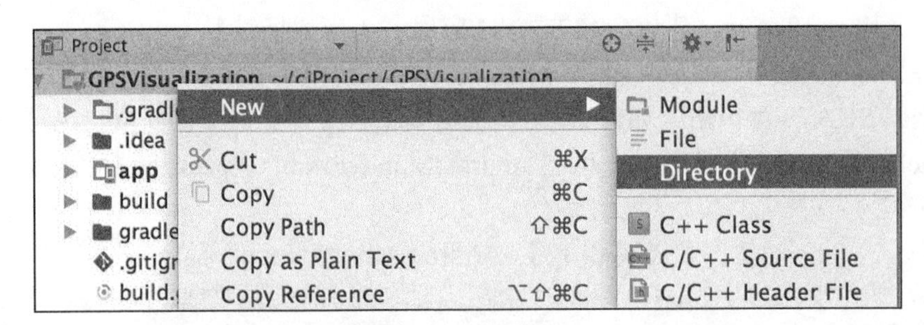

图6-24　新建文件夹

第二步：创建“Jks”文件夹，如图 6-25 所示用于存放 keystore 文件。

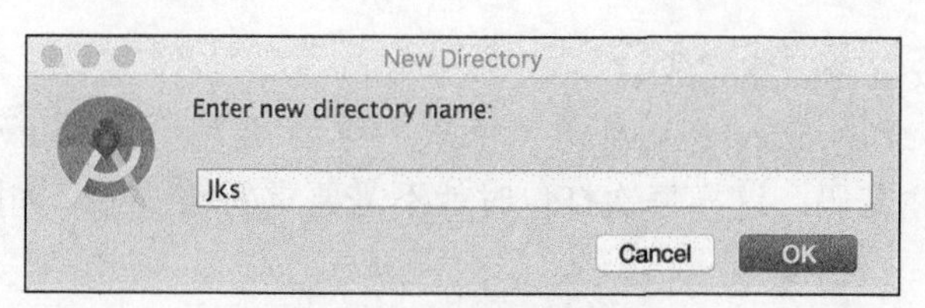

图6-25　创建Jks文件夹

第三步：选择 Bulid->Generate Signed APK，如图 6-26 所示。

Generate Signed APK
Key store path:
Create new...
Choose existing...
Key store password:
Key alias:
Key password:
Remember passwords
Cancel
Previous
Next

图6-26　Signed APK

如果已有签名文件，则选择“Choose existing”，填入路径；如果没有，则重新创建。选择“Create new”，找到项目下 Jks 文件夹，然后选中，并自定义签名文件名字为“keystore”（名字可任意取），在 Android Studio 中签名文件的后缀名是“.jks”，如图 6-27 所示。

Choose keystore file
Save as *.jks
Hide path
/Users/mgxc2/cjProject/GPSVisualization/Jks
DataVisualization
DeviceDetails
ExperimentProject
GPSVisualization
app
build
gradle
Jks
hiot
hiot_cloud
HomeTest2
huatec
MicrolecturesProject
Mujizx_1
RegisterAndLogin
User
Desktop
Drag and drop a file into the space above to quickly locate it in the tree
File name: keystore
jks
Cancel
OK

图6-27　创建签名文件

单击“OK”按钮，创建完成。

第四步：输入 Key store password（每次签名都要输入）、Key alias（别名）、Key password，选中记住密码，这样每次打包时就不需要重新输入了，如图 6-28 所示。

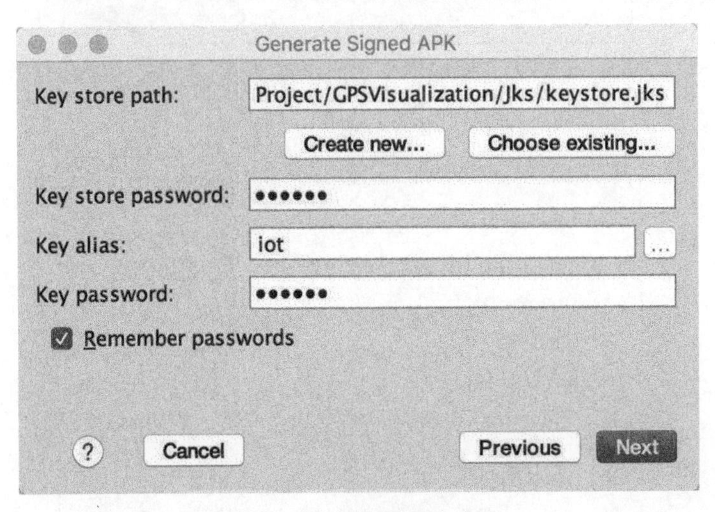

图6-28 配置路径别名密码

【注意】

以上所填信息务必记住，打包和获取正式版 SHA1 都需要用到。

第五步：单击“Next”按钮，进入 key 配置页面，如图 6-29 所示，key 配置相关参数见表 6-1。

图6-29 配置key相关信息

表6-1 key配置

参数	说明
Alias	别名（创建时的别名）
Validity	签名有效时间，默认25年
Certificate	证书
First and Last Name	开发者名字
Organization Unit	组织单位
Organization	组织
City or Locality	城市或地区
State or Province	州或省
Country Code(xx)	国家代码，中国可填86

参考表格中的标注，根据实际需求将 key 的配置信息补充完整，单击“OK”按钮，进入图 6-30 所示的页面。

图6-30 Keystore密码验证

第六步：进行 Keystore 密码验证，单击“OK”按钮，进入打包页面，这时候签名文件已经生成了。

有了签名文件，我们就可以获取正式版的 SHA1 了。

第一步：打开 Android Studio 的 Terminal 工具。

第二步：输入命令 keytool -v -list -keystore keystore 文件路径。

```
keytool -v -list -keystore ~mgxc2/cjProject/GPSVisualization/Jks/
keystore.jks
```

第三步：输入 Keystore 密码。

```
123456
```

第四步：回车，获取 SHA1，如图 6-31 所示。

填入发布版和调试版的 SHA1 信息，勾选择“我已阅读高德地图 API 服务条款和高德服务条款及隐私权政策”后，勾选此选项，单击“提交”，完成 Key 的申请，如图 6-32 所示。

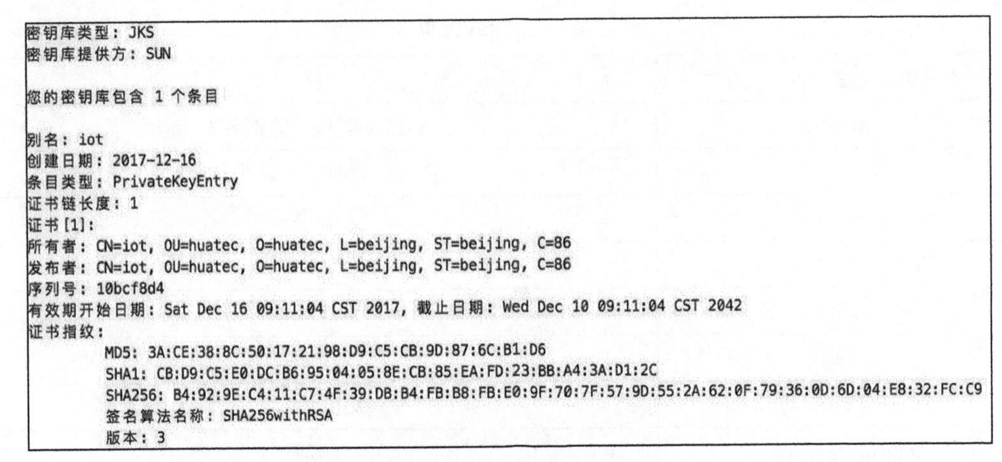

```
密钥库类型: JKS
密钥库提供方: SUN

您的密钥库包含 1 个条目

别名: iot
创建日期: 2017-12-16
条目类型: PrivateKeyEntry
证书链长度: 1
证书[1]:
所有者: CN=iot, OU=huatec, O=huatec, L=beijing, ST=beijing, C=86
发布者: CN=iot, OU=huatec, O=huatec, L=beijing, ST=beijing, C=86
序列号: 10bcf8d4
有效期开始日期: Sat Dec 16 09:11:04 CST 2017, 截止日期: Wed Dec 10 09:11:04 CST 2042
证书指纹:
         MD5: 3A:CE:38:8C:50:17:21:98:D9:C5:CB:9D:87:6C:B1:D6
         SHA1: CB:D9:C5:E0:DC:B6:95:04:05:8E:CB:85:EA:FD:23:BB:A4:3A:D1:2C
         SHA256: B4:92:9E:C4:11:C7:4F:39:DB:B4:FB:B8:FB:E0:9F:70:7F:57:9D:55:2A:62:0F:79:36:0D:6D:04:E8:32:FC:C9
         签名算法名称: SHA256withRSA
         版本: 3
```

图6-31　正式版SHA1

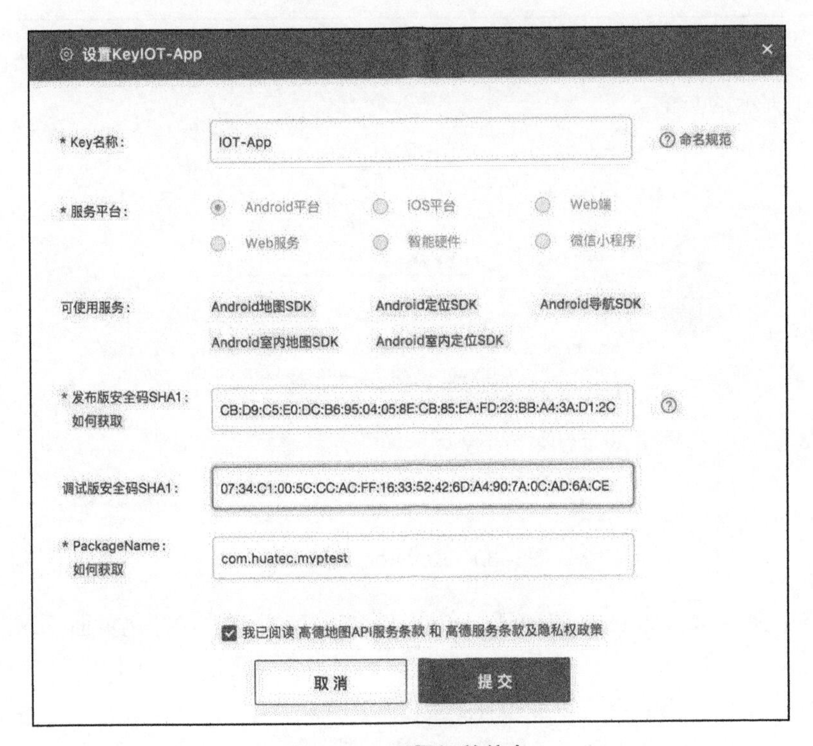

图6-32　配置相关信息

此时可以在所创建的应用下面看到刚刚申请的 Key 了，如图 6-33 所示。

Key名称	Key	绑定服务
IOT-App	f185cdeea88d09ad5d060d90900c3685	Android平台

图6-33　Key创建完成

【注意】

1个Key只能用于1个应用（多渠道安装包属于多个应用），1个Key在多个应用上使用会出现服务调用失败的情况。

3. 下载所需 SDK

获取 Key 之后，我们需要下载所需的 SDK，并在 Android Studio 中完成配置。查看开发文档中的“相关下载”。

相关下载中包括：Android 地图 SDK 一键下载、开发包定制下载、示例代码、参考文档下载（开发文档、POI 分类编码表、城市编码表）。具体详情参考下载文档。

这里我们选择“开发包定制下载”，功能根据实际需求选择。这里选择 3D 地图、定位 SDK、搜索功能，不需要导航功能，所以不选，如图 6-34 所示。

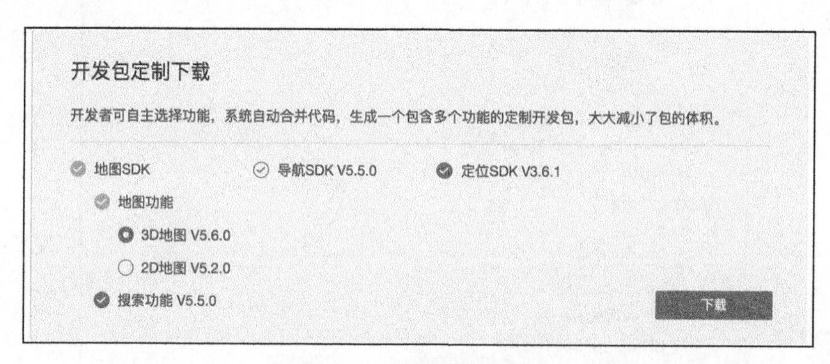

图6-34　开发包定制下载

第一次使用高德地图的同学，建议下载示例代码，如图 6-35 所示，能更好地帮助我们使用 API。

图6-35　示例代码

下载定制的开发包，并解压，如图 6-36 所示。

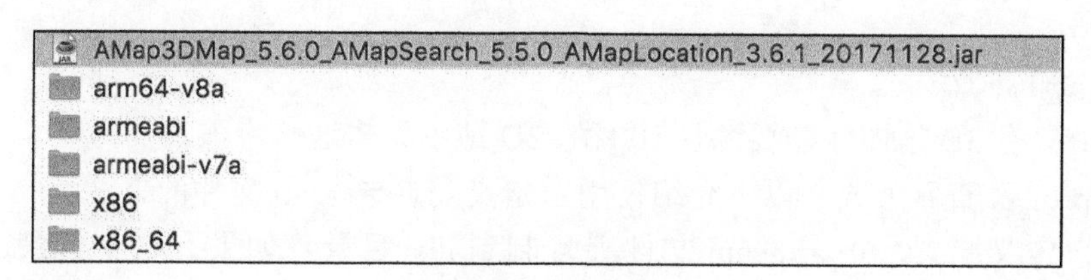

图6-36　定制SDK

第一个是合并好的jar包，其余的文件夹是so库。下面参考开发指南中的“Android Studio配置工程”进行配置。

（1）添加jar文件

将下载的地图SDK的jar包复制到工程的libs目录下，如果有老版本jar包在其中，则需删除。右键单击该jar包，选择Add As Library，导入到工程中，如图6-37所示。

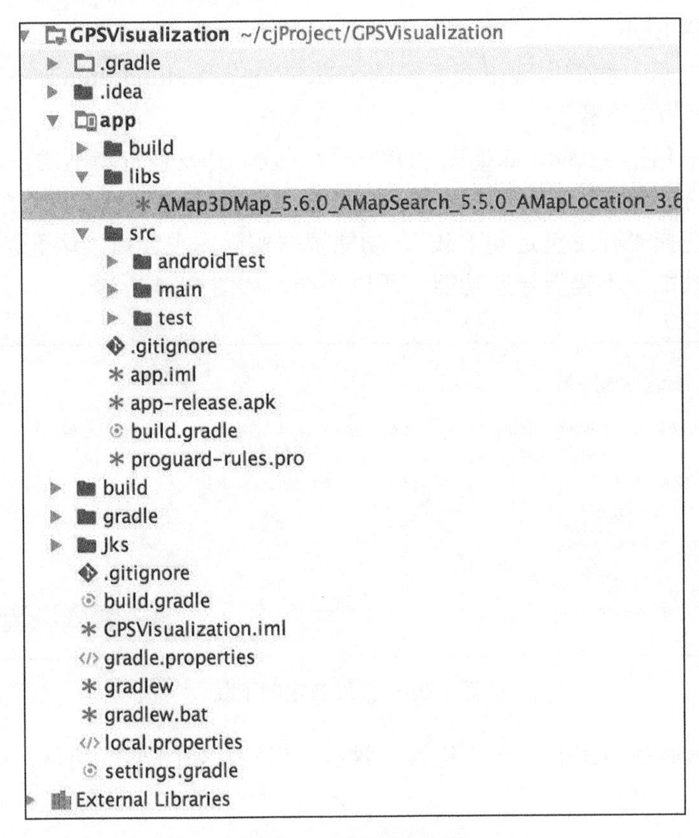

图6-37 添加jar文件

此时，App下的build.gradle中会自动生成如下信息，代码路径如下：

【代码6-33】 Module build.gradle

```
dependencies {
    // 高德地图
  implementation files('libs/AMap3DMap_5.6.0_AMapSearch_5.5.0_
AMapLocation_3.6.1_20171128.jar')
  }
```

（2）添加so库

说明：只有3D地图才需要添加so库，2D地图无需这一步骤。

保持project查看方式，以下介绍使用自定义配置导入so文件的方法。

使用自定义配置，将armeabi文件夹复制到libs目录，如果有这个目录，则将下载的so库复制到这个目录，如图6-38所示。

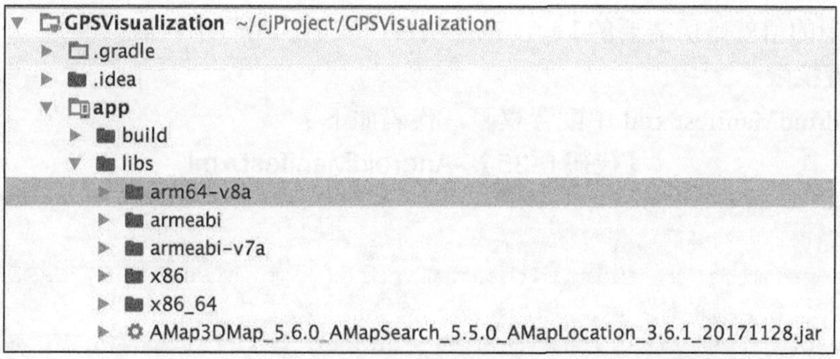

```
▼ GPSVisualization ~/cjProject/GPSVisualization
  ▶ .gradle
  ▶ .idea
  ▼ app
    ▶ build
    ▼ libs
      ▶ arm64-v8a
      ▶ armeabi
      ▶ armeabi-v7a
      ▶ x86
      ▶ x86_64
      ▶ AMap3DMap_5.6.0_AMapSearch_5.5.0_AMapLocation_3.6.1_20171128.jar
```

图6-38 添加so库

然后打开 build.gradle，找到 sourceSets 标签，在里面增加一项配置，如图 6-39 所示。

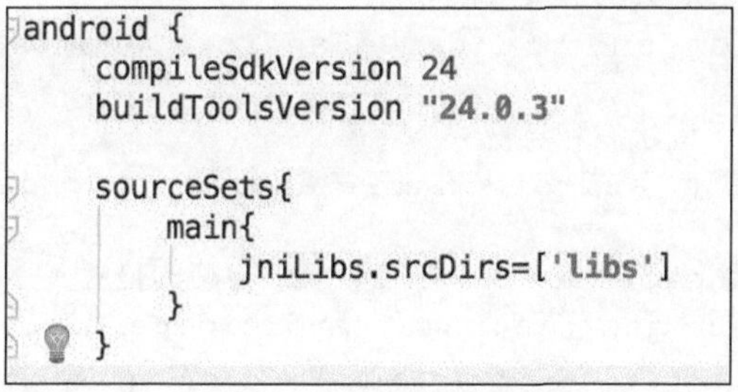

```
android {
    compileSdkVersion 24
    buildToolsVersion "24.0.3"

    sourceSets{
        main{
            jniLibs.srcDirs=['libs']
        }
    }
```

图6-39 配置sourceSets路径

【注意】

确保添加的 so 库文件与平台匹配，何为 so 文件与平台匹配呢？

arm 与 x86，代表核心处理器（cpu）的两种架构。对于不同的架构需要引用不同的 so 文件，如果引用出现错误是不能正常使用 SDK 的。解决这个问题最简单的办法是在 libs 或 jnilibs 文件夹下只保留 armeabi 一个文件夹。

配置好相关依赖之后，我们需要在 AndroidManifest.xml 中进行 Key 和权限的配置，可参考“开发指南—开发注意事项”文档。

4. 配置高德 Key

为了保证高德 Android SDK 的功能正常使用，需要申请高德 Key 并且将其配置到项目中。在 AndroidManifest.xml 的 applicatio 标签中配置 Key，添加代码如下：

【代码 6-34】AndroidManifest.xml

```
<!-- 高德地图配置所需要的 key-->
<meta-data
            android:name="com.amap.api.v2.apikey"
            android:value="f185cdeea88d09ad5d060d90900c3685"/>
```

value 中的值就是所需要的 key，在控制台“我的应用”中获取。

5. 配置权限

在 AndroidManifest.xml 中配置权限，代码如下：

【代码 6-35】 AndroidManifest.xml

```
// 地图包、搜索包需要的基础权限
<!-- 允许程序打开网络套接字 -->
<uses-permission android:name="android.permission.INTERNET" />
<!-- 允许程序设置内置 sd 卡的写权限 -->
<uses-permission android:name="android.permission.WRITE_EXTERNAL_
STORAGE" />
<!-- 允许程序获取网络状态 -->
<uses-permission android:name="android.permission.ACCESS_NETWORK_
STATE" />
<!-- 允许程序访问 WiFi 网络信息 -->
<uses-permission android:name="android.permission.ACCESS_WIFI_
STATE" />
<!-- 允许程序读写手机状态和身份 -->
<uses-permission android:name="android.permission.READ_PHONE_
STATE" />
<!-- 允许程序访问 CellID 或 WiFi 热点来获取粗略的位置 -->
<uses-permission android:name="android.permission.ACCESS_COARSE_
LOCATION" />
```

6. 配置混淆

在 proguard-rules.pro 中配置混淆，参照官方文档，代码路径如下：（如果报出 warning，在报出 warning 的包加入类似的语句：-dontwarn 包名）。

【代码 6-36】 proguard-rules.pro

```
3D 地图 V5.0.0 之前：
-keep   class com.amap.api.maps.**{*;}
-keep   class com.autonavi.amap.mapcore.*{*;}
-keep   class com.amap.api.trace.**{*;}
3D 地图 V5.0.0 之后：
-keep   class com.amap.api.maps.**{*;}
-keep   class com.autonavi.**{*;}
-keep   class com.amap.api.trace.**{*;}
定位
-keep class com.amap.api.location.**{*;}
-keep class com.amap.api.fence.**{*;}
-keep class com.autonavi.aps.amapapi.model.**{*;}
搜索
-keep   class com.amap.api.services.**{*;}
```

7. 显示地图

请参考官方开发指南 - 显示地图。

（1）初始化地图容器

MapView 是 AndroidView 类的一个子类，用于在 Android View 中放置地图。MapView 是地图容器。用 MapView 加载地图的方法与 Android 提供的其他 View 一样，具体的使用步骤如下：

首先在布局xml文件中添加地图控件，代码路径如下：

【代码 6-37】 activity_gps_map.xml

```
<?xml version="1.0" encoding="utf-8"?>
<LinearLayout xmlns:android="http://schemas.android.com/apk/res/
android"
    android:layout_width="match_parent"
    android:layout_height="match_parent"
    xmlns:app="http://schemas.android.com/apk/res-auto"
    android:gravity="center_horizontal"
    android:orientation="vertical">
<!-- 标题栏省略 -->
<!-- 地图控件 -->
<com.amap.api.maps.MapView
        android:id="@+id/map"
        android:layout_width="match_parent"
        android:layout_height="match_parent" />
</LinearLayout>
```

（2）其路径如下：合理管理地图生命周期

【代码 6-38】 GpsHistoryActivity.java

```
public class GpsHistoryActivity extends BaseActivity<GpsHistoryView,
GpsHistoryPresenter> implements GpsHistoryView{
    @BindView(R.id.map)
    MapView mapView;
@Override
    protected void onCreate(Bundle savedInstanceState) {
        super.onCreate(savedInstanceState);
        setContentView(R.layout.activity_gps_map);
//在activity执行onCreate时执行mMapView.onCreate(savedInstanceState),
创建地图
         mapView.onCreate(savedInstanceState); // 此方法须覆写，虚拟
机需要在很多情况下保存地图绘制的当前状态
        //显示地图
        initMap();
    }
    @Override
    protected void onResume() {
        super.onResume();
        //在activity执行onResume时执行mMapView.onResume (),重新绘
制加载地图
        mapView.onResume();
    }
    @Override
    protected void onPause() {
        super.onPause();
        //在activity执行onPause时执行mMapView.onPause (),暂停地图的
绘制
        mapView.onPause();
```

```
    }
    @Override
    protected void onDestroy() {
        super.onDestroy();
         // 在 activity 执行 onDestroy 时执行 mMapView.onDestroy()，销毁
地图
        mapView.onDestroy();
    }
    @Override
    protected void onSaveInstanceState(Bundle outState) {
        super.onSaveInstanceState(outState);
          // 在 activity 执 行 onSaveInstanceState 时 执 行 mMapView.
onSaveInstanceState (outState)，保存地图当前的状态
        mapView.onSaveInstanceState(outState);
    }
}
```

（3）显示地图

MapView 对象初始化完毕后，构造 AMap 对象，代码路径如下：

【代码 6-39】 GpsHistoryActivity.java

```
    private AMap aMap; // 地图对象
    /**
      * 初始化地图
      */
     private void initMap() {
         // 获取地图对象
         if (aMap == null) {
             aMap = mapView.getMap();
 // 不带地图视角移动动画的方法：
 aMap.moveCamera(CameraUpdateFactory.zoomTo(10));
      }
```

AMap 类是地图的控制器类，用来操作地图。它所承载的工作包括：地图图层切换（如卫星图、黑夜地图）、改变地图状态（地图旋转角度、俯仰角、中心点坐标和缩放级别）、添加点标记（Marker）、绘制几何图形 (Polyline、Polygon、Circle)、监听各类事件（单击、手势等）等，AMap 是地图 SDK 最重要的核心类，诸多操作都依赖它完成。

（4）设置控件交互

控件是指浮在地图图面上的一系列用于操作地图的组件，例如缩放按钮、指南针、定位按钮、比例尺等。UiSettings 类用于操控这些控件，以定制自己想要的视图效果。UiSettings 类对象的实例化需要通过 AMap 类来实现，代码路径如下：

【代码 6-40】 GpsHistoryActivity.java

```
            UiSettings settings = aMap.getUiSettings();
            // 设置比例尺默认显示
            settings.setScaleControlsEnabled(true);
            // 是否显示定位按钮
            settings.setMyLocationButtonEnabled(true);
            // 指南针
```

```
            settings.setCompassEnabled(true);
```

比例尺控件（最大比例是 1:10m，最小比例是 1:1000km），位于地图右下角，可控制其显示与隐藏。App 用户可以通过单击定位按钮在地图上标注一个蓝色定位点，代表其当前位置。不同于以上控件，定位按钮内部的逻辑实现依赖 Android 定位 SDK。指南针用于向 App 用户展示地图方向，默认不显示。

配置好之后，我们在设备详情页面提供一个入口，单击“查看地图轨迹”按钮，进入地图展示页面。

在 AndroidManifest.xml 中注册 GpsHistoryActivity，代码路径如下：

【代码 6-41】 AndroidManifest.xml

```
  <activity android:name=".ui.gpsChannelDetails.GpsHistoryActivity"
              android:configChanges="orientation|keyboardHidden|scre
enSize|"
              android:launchMode="singleTask"
              android:screenOrientation="portrait"/>
```

6.2.2 历史轨迹

地图的展示我们已经实现了，接下来的任务是实现设备运动轨迹的绘制。

由效果图可知，我们需要实现的业务需求如下：

① 对设备上传的经纬度，在地图上定位，添加 maker；

② 将所有的点绘制成大地曲线；

③ 单击 marker，弹出 infoWindow 显示定位时间，同时弹出 Toast 显示具体位置信息；

1. 配置网络请求，获取经纬度集合

① 使用 Swagger 验证 GPS 向上通道历史数据接口，如图 6-40 所示。

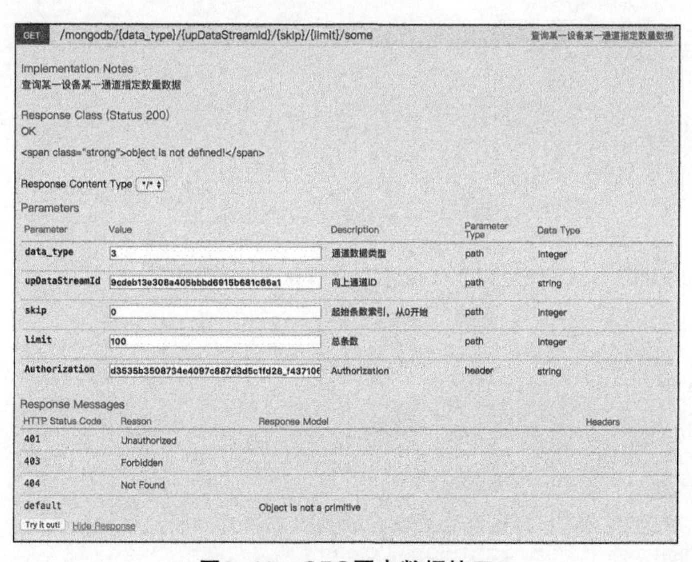

图6-40 GPS历史数据接口

GPS 的 data_type 为 3，这里我们请求 100 个数据点，单击“try it out”，完成验证，

如图 6-41 所示。

根据 JSON 返回数据，创建实体类 GpsDataBean 代码路径如下：

【代码 6-42】 GpsDataBean.java

```
public class GpsDataBean implements Serializable {
    @SerializedName("upDataStreamId")
    private String upDataStreamId;
    @SerializedName("timing")
    private String timing;
    @SerializedName("longitude")
    privatc String longitude;
    @SerializedName("latitude")
    private String latitude;
    @SerializedName("elevation")
private String elevation;
    // 省略 getter setter 方法
}
```

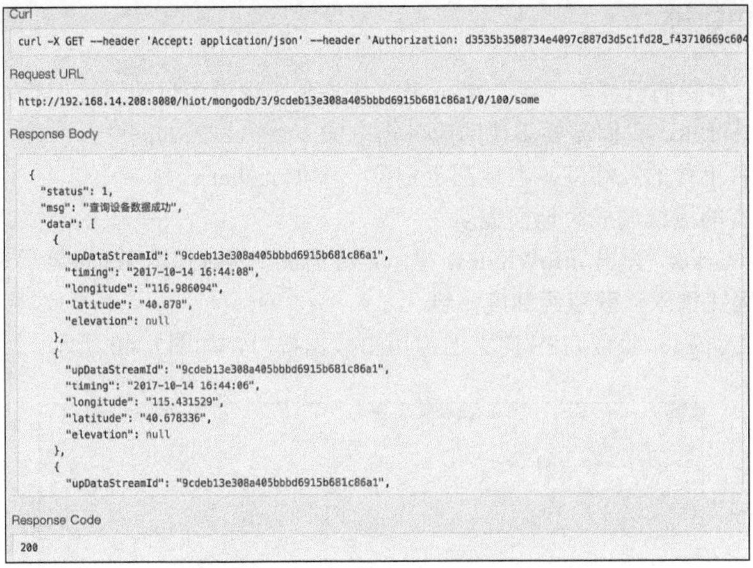

Curl

```
curl -X GET --header 'Accept: application/json' --header 'Authorization: d3535b3508734e4097c887d3d5c1fd28_f43710669c604
```

Request URL

```
http://192.168.14.208:8080/hiot/mongodb/3/9cdeb13e308a405bbbd6915b681c86a1/0/100/some
```

Response Body

```
{
  "status": 1,
  "msg": "查询设备数据成功",
  "data": [
    {
      "upDataStreamId": "9cdeb13e308a405bbbd6915b681c86a1",
      "timing": "2017-10-14 16:44:08",
      "longitude": "116.986094",
      "latitude": "40.878",
      "elevation": null
    },
    {
      "upDataStreamId": "9cdeb13e308a405bbbd6915b681c86a1",
      "timing": "2017-10-14 16:44:06",
      "longitude": "115.431529",
      "latitude": "40.678336",
      "elevation": null
    },
    {
      "upDataStreamId": "9cdeb13e308a405bbbd6915b681c86a1",
```

Response Code

```
200
```

图6-41 获取Response Body

② 在 MyService 接口中描述网络请求方法，配置网络请求类型和参数，代码路径如下：

【代码 6-43】 MyService.java

```
/**
 * 获取 GPS
 * @param data_type 通道类型
 * @param upDataStreamId 向上通道 id
 * @param skip 起始索引
 * @param limit 总条数
 * @param authorization token
 * @return
 */
```

```
    @GET("mongodb/{data_type}/{upDataStreamId}/{skip}/{limit}/some")
    Observable<ResultBase<ArrayList<GpsDataBean>>>
getGpsHistory(@Path("data_type") int data_type,
  @Path("upDataStreamId")String upDataStreamId,
  @Path("skip") int skip, @Path("limit") int limit,
  @Header("Authorization") String authorization);
```

③ 在 DataManager 中管理网络请求，代码路径如下：

【代码 6-44】 DataManager.java

```
    /**
     * 获取 GPS
     * @param id 向上通道 id
     * @param index 起始索引
     * @param limit 总条数
     * @return
     */
     public Observable<ResultBase<ArrayList<GpsDataBean>>>
getGpsHistory(String id, int index, int limit) {
         return myService.getGpsHistory(3, id, index, limit,
userPreferencesHelper.getPrefKeyUserToken());
    }
```

④ 在 GpsHistoryPresenter 中定义网络请求方法，代码路径如下：

【代码 6-45】 GpsHistoryPresenter.java

```
 public class GpsHistoryPresenter extends BasePresenter
<GpsHistoryView> {
    ……
     public void getGpsHistory(String id, int index, int limit,
final ProgressDialog progressDialog) {
         subscribe(dataManager.getGpsHistory(id, index, limit),
new RequestCallBack<ResultBase<ArrayList<GpsDataBean>>>() {
             @Override
             public void onCompleted() {
                 progressDialog.dismiss();
             }
             @Override
 public void onError(Throwable e) {
 progressDialog.dismiss();
             }
             @Override
             public void onNext(ResultBase<ArrayList<GpsDataBean>>
resultBase) {
             }
         });
    }
 }
```

⑤ 在 GpsHistoryActivity 中发送网络请求，代码路径如下：

【代码 6-46】 GpsHistoryActivity.java

```
    /**
```

```
     * 发送网络请求
     */
    public void postGpsPoint() {
        if (NetUtils.isConnected(this)) {
                final ProgressDialog progressDialog = new
ProgressDialog(this,
                    R.style.AppTheme_Dark_Dialog);
            progressDialog.setIndeterminate(true);
            progressDialog.setMessage("请稍后…");
 progressDialog.show();
 //发送网络请求，取 100 个点
            presenter.getGpsHistory(ID, 0, 100, progressDialog);
        } else {
                Toast.makeText(this, "网络连接失败，请检查网络设置",
Toast.LENGTH_SHORT).show();
        }
    }
```

【注意】

这里通道 id 是一个常量，实际项目中应该是可变的，需要从详情页面传递过来。

2. 获取网络请求数据，更新 UI

① 在 GpsHistoryView 中定义更新 UI 的回调方法，代码路径如下：

【代码 6-47】 GpsHistoryView.java

```
public interface GpsHistoryView extends BaseView {
    /**
     * 获取经纬度数据
     * @param data
     */
    void setData(ArrayList<GpsDataBean> data);
    /**
     * 错误提示
     * @param msg
     */
    void showMessage(String msg);
    /**
     * token 失效
     * @param msg
     */
    void tokenOut(String msg);
}
```

② 根据网络请求的不同状态，在 GpsHistoryPresenter 中回调不同的更新 UI 的方法，代码路径如下：

【代码 6-48】 GpsHistoryPresenter.java

```
            @Override
```

```
                public void onError(Throwable e) {
                    getView().showMessage(e.getMessage());
                }
                @Override
                public void onNext(ResultBase<ArrayList<GpsDataBean>>
resultBase) {
                    //请求成功
                    if ("1".equals(resultBase.getStatus())) {
                        getView().setData(resultBase.getData());
                    } else if ("-100".equals(resultBase.getStatus()))
{
                        helper.clear();
                        getView().tokenOut(resultBase.getMsg());
                    } else if ("0".equals(resultBase.getStatus())) {
                        getView().showMessage(resultBase.getMsg());
                    }
                }
```

③ 在 GpsHistoryActivity 中实现更新 UI 回调方法，这里着重讲解 setData() 方法，代码路径如下：

【代码 6-49】 GpsHistoryActivity.java

```
    Polyline polyline;
  @Override
      public void setData(ArrayList<GpsDataBean> data) {
          //点集合
          List<LatLng> latLngs = new ArrayList<>();
          if (data != null && data.size() > 0) {
              for (int i = 0; i < data.size(); i++) {
                  //画 maker
                  drawMarker(Double.parseDouble(data.get(i).
getLatitude()), Double.parseDouble(data.get(i).getLongitude()),
data.get(i).getTiming());
                  //添加到点集合
                  latLngs.add(new LatLng(Double.parseDouble(data.get(i).
getLatitude()), Double.parseDouble(data.get(i).getLongitude())));
              }
              //画线
                polyline = aMap.addPolyline(new PolylineOptions().
addAll(latLngs).geodesic(true).color(Color.RED));
          }
      }
```

该方法返回了网络请求的所有经纬度的集合，LatLng 是经纬度的实体类，List<LatLng> 也就是所有点的集合。

1）首先，遍历 ArrayList<GpsDataBean> 集合中的每一个元素，获取纬度、经度以及定位时间点。经纬度是 Double 类型，后台返回的是 String 类型，需要使用 Double.parseDouble(“”) 进行转化。

2）通过 drawMarker() 方法为每一个定位点添加 Marker。

3）将遍历的经纬度数据添加到 latLngs 集合。

4）通过 aMap.addPolyline(PolylineOptions po) 方法将 latLngs 集合中的点进行连线。

我们先来讲解如何绘制点标记，参考高德地图的《开发指南》的绘制点标记小节。

3. 根据经纬度绘制 Marker

地图 SDK 提供的点标记功能包含两大部分：一部分是点（俗称 Marker）；另一部分是浮于点上方的信息窗体（俗称 InfoWindow）。同时，SDK 对 Marker 和 InfoWindow 封装了大量的触发事件，例如单击事件、长按事件、拖拽事件。

Marker 和 InfoWindow 有默认风格，同时也支持自定义。项目中使用的是自定义 Marker 和默认 InfoWindow。

自定义 Maker，代码路径如下：

【代码 6-50】 GpsHistoryActivity.java

```
    private MarkerOptions markerOption;
    private String locationTime;
   /**
     * 画Marker
     * @param v 纬度
     * @param v1 经度
     * @param time
     */
    private void drawMarker(double v, double v1, String time) {
        locationTime = time;
        markerOption = new MarkerOptions();
        markerOption.position(new LatLng(v, v1));
        markerOption.title("定位时间：" + locationTime);
        markerOption.draggable(true); // 可拖动
        markerOption.setFlat(true);// 设置marker平贴地图
  markerOption.icon(BitmapDescriptorFactory.defaultMarker(BitmapDes
criptorFactory.HUE_RED));
        aMap.addMarker(markerOption);
    }
```

MarkerOptions 是设置 Marker 参数变量的类，自定义 Marker 时会经常用到。接下来，我们看一下 MarkerOptions 的常用属性，具体信息见表 6-2。

表6-2 MarkerOptions常用属性

名称	说明
position	在地图上标记位置的经纬度值，必填参数
title	点标记的标题
draggable	点标记是否可拖拽
snippet	点标记的内容
setFlat	设置点标记贴图效果
icon	点标记的图标
visible	点标记是否可见
anchor	点标记的锚点
alpha	点标记的透明度

InfoWindow 是点标记的一部分，默认的 InfoWindow 只显示 Marker 对象的两个属性：title 和 snippet。调用 Marker 类的 showInfoWindow() 和 hideInfoWindow() 方法可以控制显示和隐藏。当改变 Marker 的 title 和 snippet 属性时，再次调用 showInfoWindow()，可以更新 InfoWindow 显示的内容。

单击 Marker 时会回调 AMap.OnMarkerClickListener，监听器的实现如下：

① 实现 AMap.OnMarkerClickListener 接口；

② 通过 aMap.setOnMarkerClickListener(this); 设置监听器；

③ 实现 onMarkerClick(Marker marker) 方法，代码路径如下：

【代码 6-51】 GpsHistoryActivity.java

```
        /**
         * marker 对象被单击时回调的接口
         * @param marker
         * @return 返回 true 则表示接口已响应事件，否则返回 false
         */
        @Override
        public boolean onMarkerClick(Marker marker) {
            // 逆地理位置编码
                getAddress(marker.getPosition().latitude, marker.
getPosition().longitude);
            return false;
        }
```

单击 Marker 除了会弹出时间点，还会弹出当前定位点的详细位置信息，通过逆地理编码实现，我们会在后文中讲解。

除了 Marker 单击事件之外，项目中还涉及 InfoWindow 的单击事件，实现方式和 Marker 相同。

单击 InfoWindow 时会回调 AMap.OnInfoWindowClickListener，监听器的实现如下：

① 实现 AMap.OnInfoWindowClickListener 接口；

② 通过 aMap.setOnInfoWindowClickListener(this); 设置监听器；

③ 实现 onInfoWindowClick(Marker marker) 方法，代码路径如下：

【代码 6-52】 GpsHistoryActivity.java

```
        /**
         * 设置单击 infoWindow，隐藏 Marker 窗口
         * @param marker
         */
        @Override
        public void onInfoWindowClick(Marker marker) {
            // 隐藏窗口
            marker.hideInfoWindow();
        }
```

添加好 Marker 之后，我们开始画线。

4. 绘制线

地图上绘制的线是由 Polyline 类定义实现的，线由一组经纬度（LatLng 对象）点连

接而成。与点标记一样，Polyline 的属性操作集中在 PolylineOptions 类中，代码路径如下：PolylineOptions 常用属性如图 6-42 所示。

名称	说明
setCustomTexture(BitmapDescriptor customTexture)	设置线段的纹理，建议纹理资源长宽均为2的*n*次方
setCustomTextureIndex(java.util.List<java.lang.Integer> custemTextureIndexs)	设置分段纹理index数组
setCustomTextureList(java.util.List customTextureList)	设置分段纹理list
setDottedLine(boolean isDottedLine)	设置是否画虚线，默认为false，画实线
setUseTexture(boolean useTexture)	是否使用纹理贴图
useGradient(boolean useGradient)	设置是否使用渐变色
visible(boolean isVisible)	设置线段的可见性
width(float width)	设置线段的宽度，单位像素
zIndex(float zIndex)	设置线段Z轴的值

图6-42 PolylineOptions常用属性

【代码 6-53】 GpsHistoryActivity.java

```
    // 画线
            polyline = aMap.addPolyline(new PolylineOptions().
addAll(latLngs).geodesic(true).color(Color.RED));
```

项目中是绘制红色的大地曲线（指地球椭球面上两点间的最短程曲线），开发文档中没有给出，可参考官方示例代码，geodesic(true) 表示绘制大地曲线。

5. 逆地理编码

单击 Marker 需要弹出当前坐标点的详细位置信息，这就需要使用逆地理编码（坐标转地址）了。详情参考高德地图的《开发指南》的获取地址描述数据小节。

逆地理编码，又称地址解析服务，是指从已知的经纬度坐标到对应的地址描述（如行政区划、街区、楼层、房间等）的转换。它常用于根据定位的坐标来获取该地点的详细位置信息，与定位功能是黄金搭档。

使用方法如下。

① 继承 OnGeocodeSearchListener 监听。

② 构造 GeocodeSearch 对象，并设置监听。

③ 通过 RegeocodeQuery(LatLonPoint point, float radius, java.lang.String latLonType) 设置查询参数，调用 GeocodeSearch 的 getFromLocationAsyn(RegeocodeQuery regeocodeQuery) 方法发起请求，代码路径如下：

【代码 6-54】 GpsHistoryActivity.java

```
    /**
     * 逆地理编码
     * @param v 纬度
     * @param v1 经度
```

```
     */
    private void getAddress(double v, double v1) {
        this.latLonPoint = new LatLonPoint(v, v1);
         RegeocodeQuery query = new RegeocodeQuery(latLonPoint,
100,
                  GeocodeSearch.AMAP);// 第一个参数表示一个 Latlng，第
二参数表示范围多少米，第三个参数表示是火系坐标系还是 GPS 原生坐标系
        geocoderSearch.getFromLocationAsyn(query);// 设置同步逆地理
编码请求
    }
```

④ 通过回调接口 onRegeocodeSearched 解析返回的结果，代码路径如下：

【代码 6-55】 GpsHistoryActivity.java

```
   private String addressName;// 详细地址
    /**
     * 逆地理位置编码回调
     * @param result
     * @param rCode
     */
    @Override
    public void onRegeocodeSearched(RegeocodeResult result, int
rCode) {
        if (rCode == 1000) {
            if (result != null && result.getRegeocodeAddress() != null
  && result.getRegeocodeAddress().getFormatAddress() != null) {
                 addressName = result.getRegeocodeAddress().
getFormatAddress();
                Toast.makeText(this, addressName, Toast.LENGTH_
SHORT).show();
            } else {
                 Toast.makeText(this, "没有查询到结果", Toast.
LENGTH_SHORT).show();
            }
        } else {
            Toast.makeText(this, rCode, Toast.LENGTH_SHORT).show();
        }
    }
```

【说明】

①我们可以在回调中解析 result，获取地址、adcode 等信息。

②返回结果成功或者失败的响应码。1000 为成功，其他为失败。

至此，GPS 型向上通道的运动轨迹就绘制完成了，需要掌握的核心点仍然是高德地图 SDK 的使用。

6.2.3 任务回顾

知识点总结

本章主要涉及的知识点如下所述：

1. 注册高德开放平台；
2. 创建应用；
3. 获取调试版 SHA1 和正式版 SHA1；
4. 获取高德 Key；
5. 下载所需的 SDK 并配置；
6. 根据开发者文档，配置 Key、权限、混淆规则；
7. 使用地图控件 MapView 显示地图，设置控件交互；
8. 网络请求获取经纬度点，添加 Marker，绘制大地曲线；
9. 逆地理编码。

学习足迹

图 6-43 所示为任务二的学习足迹。

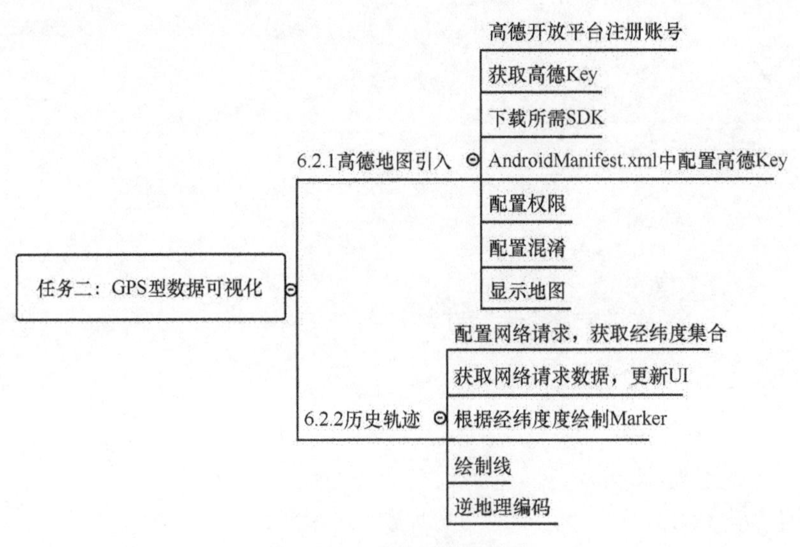

图6–43　任务二学习足迹

思考与练习

1. 常见的第三方地图开发平台有哪几种？
2. 获取正式版 SHA1 的必要条件是什么？

3. 通过Gradle集成SDK，具体参考高德地图的《开发指南》Android Studio配置工程小节。

4. 编程题，通过GPS历史数据接口，获取经纬度集合，在地图上绘制曲线，并为每个点添加标记，要求起点和终点的标记与其他标记不同。

6.3　项目总结

本项目是开发设备数据可视化，包括数值型数据可视化和GPS型数据可视化。数值型可视化采用折线图展示，项目中我们以开关型为例，讲解电平图的实现（折线图中的一种）。对于GPS型可视化，我们采用高德地图绘制运动轨迹，每个定位点都添加了标记，可以查看定位时间戳和详细位置信息。

通过本项目的学习，学生可以掌握如何使用MPAndroidChart第三方图表库绘制折线图、电平图或其他复杂图表，还可以学习如何对接高德地图开放平台，如何下载和配置高德地图SDK，如何使用开发者文档。

项目总结如图6-44所示。

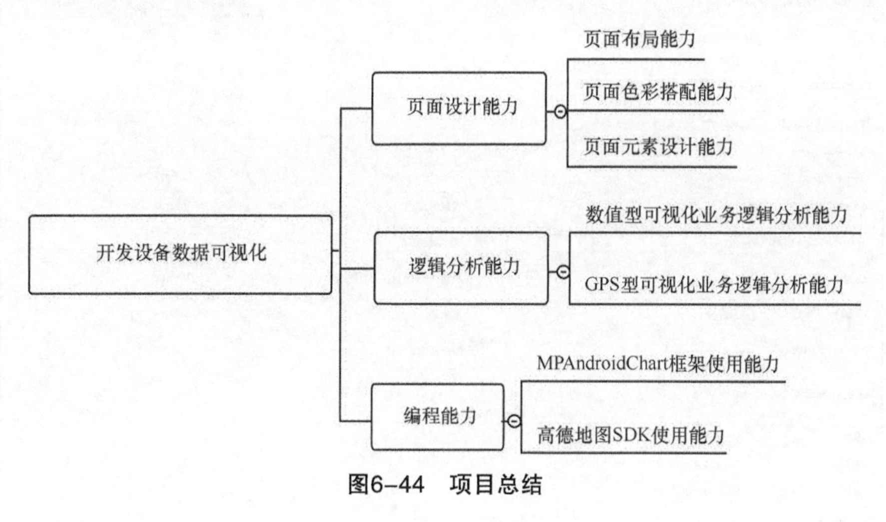

图6-44　项目总结

6.4　拓展训练

自主实践：文本型数据可视化

在任务一中，我们以折线图的形式展示了数据型（开关型）通道历史数据可视化；在任务二中，我们以地图轨迹的形式展示了GPS型通道历史数据可视化。4种类型中还涉及文本型数据可视化我们没有讲到，文本型数据可视化采用文本轴的形式展示，如图6-45所示。

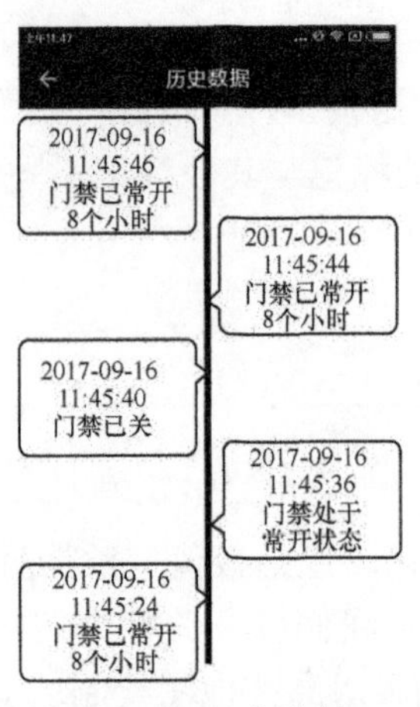

图6-45　文本轴

接口地址如图 6-46 所示，data_type=3，表示 GPS 类型。

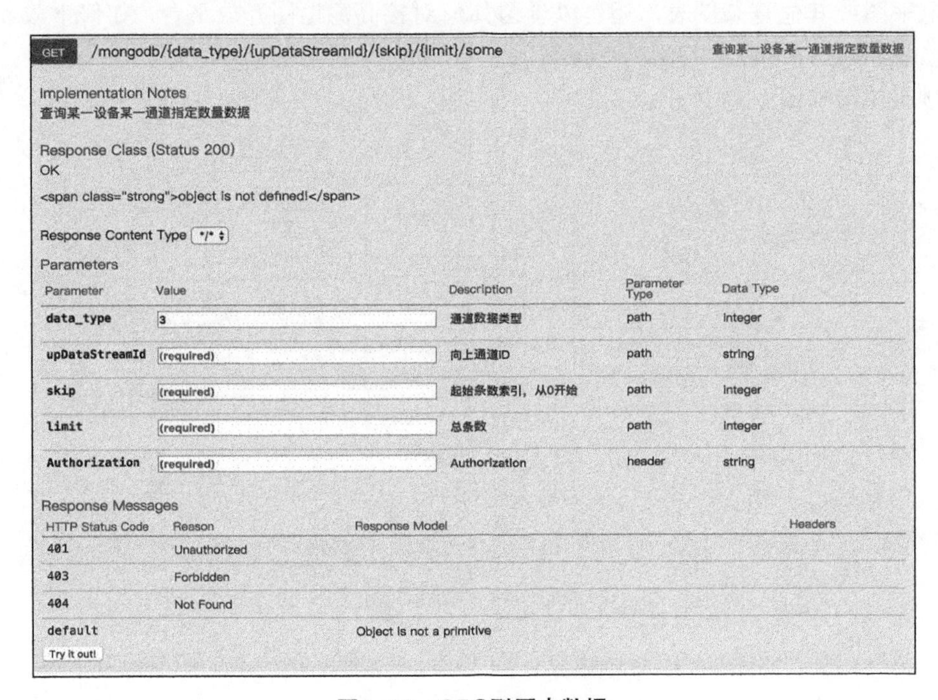

图6-46　GPS型历史数据

◆ 拓展训练要求：

① 推荐使用 RecyclerView 控件，可根据 getItemViewType 方法加载多种 item 布局；

② 带有下拉刷新、上拉加载功能，刷新、加载样式自定义；

③ 使用分页加载，一页加载 10 条或者 20 条；

④ 样式参考图 6-46。

◆ 格式要求：采用上机操作。

◆ 考核方式：采取课内演示。

◆ 评估标准：见表 6-3。

表6-3　拓展训练评估表

项目名称： 文本型数据可视化	项目承接人： 姓名：	日期：
项目要求	**评分标准**	**得分情况**
页面设计（共15分）	① 页面按照图例样式设计（5分） ② 使用列表控件（RecyclerView或者ListVIew）（10分）	
RecyclerView（共25分）	① 多item布局（10分） ② 布局管理器（5分） ③ RecyclerView.Adapter（10分）	
历史数据（共10分）	网络请求（10分）	
刷新（共20分）	① 刷新样式自定义（10分） ② 进入页面自动刷新（10分）	
分页加载（共30分）	① 加载样式自定义（10分） ② 根据起止条数、总条数，每次加载请求10条或者20条（10分） ③ 更新UI（10分）	
评价人	**评价说明**	**备注**
个 人		
老 师		

项目 7

适配与发布

项目引入

平时无人问津的技术部，今天变得尤为热闹。“大家都准备去202会议室开会”，Philip经理说道。

Philip：“今天召集大家开会的目的有两个：一是距离我们计划的开发周期就剩一个多月的时间了，我们要进行测试，保证项目的稳定运行；二是今天参会的还有两个市场部的同事，想和大家交流一下产品推广发布的问题。”

市场A:“各位同事大家好、产品马上要准备上线了，我们市场部前期需要做一些推广工作，对于Android市场的上线规则，我们还不太了解，所以需要贵部的两位Android专家给予支持。”

Anne：“我们一定会全力支持的，后面我们详细讨论一下。”

Philip：“各位同事，剩下最后这一个月的时间很关键，希望大家不要松懈，拿出和立项时一样的干劲，项目成功上线之后，以部门为单位组织聚餐！”

Andrew:“此处应有热烈的掌声！”

……

Andrew对聚餐很是期待，但就像Philip经理所说的，最后一个月很关键，我们要用一个月的时间来解决测试中出现的所有bug，还要辅助市场人员完成产品上线。

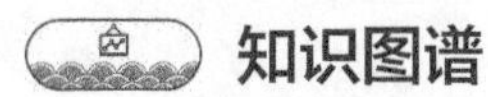

知识图谱

图7-1为项目7的知识图谱。

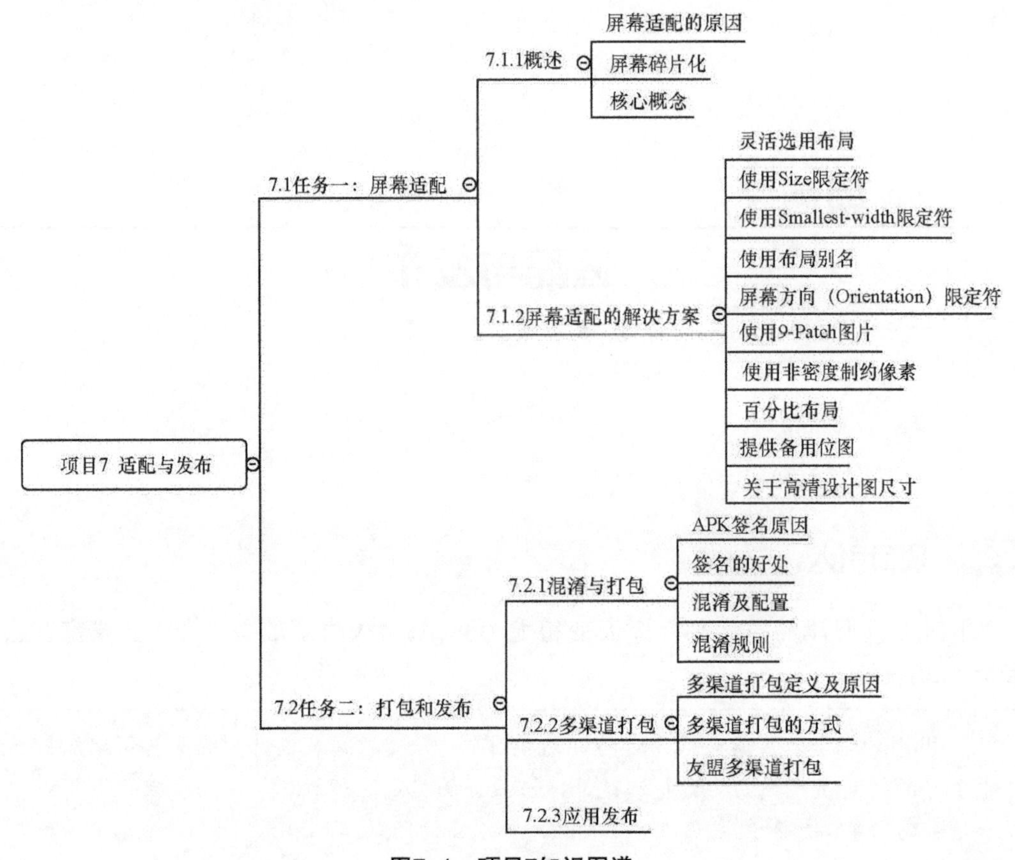

图7-1 项目7知识图谱

7.1 任务一：屏幕适配

【任务描述】

“Anne，Anne！”，我有一种不祥的预感，这是我们测试工程师 Tony 的声音，他的声音永远那么有磁性，哪怕是在向我提出 Bug 的时候。

Andrew 和我四目相对，仿佛已经准备好面对 Tony 的 Bug 攻击，Tony 抱着一摞手机走过来。

Tony:“不好意思，我发现了一个 Bug，这几个机型没有适配好，辛苦二位再改进一下。

Anne：“没问题！”

7.1.1 概述

在学习 Android 屏幕适配之前，我们需要先了解为什么进行屏幕适配。

1. 屏幕适配的原因

由于 Android 系统的开放性，任何用户、开发者、OEM 厂商、运营商都可以对 Android 进行定制，这就导致 Android 碎片化严重：设备繁多、品牌众多、版本各异、分辨率不统一等。那究竟严重到什么程度呢？可以参照图 7-2。

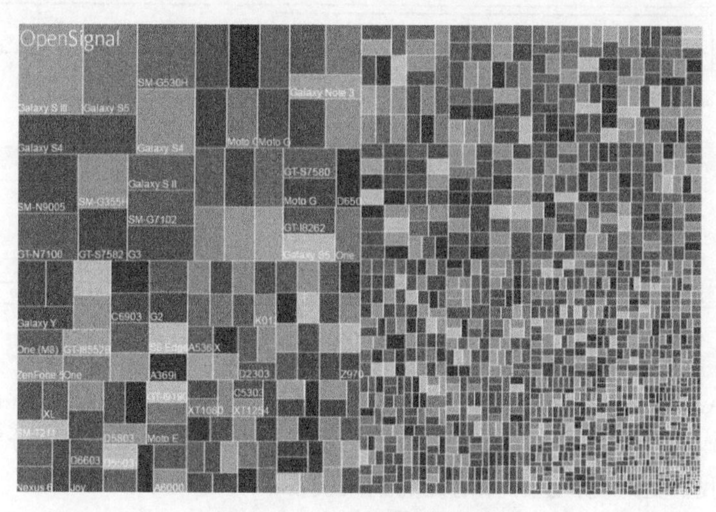

图7-2 Android机型碎片化

图 7-2 中每一个矩形都代表着一种 Android 设备，这足以证明了 Android 碎片化的严重性。Android 碎片化是一个大的概念，包括设备碎片化、品牌碎片化、系统碎片化、分辨率（屏幕）碎片化等。我们要探讨的是对开发影响较大的屏幕碎片化。

2. 屏幕碎片化

为了保证用户获得一致的用户体验效果，使得某一元素在 Android 不同尺寸、不同分辨率的手机上具备相同的显示效果，我们需要对设备的分辨率有所了解。图 7-3 是来自腾讯统计的 2017 年设备分辨率的最新数据。

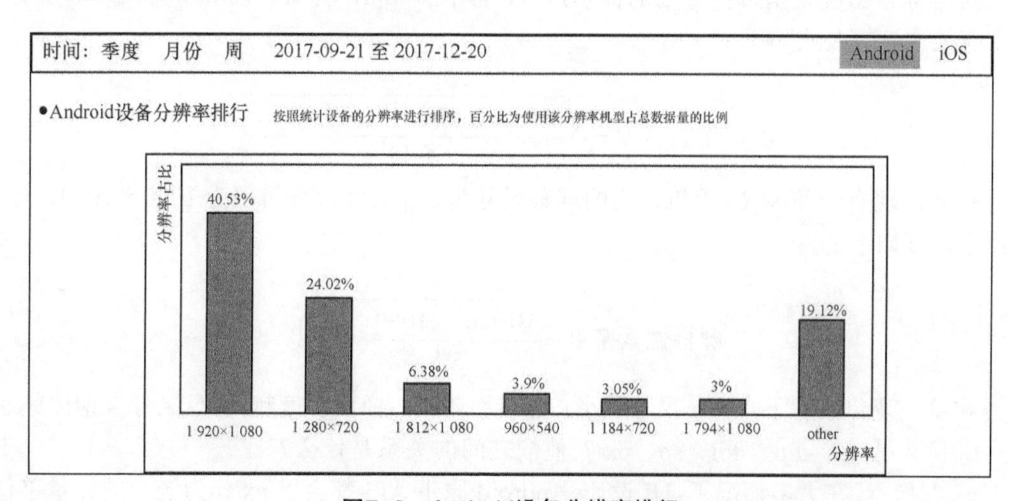

图7-3 Android设备分辨率排行

从图 7-3 中可以看出主流的 Android 分辨率有 1920×1080、1280×720、1812×1080、960×540、1184×720、1794×1080 等。在适配时，我们要尽量覆盖到分辨率排名靠前的设备。

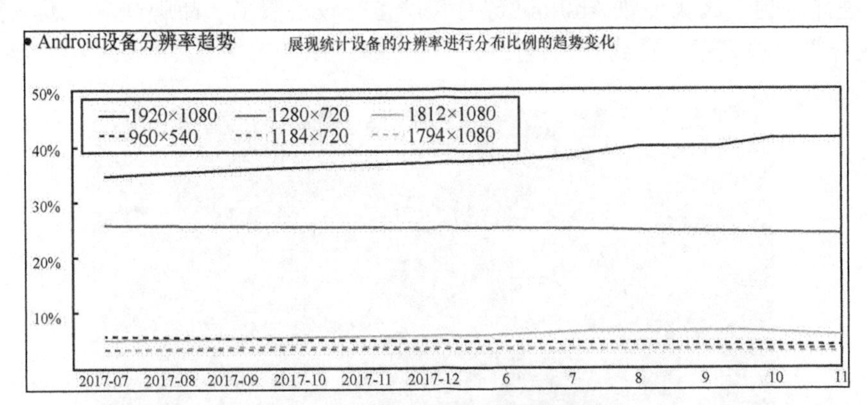

图7-4　Android设备分辨率趋势

图 7-4 是 Android 设备分辨率趋势图，根据趋势图，我们可以看出 1920×1080 持续上升，占比一直在 30% 以上，覆盖率最高；1280×720 则呈现下降趋势；其他分辨率几乎平稳。趋势图能够让我们更好地把握未来适配的主流设备。

当然，上边我们所讲的是手机的适配，对于平板设备，我们还要做其他的处理。

我们了解了适配的原因和对象，接下来就要进入正题了——如何适配。

3. 核心概念

接下来，我们要给大家介绍几个出镜率较高的名词。

① 什么是屏幕尺寸、屏幕分辨率、屏幕像素密度？

屏幕尺寸是指屏幕对角线的长度。单位是英寸，1 英寸——2.54 厘米。

屏幕分辨率是指在横、纵向上的像素点数，单位是 px，1px=1 像素。如 1280×720，即宽度方向上有 1280 个像素点，在高度方向上有 720 个像素点。

屏幕像素密度是指每英寸上的像素点数，单位是 dpi，像素密度和屏幕尺寸和屏幕分辨率有关。计算公式如下：

$$屏幕像素密度=\frac{\sqrt{横向分辨率^2+纵向分辨率^2}}{屏幕尺寸}$$

例如，现有一部 MX6 手机，它的屏幕尺寸为 5.5 英寸，分辨率为 1920×1080，计算其像素密度如下：

$$屏幕像素密度=\frac{\sqrt{1920^2+1080^2}}{5.5}=400$$

在单一变化条件下，屏幕尺寸越小，分辨率越高，像素密度越大；反之像素密度越小。

②什么是 dp、dip、dpi、sp、px？他们之间的关系是什么？

px 即像素，在大多情况下，UI 设计、Android 原生 API 都会以 px 作为统一的计量单位，获取屏幕的宽度和高度等。

dip 和 dp 意思相同，即密度无关像素。dp 和 px 之间如何换算呢？在 Android 中，规定以 160dpi（屏幕像素密度）为基准，1dp=1px，如果密度是 320dpi，则 1dp=2px，以此类推。在 Android 开发中，编写布局的时候要尽量使用 dp 而不是 px，dp 能够在不同分辨率中表现得更灵活。

sp 即 scale-independent pixels，与 dp 类似，但是它可以根据文字大小进行放缩，是设置字体大小的御用单位。Google 推荐我们使用 12sp 以上的大小，通常，我们可以使用 12sp、14sp、18sp、22sp，最好不要使用奇数和小数。

③ 什么是 mdpi、hdpi、xdpi、xxdpi、xxxdpi？如何进行计算和区分？

mdpi、hdpi、xdpi、xxdpi、xxxdpi 用来修饰 Android 中的 drawable 文件夹及 values 文件夹，以及用来区分不同像素密度下的图片和 dimen 值。具体参数见表 7-1。

表7–1　Android中像素密度区分

名称	像素密度范围（dp）	logo图片大小（px）
mdpi	120~160	48×48
hdpi	160~240	72×72
xhdpi	240~320	96×96
xxhdpi	320~480	144×144
xxxhdpi	480~640	192×192

所以，在设计图标时，对于 5 种像素密度，我们应该按照 mdpi：hdpi：xhdpi：xxhdpi：xxxhdpi=2：3：4：6：8 的尺寸比例进行缩放。例如，一个图标的大小为 48×48dp，表示其在 mdpi 上实际大小为 48×48px，在 hdpi 像素密度上的实际尺寸应为在 mdpi 上的 1.5 倍，即 72×72px，以此类推。图 7-5 为等比例缩放图标。

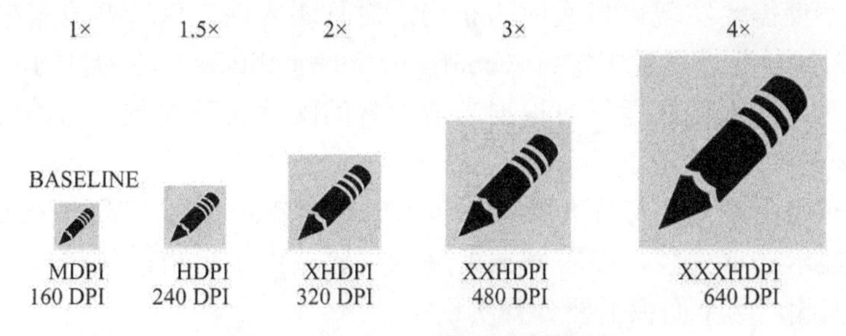

图7–5　Android等比例缩放图标

7.1.2　屏幕适配的解决方案

方案一：灵活选用布局

布局充分地自适应屏幕，有两种解决方案：一种是布局容器适配，另一种是布局元素适配。

（1）布局容器适配

解决方案：使用相对布局（RelativeLayout），禁用绝对布局（AbsoluteLayout）。

在开发中，我们使用的布局一般有：线性布局（Linearlayout）、相对布局（RelativeLayout）、帧布局（FrameLayout）、绝对布局（AbsoluteLayout）。绝对布局适配器极差，因此很少使用。

相对布局：布局的子控件之间使用相对位置的方式排列，因为 RelativeLayout 讲究的是相对位置，即使屏幕的大小发生改变，视图之前的相对位置也不会变化，与屏幕大小无关，灵活性很强。

线性布局：通过多层嵌套 LinearLayout 和组合使用 wrap_content 与 match_parent 已经可以构建出足够复杂的布局。但是线性布局无法准确地控制子视图之间的位置关系，因此只能简单地一个挨着一个排列。

所以，对于屏幕适配来说，使用相对布局将会是更好的解决方案。

（2）布局元素适配

解决方案：使用 wrap_content、match_parent 和 weight 来控制视图组件的宽度和高度。

wrap_content：相应视图的宽和高被设定成所需的最小尺寸以适应视图中的内容。

match_parent：它在 Android API 8 之前被叫作 fill_parent，表示视图的宽和高延伸至充满整个父布局。

weight：是线性布局的一个独特比例分配属性。作用是，使用此属性设置权重，然后按照比例对界面进行空间的分配。计算公式：控件宽度 = 控件设置宽度 + 剩余空间所占百分比宽幅。在一般情况下，我们设置要进行比例分配的方向的宽度为 0dp，然后再利用权重进行分配。

通过使用 wrap_content、match_parent 和 weight 来替代硬编码的方式定义视图大小，可按需占据空间大小，让布局元素充分适应屏幕尺寸。

方案二：使用 Size 限定符

屏幕适配不仅需要实现可自适应的布局，而且还应该提供一些方案根据屏幕的配置来加载不同的布局，通过配置限定符（configuration qualifiers）达到目的。

配置限定符允许程序在运行时根据当前设备的配置自动加载合适的资源（比如为不同尺寸屏幕设计不同的布局）。

现在很多应用程序为了支持大屏设备（平板或电视），都会实现“双面板”模式，即在左侧面板上展示选项列表，在右侧面板展示内容。由于手机的屏幕很小，一次只能展示一个面板，因此，两个面板需要分开实现。

适配手机的单面板（默认）布局代码路径如下：

【代码 7-1】 main.xml

```
<?xml version="1.0" encoding="utf-8"?>
<LinearLayout xmlns:android="http://schemas.android.com/apk/res/
android"
     android:orientation="vertical" android:layout_width="match_
parent"
    android:layout_height="match_parent">
```

```
<fragment
        android:id="@+id/left"
        android:name="com.huatec.screentest.RightFragment"
        android:layout_width="match_parent"
        android:layout_height="match_parent"/>
</LinearLayout>
```

适配尺寸 >7 寸平板的双面板布局代码路径如下：

【代码 7-2】 main.xml

```
<?xml version="1.0" encoding="utf-8"?>
<LinearLayout xmlns:android="http://schemas.android.com/apk/res/
android"
    android:orientation="horizontal " android:layout_
width="match_parent"
    android:layout_height="match_parent">
<fragment
        android:id="@+id/left"
        android:name="com.huatec.screentest.RightFragment"
        android:layout_width="300dp"
        android:layout_marginRight="10dp"
        android:layout_height="match_parent"/>
<fragment
        android:id="@+id/right"
        android:name="com.huatec.screentest.RightFragment"
        android:layout_width="match_parent"
        android:layout_height="match_parent"/>
</LinearLayout>
```

两个布局名称均为 main.xml，只有布局的目录名不同：第一个布局的目录名为 layout，第二个布局的目录名为 layout-large，包含了尺寸限定符（large）。

被定义为大屏的设备（7 寸以上的平板）会自动加载包含了 large 限定符目录的布局，而小屏设备会加载另一个默认的布局。

【注意】

large 限定符分辨屏幕尺寸的方法适用于 android3.2 之前版本。在 android3.2 版本之后，为了更精确地分辨屏幕尺寸大小，Google 推出了最小宽度限定符。

方案三：使用 Smallest-width 限定符

Smallest-width 限定符允许设定一个具体的最小值（以 dp 为单位）来指定屏幕。例如，7 寸的平板最小宽度是 600dp，如果要让 UI 在这种屏幕上显示双面板，在更小的屏幕上显示单面板，就需使用 sw600dp 来表示在 600dp 以上宽度的屏幕上使用双面板模式。

适配手机的单面板（默认）布局代码路径如下：

【代码 7-3】 main.xml

```
<?xml version="1.0" encoding="utf-8"?>
<LinearLayout xmlns:android="http://schemas.android.com/apk/res/
android"
     android:orientation="vertical" android:layout_width="match_
parent"
    android:layout_height="match_parent">
<fragment
        android:id="@+id/left"
        android:name="com.huatec.screentest.RightFragment"
        android:layout_width="match_parent"
        android:layout_height="match_parent"/>
</LinearLayout>
```

适配尺寸 >7 寸平板的双面板布局代码路径如下：

【代码 7-4】 main.xml

```
<?xml version="1.0" encoding="utf-8"?>
<LinearLayout xmlns:android="http://schemas.android.com/apk/res/
android"
    android:orientation="horizontal" android:layout_width="match_
parent"
    android:layout_height="match_parent">
<fragment
        android:id="@+id/left"
        android:name="com.huatec.screentest.RightFragment"
        android:layout_width="300dp"
        android:layout_marginRight="10dp"
        android:layout_height="match_parent"/>
<fragment
        android:id="@+id/right"
        android:name="com.huatec.screentest.RightFragment"
        android:layout_width="match_parent"
        android:layout_height="match_parent"/>
</LinearLayout>
```

【注意】

对于最小宽度≥ 600 dp 的设备，系统会自动加载 layout-sw600dp/main.xml（双面板）布局，否则系统就会选择 layout/main.xml（单面板）布局。

sw xxxdp，是 small width 的缩写，不区分方向，无论是宽度还是高度，只要大于 xxxdp，就采用次此布局。

由于尺寸限定符仅用于 Android 3.2 之前版本，最小宽度限定符仅用于 Android 3.2 之后版本，因此这就需要我们同时维护 layout-sw600dp 和 layout-large 两套 main.xml 平板布局。

适配手机的单面板（默认）布局：res/layout/main.xml

适配尺寸 >7 寸平板的双面板布局（Android 3.2 之前版本）：res/layout-large/main.xml

适配尺寸 >7 寸平板的双面板布局（Android 3.2 之后版本）res/layout-sw600dp/main.xml

最后两个文件的 xml 内容是完全相同的，这会因为文件名的重复而带来后期维护的问题。为了避免重复定义布局，我们引入了布局别名。

方案四：使用布局别名

适配手机的单面板（默认）布局：res/layout/main.xml

适配尺寸 >7 寸平板的双面板布局：res/layout/main_twopanes.xml（3.2 版本前、后共用一个），代码路径如下：

【代码 7-5】 main_twopanes.xml

```
<?xml version="1.0" encoding="utf-8"?>
<LinearLayout xmlns:android="http://schemas.android.com/apk/res/android"
      android:orientation=" horizontal" android:layout_
width="match_parent"
     android:layout_height="match_parent">
<fragment
        android:id="@+id/left"
        android:name="com.huatec.screentest.RightFragment"
        android:layout_width="300dp"
        android:layout_marginRight="10dp"
        android:layout_height="match_parent"/>
<fragment
        android:id="@+id/right"
        android:name="com.huatec.screentest.RightFragment"
        android:layout_width="match_parent"
        android:layout_height="match_parent"/>
</LinearLayout>
```

然后再引入两个文件：res/values-large/layout.xml 和 res/values-sw600dp/layout.xml，如图 7-6 所示。

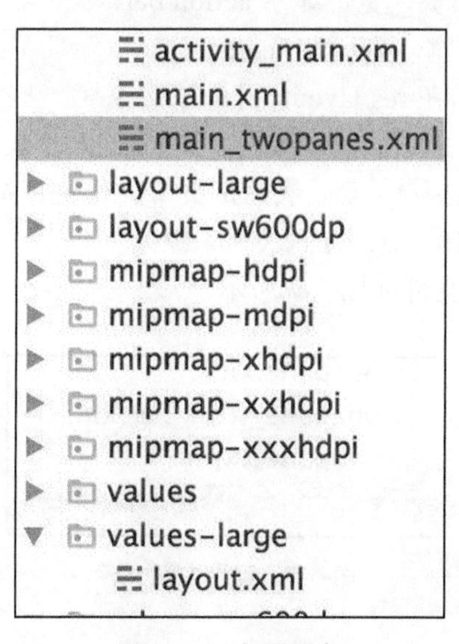

图7-6　布局别名

适配 Android3.2 版本之前的双面板资源文件，代码路径如下：

【代码 7-6】 layout.xml

```
<resources>
<item name="main" type="layout">@layout/main_twopanes</item>
</resources>
```

适配 Android3.2 版本之后的双面板资源文件，代码路径如下：

【代码 7-7】 layout.xml

```
<resources>
<item name="main" type="layout">@layout/main_twopanes</item>
</resources>
```

【注意】

这两个文件虽然内容相同，但并没有真正意义上去定义布局，只是将 main 设置成了 @layout/main_twopanes 的别名，避免了重复定义布局文件。

方案五：屏幕方向（Orientation）限定符

根据屏幕方向进行布局的调整。

小屏幕，竖屏：单面板。

小屏幕，横屏：单面板。

7 寸平板，竖屏：单面板，显示 action bar。

7 寸平板，横屏：双面板，宽，显示 action bar。

10 寸平板，竖屏：双面板，窄，显示 action bar。

10 寸平板，横屏：双面板，宽，显示 action bar。

电视，横屏：双面板，宽，显示 action bar。

针对上面的情况，我们在 res/layout/ 目录下定义了一些布局文件，分别用于处理上面的情况。

方法：先定义类别，包括单 / 双面板、是否带操作栏、宽 / 窄；进行相应的匹配，包括屏幕尺寸（小屏、7 寸、10 寸）、方向（横、纵）。

①定义类别，4 种布局文件如图 7-7 所示。

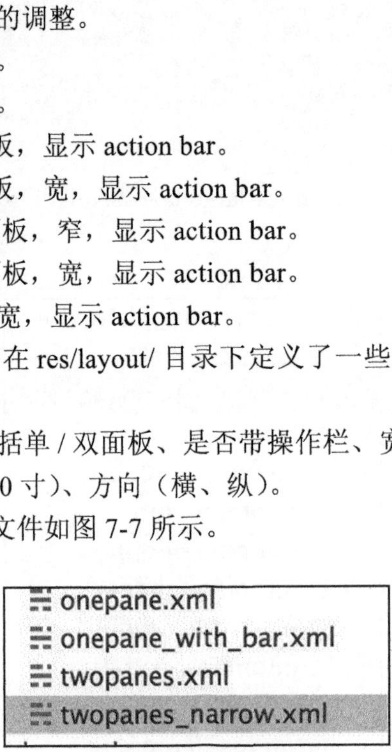

onepane.xml
onepane_with_bar.xml
twopanes.xml
twopanes_narrow.xml

图7–7 类别布局文件

单面板，代码路径如下：

【代码 7-8】 onepane.xml

```
<?xml version="1.0" encoding="utf-8"?>
<LinearLayout xmlns:android="http://schemas.android.com/apk/res/
android"
      android:orientation="vertical" android:layout_width="match_
parent"
     android:layout_height="match_parent">
  <fragment
        android:id="@+id/left"
        android:name="com.huatec.screentest.RightFragment"
        android:layout_width="match_parent"
        android:layout_height="match_parent"/>
</LinearLayout>
```

单面板带操作栏，代码路径如下：

【代码 7-9】 onepane_with_bar.xml

```
<?xml version="1.0" encoding="utf-8"?>
<LinearLayout xmlns:android="http://schemas.android.com/apk/res/
android"
      android:orientation="vertical" android:layout_width="match_
parent"
     android:layout_height="match_parent">
  <!-- 操作栏 -->
  <LinearLayout
        android:layout_width="match_parent"
        android:orientation="horizontal"
        android:gravity="center"
        android:background="@color/colorPrimary"
        android:layout_height="50dp"
  <ImageView
           android:layout_width="wrap_content"
           android:layout_height="wrap_content"
           android:layout_weight="0"
           android:paddingLeft="10dp"
           android:src="@mipmap/ic_launcher"/>
  <TextView
           android:layout_width="0dp"
           android:layout_height="wrap_content"
           android:layout_weight="1"
           android:textColor="#ffffff"
           android:textSize="18sp"
           android:gravity="center"
           android:text=" 标题 "/>
  <TextView
           android:layout_width="wrap_content"
           android:layout_weight="0"
           android:text=" 编辑 "
           android:textColor="#ffffff"
           android:gravity="end"
```

```
                android:paddingRight="10dp"
                android:textSize="16sp"
                android:layout_height="wrap_content" />
    </LinearLayout>
    <fragment
            android:id="@+id/left"
            android:layout_width="match_parent"
            android:layout_height="match_parent"
            android:name="com.huatec.screentest.LeftFragment"/>
    </LinearLayout>
```

双面板，宽布局，代码路径如下：

【代码 7-10】 twopanes.xml

```
    <?xml version="1.0" encoding="utf-8"?>
    <LinearLayout xmlns:android="http://schemas.android.com/apk/res/
android"
        android:orientation="horizontal" android:layout_width="match_
parent"
        android:layout_height="match_parent">
    <fragment
            android:id="@+id/left"
            android:name="com.huatec.screentest.RightFragment"
            android:layout_width="300dp"
            android:layout_marginRight="10dp"
            android:layout_height="match_parent"/>
    <fragment
            android:id="@+id/right"
            android:name="com.huatec.screentest.RightFragment"
            android:layout_width="match_parent"
            android:layout_height="match_parent"/>
    </LinearLayout>
```

双面板，窄布局，代码路径如下：

【代码 7-11】 twopanes_narrow.xml

```
    <?xml version="1.0" encoding="utf-8"?>
    <LinearLayout xmlns:android="http://schemas.android.com/apk/res/
android"
        android:orientation="horizontal" android:layout_width="match_
parent"
        android:layout_height="match_parent">
    <fragment
            android:id="@+id/left"
            android:name="com.huatec.screentest.RightFragment"
            android:layout_width="150dp"
            android:layout_marginRight="10dp"
            android:layout_height="match_parent"/>
    <fragment
            android:id="@+id/right"
            android:name="com.huatec.screentest.RightFragment"
```

```
        android:layout_width="match_parent"
        android:layout_height="match_parent"/>
</LinearLayout>
```

②使用布局别名进行相应的匹配。布局别名资源文件如图 7-8 所示。

默认布局，代码路径如下：

【代码 7-12】 layouts.xml

```
<?xml version="1.0" encoding="utf-8"?>
<resources>
<item name="main_layout" type="layout">@layout/onepane_with_bar</
item>
<bool name="has_two_panes">false</bool>
</resources>
```

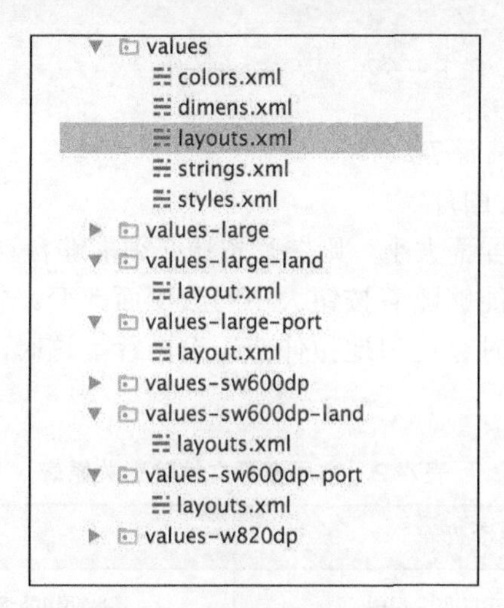

图7-8 布局别名资源文件

我们可以为 resources 设置 bool，通过获取其值来动态判断页面目前已处在哪个适配布局。

如果屏幕是大屏、横向、双面板、宽布局并且是 Andorid3.2 版本以上，适配代码如下：

【代码 7-13】 layouts.xml

```
<?xml version="1.0" encoding="utf-8"?>
<resources>
<item name="main_layout" type="layout">@layout/twopanes</item>
<bool name="has_two_panes">true</bool>
</resources>
```

如果屏幕是大屏、纵向、单面板、布局并且是 Andorid3.2 版本以上，适配代码如下：

【代码 7-14】 layouts.xml

```
<?xml version="1.0" encoding="utf-8"?>
<resources>
<item name="main_layout" type="layout">@layout/onepane</item>
<bool name="has_two_panes">false</bool>
</resources>
```

如果屏幕是大屏、横向、双面板、宽布局并且是Andorid3.2版本以下，适配代码如下：

【代码7-15】 res/values-large-land/layouts.xml

```
<?xml version="1.0" encoding="utf-8"?>
<resources>
<item name="main_layout" type="layout">@layout/twopanes</item>
<bool name="has_two_panes">true</bool>
</resources>
```

如果屏幕是大屏、横向、双面板、窄布局并且是Andorid3.2版本以下，适配代码如下：

【代码7-16】 res/values-large-port/layouts.xml

```
<?xml version="1.0" encoding="utf-8"?>
<resources>
<item name="main_layout" type="layout">@layout/twopanes_narrow</
item>
<bool name="has_two_panes">true</bool>
</resources>
```

布局文件的映射关系见表7-2。

方案六：使用9-Patch图片

如果需要匹配不同的屏幕大小，则图片资源必须能够自动适应各种屏幕尺寸。例如，一个按钮的背景图片必须能够随着按钮大小的改变而改变。使用普通的图片将无法实现上述功能，因为系统运行时会均匀地拉伸或压缩图片。这时，我们需要使用自动拉伸位图（9-patch图片）。

表7-2 布局资源文件映射关系表

序号	布局文件	映射文件
1	res/layout/onepane.xml	res/values-sw600dp-port/layouts.xml
2	res/layout/onepane_with_bar.xml	res/values/layouts.xml
3	res/layout/twopanes.xml	res/values-sw600dp-land/layouts.xml res/values-large-land/layouts.xml
4	res/layout/twopanes_narrow.xml	res/values-large-port/layouts.xml

9-patch图片后缀名是.9.png，它是一种被特殊处理过的png图片，设计时可以指定图片的拉伸区域和非拉伸区域；使用时，系统就会根据控件的大小自动地拉伸你想要拉伸的部分。

【注意】

必须要使用.9.png后缀名，因为系统就是根据这个来区别9-patch图片和普通的png图片的。

android sdk/tools 下，9-patch 图片的制作工具为 draw9patch.bat。在制作 9-patch 图片时，我们需要指明可拉伸区域以及不可以拉伸区域。

图 7-9 是一张制作好的 9-patch 图片，它可以用作某个组件的背景。该图是可以进行横向和纵向拉伸的，其中深灰色区域就是拉伸区域。可以看出，拉伸区域没有包括 4 个圆角，保证了圆角不会被随意拉伸，从而达到我们想要的效果。

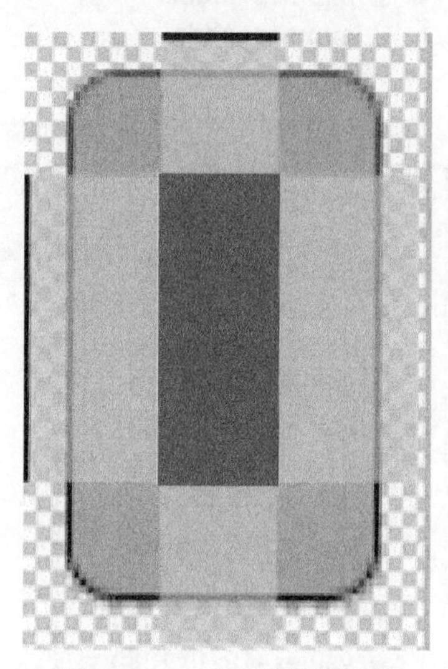

图7-9 9-patch图片示意

方案七：使用非密度制约像素

由于各种屏幕的像素密度都不同，因此相同数量的像素在不同设备上的实际大小也不同，这样使用像素定义布局尺寸就会产生问题。所以，我们务必使用 dp 或 sp 单位指定尺寸。使用 dp（而非 px）指定两个视图的大小和间距，使用 sp 指定文字大小。

Google 推荐使用 dp 来代替 px 作为控件长度的度量单位，但仍然不能避免一些问题。由于 Android 屏幕设备具有多样性，并不是所有屏幕的宽度都是相同的，而且屏幕宽度和像素密度没有任何关联关系，如果使用 dp 作为度量单位，长度还是会有差别。例如，在 320dp 宽度的设备和 410dp 的设备上，还是会有 90dp 的差别。

分辨率不一样，不能用 px；屏幕宽度不一样，要小心使用 dp，那么我们可不可以用另外一种方法来统一单位，不管分辨率是多大，屏幕宽度都可以用一个固定的值的单位来统计呢？

答案当然是有，这里我们引入百分比的概念。

方案八：百分比布局

解决方案：以某一分辨率为基准，生成所有分辨率对应像素资源文件。将生成的像资源文件存放在 res 目录下对应的 values 文件下，如图 7-10 所示。

然后我们选取一个分辨率为基准，例如 480×320。宽度为 320，将任何分辨率的宽度分为 320 份，取值为 *x*1~*x*320。高度为 480，将任何分辨率的高度分为 480 份，取值为 *y*1~*y*480。1920×1080 的宽度为 1080，代码路径如下：

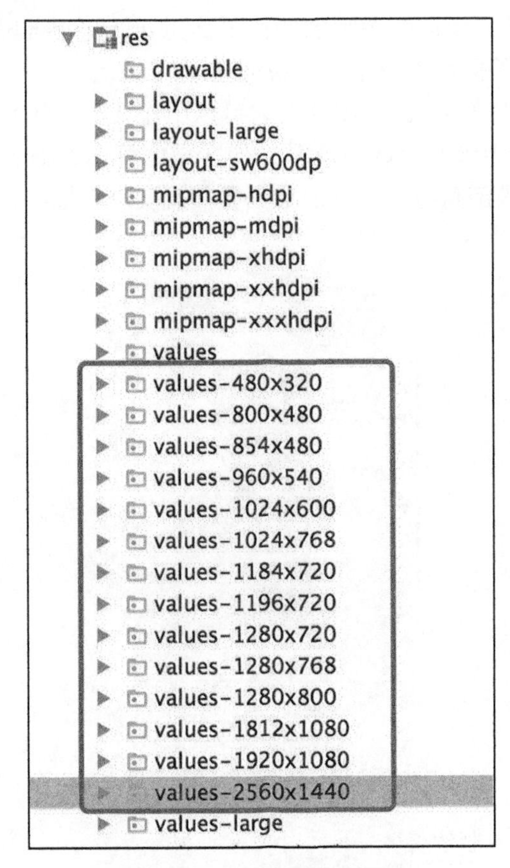

图7-10 不同像素资源文件

【代码 7-17】 lay_x.xml

```
<?xml version="1.0" encoding="utf-8"?>
<resources><dimen name="x1">3.37px</dimen>
<dimen name="x2">6.75px</dimen>
<dimen name="x3">10.12px</dimen>
<dimen name="x4">13.5px</dimen>
……
<dimen name="x319">1076.62px</dimen>
<dimen name="x320">1080px</dimen>
</resources>
```

可以看到，$x1$=1080/ 基准 =1080/320=3.375，这里我们保留两位小数。其他的分辨率以此类推。纵向同理，分成 480 份。

1920*1080 的高度为 1920，代码路径如下：

【代码 7-18】 lay_y.xml

```
<?xml version="1.0" encoding="utf-8"?>
<resources><dimen name="y1">4.0px</dimen>
<dimen name="y2">8.0px</dimen>
<dimen name="y3">12.0px</dimen>
```

```
    <dimen name="y4">16.0px</dimen>
    ......
    <dimen name="y479">1916.0px</dimen>
    <dimen name="y480">1920px</dimen>
    </resources>
```

作为程序员的我们，肯定不能手写这么多资源文件，我们需要一个自动化生成工具类，如图 7-11 所示。

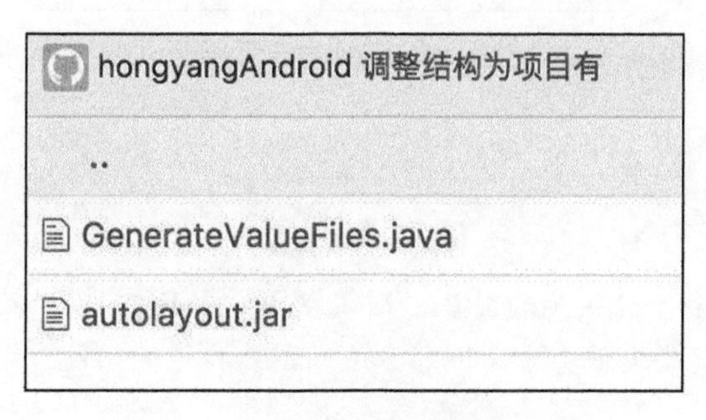

图7-11 自动生成资源文件工具类

GenerateValueFiles.java 是自动生成资源文件的工具类，autolayout.jar 是可提供的 jar 包，默认基准是 480×320 分辨率，如有特殊需求，可以通过命令行指定。

综上，无论在什么分辨率下，*x*320 都是代表屏幕宽度，*y*480 代表屏幕高度。那我们应该如何使用它呢？

首先，我们要根据设计图上的尺寸，基于某一个分辨率的机型，找到对应像素数的单位，然后设置给控件即可。

如果我们使用的设备分辨率不在我们设置的分辨率之内，则可能达不到理想的适配效果，甚至有可能会报错，因为默认的 values 没有对应 dimen，所以我们只能在默认的 values 里面也创建对应文件，但是里面的数据却不好处理，因为不知道分辨率，只好默认为 *x*1=1dp，以保证尽量兼容。这也是这个解决方案的弊端，对于没有生成对应分辨率文件的手机，会使用默认 values 文件夹，如果没有默认文件夹，就会出现问题。这个方案，后期维护也有一定的工作量，是否使用，可斟酌决定。

除了以上提到的一些适配方法之外，还有图片资源的适配。

方案九：提供备用位图

由于 Android 可在具有各种屏幕密度的设备上运行，因此我们提供的位图资源应始终可以满足各类普遍密度范围的要求，如 mdpi、hdpi、xhdpi、xxhdpi、xxxhdpi。这将有助于我们的图片在所有屏幕密度上都能有出色的质量和效果。

也就是说，我们要让设计师按照密度比例（1:1.5:2:3:4）生成一套图片，命名相同，分别放在 res/ 下的相应目录中，如图 7-12 所示。系统会根据屏幕密度的不同，选择对应的图片进行加载。这样，只要我们引用 @drawable/id，系统都能根据相应屏幕的 dpi 选取合适的位图。

- res
  - drawable
  - drawable-hdpi
  - drawable-mdpi
  - drawable-xhdpi
  - drawable-xxhdpi
  - drawable-xxxhdpi

图7-12　图片资源文件夹

【注意】

如果是不需要多个分辨率的图片，则放在drawable文件夹即可，对应分辨率的图片要正确地放在合适的文件夹中，否则会造成图片拉伸等问题。

方案十：高清设计图尺寸

Google官方给出的高清设计图尺寸设计有两种方案，一种是以mdpi设计，然后对应放大得到更高分辨率的图片；另一种则是基于高分辨率设计，然后按照倍数对应缩小得到小分辨率的图片。

根据经验，推荐第二种方法，因为小分辨率在生成高分辨率图片的时候，会出现像素丢失的现象。如果我们只提供一个图片来适配不同屏幕密度的设备，就要考虑将其放在哪个文件夹下。

我们以Nexus5为例，如果我们把图片放在drawable-xxhdpi下，占用的内存最小；如果放在drawable或drawable-mdpi下，占用的内存将会非常大；如果放在drawable-hdpi下占用的内存处于xxhdpi和mdpi之间。所以，我们要提供不同尺寸的图片来适配不同密度的屏幕，否则可能会浪费内存。

7.1.3　任务回顾

知识点总结

本章主要涉及的知识点如下。

1. 屏幕适配的原因。

2. 屏幕适配的核心概念：屏幕尺寸、屏幕像素、屏幕密度、换算关系。

3. dp、dip、dpi、sp、px之间的关系。

4. 屏幕适配方案：灵活选用布局、布局元素适配、Size限定符、Smallest-width限定符、布局别名、使用Patch图片、百分比布局、备用位图、高清设计图尺寸。

学习足迹

图 7-13 所示为任务一的学习足迹。

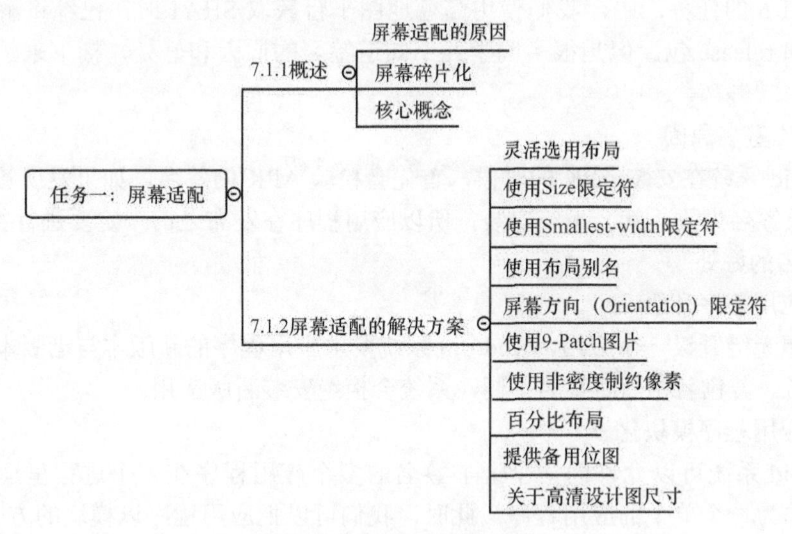

图7-13 任务一学习足迹

思考与练习

1. 什么是屏幕尺寸、屏幕分辨率、屏幕像素密度？3 者之间的换算关系是什么？
2. dp、dip、dpi、sp、px 分别是什么？它们有怎样的换算关系？
3. 什么是 mdpi、hdpi、xdpi、xxdpi、xxxdpi？如何计算和区分？
4. mdpi：hdpi：xhdpi：xxhdpi：xxxhdpi=？：？：？：？：？
5. 至少简述 4 种屏幕适配的解决方案（以代码的形式展示）。

7.2 任务二：打包和发布

【任务描述】

屏幕适配折腾了一阵子，总算过了 Tony 这一关。接下来就该忙打包的事了。说曹操，曹操就到，市场小姐姐发来一份邮件，邮件内容是几十个需要上线的应用市场，市场部要求做社会化统计。

Andrew 看了之后就傻眼了，“师父，这么多市场应用，一个一个打包，我这一上午不用干别的了啊！”

Anne：“别急啊，师父今天教给你一招新技能，让你分分钟就搞定多渠道打包！不过打包之前，我们需要先给 APK 加上一层保护膜！”

7.2.1 混淆与打包

在项目 6 的任务二中，我们使用高德地图平台获取 SHA1 时，已经讲解过如何生成签名文件和 release 包。但是很多同学并不知道签名的原因和好处，接下来，我们就来讲解一下。

1. APK 签名原因

Android 系统在安装 APK 的时候，首先会检验 APK 的签名，如果发现签名文件不存在或者校验签名失败，就会拒绝安装，所以应用程序在发布之前一定要进行签名。

2. 签名的好处

（1）应用程序升级

如果想无缝升级一个应用，Android 系统要求应用程序的新版本与老版本具有相同的签名与包名。若包名相同而签名不同，系统会拒绝安装新版应用。

（2）应用程序模块化

Android 系统可以允许同一个证书签名的多个应用程序在一个进程里运行，系统实际把它们作为一个单个的应用程序。此时，我们可以把应用程序以模块的方式进行部署，而用户可以独立地升级其中的一个模块。

（3）代码或数据共享

Android 提供了基于签名的权限机制，一个应用程序可以为另一个以相同证书签名的应用程序公开自己的功能与数据，同时其他具有不同签名的应用程序不可访问相应的功能与数据。

（4）应用程序的可认定性

签名信息中包含有开发者息，在一定程度上可以防止应用被伪造。例如，网易云加密对 Android APK 加壳保护中使用的“校验签名（防二次打包）”功能就是利用了这一点。

3. 混淆

具体签名打包的步骤，我们在项目 6 的任务二中已经讲解得很详细了。总结起来就是：如果有签名文件，直接选择签名文件进行打包；如果没有签名文件，则重新创建，再进行打包。在进行打包之前，我们还有一项必要的工作——混淆。

混淆是打包过程中最重要的流程之一，在没有特殊原因的情况下，所有 App 都应该开启混淆流程。混淆包括了代码压缩、代码混淆以及资源压缩等优化过程。依靠 ProGuard，混淆流程将主项目以及依赖库中未被使用的类、类成员、方法、属性移除，这有助于规避 64k 方法数的瓶颈；同时，将类、类成员、方法重命名为无意义的简短名称，增加了逆向工程的难度。而依靠 Gradle 的 Android 插件，我们将移除未被使用的资源，可以有效地减小 apk 安装包的体积。

4. 混淆配置

一般情况下，App module 的 build.gradle 文件默认如下结构，如图 7-14 所示。

```
buildTypes {
    release {
        minifyEnabled true
        zipAlignEnabled true
        proguardFiles getDefaultProguardFile('proguard-android.txt'), 'proguard-rules.pro'
    }
}
```

图7-14　混淆配置

因为开启混淆会使编译时间变长，所以 debug 模式下不应该开启混淆流程。我们需要做的是：

①将 release 下 minifyEnabled 的值改为 true，打开混淆；

②加上 shrinkResources true，打开资源压缩。

资源压缩将移除项目及依赖的库中未被使用的资源，这在减小 APK 包体积上会有不错的效果，一般建议开启。需要注意的是，只有在用 minifyEnabled true 开启了代码压缩后，资源压缩才会生效。

修改之后文件内容代码如下：

【代码 7-19】 app build.gradle

```
    buildTypes {
        release {
            minifyEnabled true
            shrinkResources true
                proguardFiles getDefaultProguardFile('proguard-
android.txt'), 'proguard-rules.pro'
        }
    }
```

在上文 " 混淆配置 " 中有这样一行代码：

```
                proguardFiles getDefaultProguardFile('proguard-
android.txt'), 'proguard-rules.pro'
```

这行代码定义了混淆规则由两部分构成：位于 SDK 的 tools/proguard/ 文件夹中的 proguard-android.txt 的内容以及默认放置于模块根目录 proguard-rules.pro 的内容。前者是 SDK 提供的默认混淆文件，如图 7-15 所示，后者是开发者自定义混淆规则的地方。

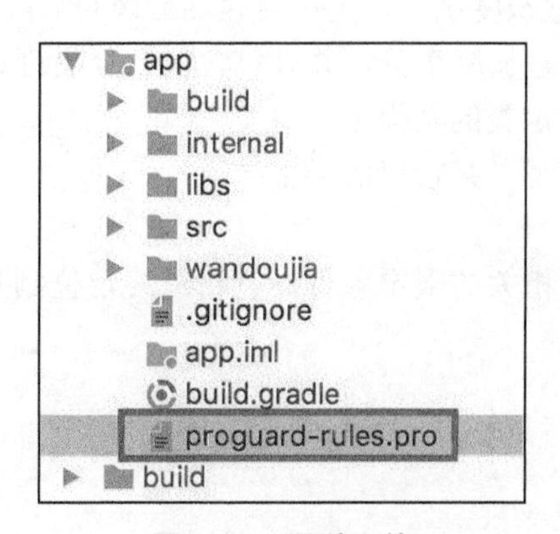

图7-15　混淆文件

5. 混淆规则

（1）常见混淆命令

常见混淆命令见表 7-3。

表7-3　混淆命令

混淆命令	描述
optimizationpasses	指定压缩级别
dontoptimize	关闭优化
dontskipnonpubliclibraryclasses	不跳过非公共的库的类成员
dontpreverify	关闭预校验
dontwarn	如果有警告也不终止
keep	防止类和成员被移除或者重命名
keepnames	防止类和成员被重命名
keepclassmembers	防止成员被移除或者重命名
keepclassmembernames	防止成员被重命名
keepclasseswithmembers	防止拥有该成员的类和成员被移除或者重命名
keepclasseswithmembernames	防止拥有该成员的类和成员被重命名

（2）保持元素不参与混淆的规则

形如：

```
[保持命令] [类]{
        [成员]
}
```

“类”代表与其相关的限定条件，它将最终定位到某些符合该限定条件的类。它的内容可以使用：

① 具体的类；

② 访问修饰符（public、protected、private）；

③ 通配符 *，匹配任意长度字符，但不含包名分隔符 (.)；

④ 通配符 **，匹配任意长度字符，并且包含包名分隔符 (.)；

⑤ exten ds，即可以指定类的基类；

⑥ implement，匹配实现了某接口的类；

⑦ $，内部类。

“成员”代表与类成员相关的限定条件，它将最终定位到某些符合该限定条件的类成员。它的内容可以使用：

① 匹配所有构造器。

② 匹配所有域。

③ 匹配所有方法。

④ 通配符 *，匹配任意长度字符，但不含包名分隔符 (.)。

⑤ 通配符 **，匹配任意长度字符，并且包含包名分隔符 (.)。

⑥ 通配符 ***，匹配任意参数类型。

⑦ …，匹配任意长度的任意类型参数。比如 void test(…) 就能匹配任意 void test(String a) 或者是 void test(int a, String b)。

⑧ 访问修饰符（public、protected、private）。

举个例子，假如需要将 com.huatec.mvptest 包下所有继承 Activity 的 public 类及其构造函数都保持住，代码路径如下：

【代码 7-20】 保持规则

```
-keep public class com.huatec.mvptest.** extends Android.app.
Activity {
  <init>
  }
```

6. 常用自定义混淆规则

不混淆某个类

-keep public class com.huatec.mvptest.Test { *; }

不混淆某个包所有的类

-keep class com.huatec.mvptest.** { *; }

不混淆某个类的子类

-keep public class * extends com.huatec.mvptest.Test { *; }

不混淆所有类名中包含了“model”的类及其成员

-keep public class **.*model*.** {*;}

不混淆某个接口的实现

-keep class * implements com.huatec.mvptest.TestInterface { *; }

不混淆某个类的构造方法

```
-keepclassmembers class com.huatec.mvptest.Test {
 public <init>();
}
```

不混淆某个类的特定的方法

```
-keepclassmembers class com.huatec.mvptest.Test {
 public void test(java.lang.String);
}
```

7. 通用混淆规则

在 App module 下默认生成了项目的自定义混淆规则文件 proguard-rules.pro，多方调研后，一份适用于大部分项目的混淆规则最佳实践如下：

【代码 7-21】 公共混淆规则

```
#############################################
# Android 开发中一些需要保留的公共部分
#############################################
```

```
# 保留我们使用的四大组件，自定义的 Application 等这些类不被混淆
# 因为这些子类都有可能被外部调用
-keep public class * extends android.app.Activity
-keep public class * extends android.app.Appliction
-keep public class * extends android.app.Service
-keep public class * extends android.content.BroadcastReceiver
-keep public class * extends android.content.ContentProvider
-keep public class * extends android.app.backup.BackupAgentHelper
-keep public class * extends android.preference.Preference
-keep public class * extends android.view.View
-keep public class com.android.vending.licensing.ILicensingService
# 保留 support 下的所有类及其内部类
-keep class android.support.** {*;}
# 保留继承的
-keep public class * extends android.support.v4.**
-keep public class * extends android.support.v7.**
-keep public class * extends android.support.annotation.**
# 保留 R 下面的资源
-keep class **.R$* {*;}
# 保留本地 native 方法不被混淆
-keepclasseswithmembernames class * {
    native <methods>;
}
# 保留在 Activity 中的方法参数是 View 的方法
# 这样我们在 layout 中写的 onClick 就不会被影响
-keepclassmembers class * extends android.app.Activity{
    public void *(android.view.View);
}
# 保留枚举类不被混淆
-keepclassmembers enum * {
    public static **[] values();
    public static ** value Of(java.lang.String);
}
# 保留我们自定义控件（继承自 View）不被混淆
-keep public class * extends android.view.View{
    *** get*();
    void set*(***);
    public <init>(android.content.Context);
    public <init>(android.content.Context, android.util.AttributeSet);
    public <init>(android.content.Context, android.util.AttributeSet, int);
}
# 保留 Parcelable 序列化的类不被混淆
-keep class * implements android.os.Parcelable {
```

```
            public static final android.os.Parcelable$Creator *;
        }
        # 保留Serializable序列化的类不被混淆
        -keepclassmembers class * implements java.io.Serializable {
            static final long serialVersionUID;
                private static final java.io.ObjectStreamField[]
serialPersistentFields;
            !static !transient <fields>;
            !private <fields>;
            !private <methods>;
            private void writeObject(java.io.ObjectOutputStream);
            private void readObject(java.io.ObjectInputStream);
            java.lang.Object writeReplace();
            java.lang.Object readResolve();
        }
        # 带有回调函数的onXXEvent、**On*Listener不能被混淆
        -keepclassmembers class * {
            void *(**On*Event);
            void *(**On*Listener);
        }
        # webView处理，项目中没有使用到webView，忽略即可
         -keepclassmembers class fqcn.of.javascript.interface.for.
webview {
            public *;
        }
          -keepclassmembers class * extends android.webkit.
webViewClient {
               public void *(android.webkit.WebView, java.lang.
String, android.graphics.Bitmap);
              public boolean *(android.webkit.WebView, java.lang.
String);
        }
          -keepclassmembers class * extends android.webkit.
webViewClient {
               public void *(android.webkit.webView, jav.lang.
String);
        }
        # 移除Log类打印各个等级日志的代码，打正式包的时候可以作为禁log使用，
这里可以作为禁止log打印的功能使用
        # 记得proguard-android.txt中一定不要加-dontoptimize才起作用
        # 另外的一种实现方案是通过BuildConfig.DEBUG的变量来控制
       -assumenosideeffects class android.util.Log {
           public static int v(...);
           public static int i(...);
           public static int w(...);
          public static int d(...);
          public static int e(...);
       }
```

上面通用的混淆规则，需要根据自己的需求进行编写。除了以上混淆之外，正规的第三方库一般会在接入文档中写好所需混淆规则，使用时注意添加。

8. 检查混淆结果

混淆过的包必须进行检查，避免因混淆引入Bug。一方面，我们需要从代码层面检查，使用上文的配置进行混淆打包后在<module-name>/build/outputs/mapping/release/目录下会输出以下文件。

① dump.txt：描述APK文件中所有类的内部结构；

② mapping.txt：提供混淆前后类、方法、类成员等的对照表；

③ seeds.txt：列出没有被混淆的类和成员；

④ usage.txt：列出被移除的代码。

我们可以根据seeds.txt文件检查未被混淆的类和成员中是否已包含所有期望保留的，再根据usage.txt文件查看是否有被误移除的代码。另外，我们需要从测试方面检查，将混淆过的包进行全方面测试，检查是否有Bug产生。

7.2.2 多渠道打包

1. 多渠道包的含义

渠道包就是要在安装包中添加渠道信息，也就是channel，对应不同的渠道如小米市场、360市场、应用宝市场等。

2. 多渠道打包的原因

由于Google play在国内无法打开，因此国内经常使用的有百度助手、360助手、华为应用市场、小米应用市场等。面对众多的应用市场，产品在不同的渠道可能有着不同的统计需求。为了统计不同安卓应用市场的下载量和个性化需求，需要为每个应用市场的Android包设定一个可以区分应用市场的标识，这就引出了Android的多渠道打包。

3. 多渠道打包的方式

Android渠道多种多样。其实渠道不仅仅局限于应用市场，一种推广方式也可以看作一个渠道，比如，通过人拉人的方式去推广、官网上推广、百度推广等。所以说渠道成千上万，为了推广，有时候一次也会打上千个安装包，如果一个一个地打包，会十分耗时，所以，接下来我们要介绍一种高效的打包方式。

4. 友盟多渠道打包

友盟提供了多渠道打包的方式，可用于渠道统计等。通过Gradle，简单配置后就可以实现自动打所有渠道包。项目打包也是采用这种方式。

实现步骤

第一步：按照友盟官方文档配置Androidmanifest.xml，代码路径如下：

【代码 7-22】 Androidmanifest.xml

```
<meta-data  android:name="UMENG_CHANNEL"
                    android:value="${UMENG_CHANNEL_VALUE}" />
```

这段配置，value 那里就是如 wandoujia、360 之类的渠道名称，但是在这里我们不会写渠道名，而是写一个占位符，后面 gradle 编译的时候会动态地替换掉它。

第二步：在 Module 的 build.gradle 中的 android{} 标签下配置 ProductFlavors，代码路径如下：

【代码 7-23】 Module build.gradle

```
//   多渠道名称
    productFlavors {
        internal {}
        wandoujia {}
        baidu {}
        c360 {}
        uc {}
}
    productFlavors.all {
  flavor -> flavor.manifestPlaceholders = [UMENG_CHANNEL_VALUE:
name]
    }
```

ProductFlavors 其实就是可定义的产品特性，配合 manifest merger 使用的时候就可以实现在一次编译过程中产生多个具有自己特性配置的版本。上面这个配置的作用就是，为每个渠道包产生不同的 UMENG_CHANNEL_VALUE 的值。

第三步：配置自动签名。

自动签名需要配置在 App 中的 build.gradle，前提是我们要先创建好一个签名文件，具体配置代码如下：

【代码 7-24】 app build.gradle

```
    //签名
    signingConfigs {
        relase {
            storeFile file("../Jks/keystore.jks") //路径，这里是相对路径
            keyAlias "iot" //别名
            storePassword "123456" //密码
            keyPassword "123456"//密码
        }
    }
```

signingConfigs 配置也是在 android{} 标签下，需要和 buildTypes 配合使用。

BuildTypes：构建类型，Android Studio 的 Gradle 组件默认提供给了 debug、release 两个配置，代码路径如下：

【代码 7-25】 app build.gradle

```
buildTypes {
//正式环境
        release {
            minifyEnabled true //开起混淆
            shrinkResources true  //压缩
            zipAlignEnabled true //字节对齐
            signingConfig signingConfigs.relase
```

```
    proguardFiles getDefaultProguardFile('proguard-android.txt'),
'proguard-rules.pro'
    // 自定义打包 APK 名称
    //……
            }
    // 测试环境
            debug {
                minifyEnabled false // 不开启混淆
                signingConfig signingConfigs.relase
            }
        }
```

这里我们分别将 release 和 debug 包配置好，我们在 release 环境下也可以自定义打包 APK 的名称、版本号等。

第四步：自定义打包 APK 名称，代码路径如下：

【代码 7-26】 app build.gradle

```
        // 多渠道打包输出
    applicationVariants.all { variant ->
    variant.outputs.all {
                    outputFileName = "iot_v${variant.versionName}" +
"_${variant.productFlavors[0].name}.apk"
            }
      }
```

这里我们输出的 APK 的名字形式为：iot_v 版本号 _ 渠道名称 .apk。

第五步：配置 flavorDimensions，这里以版本号作为维度，代码路径如下：

【代码 7-27】 app build.gradle

```
        defaultConfig {
            flavorDimensions"versionCode"
        }
```

第六步：选择build->Generate Signed APK，选择签名文件，填入相关配置，如图 7-16 所示。

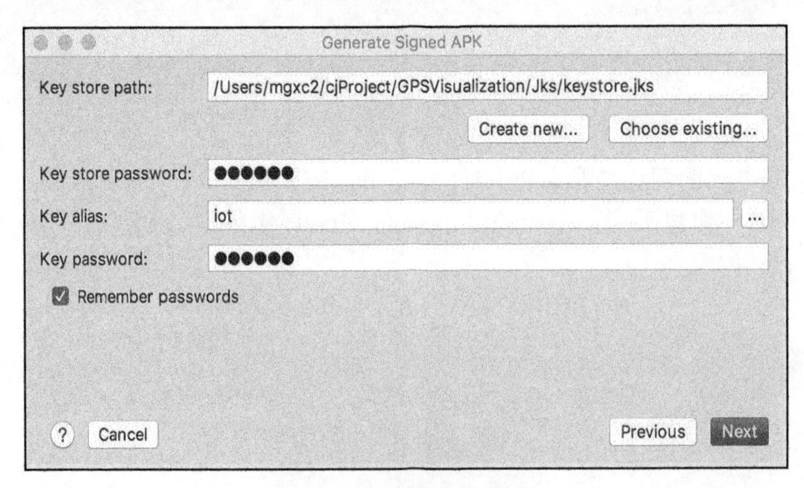

图7-16 选择签名文件

选择“Next”，进入渠道选择页面，如图 7-17 所示。

① APK Destination Folder：生成 APK 路径，在 App 下。

② Build Type：编译版本，默认的有 release（发布版）和 debug（调试版）。

③ Flavors：产品特性，可以配合 manifest，在一次编译过程中生产多个具有自己特性配置的版本，为每一个渠道包生产不同的渠道值，多用于多渠道打包。

④ Signature Versions：签名版本选择，这里建议两者都勾选。

⑤ V1（Jar Signature）：传统通用方式，来自 JDK。

⑥ V2（Full APK Signature）：Android 7.0 引入一项新的应用签名方案，它能提供更快的应用安装时间和更多针对未授权 APK 文件更改的保护，但这项新方案并非强制性的，也可以选择禁用。如果使用 APK Signature Scheme v2 签署应用，并对应用进行了进一步更改，则应用的签名将会无效。

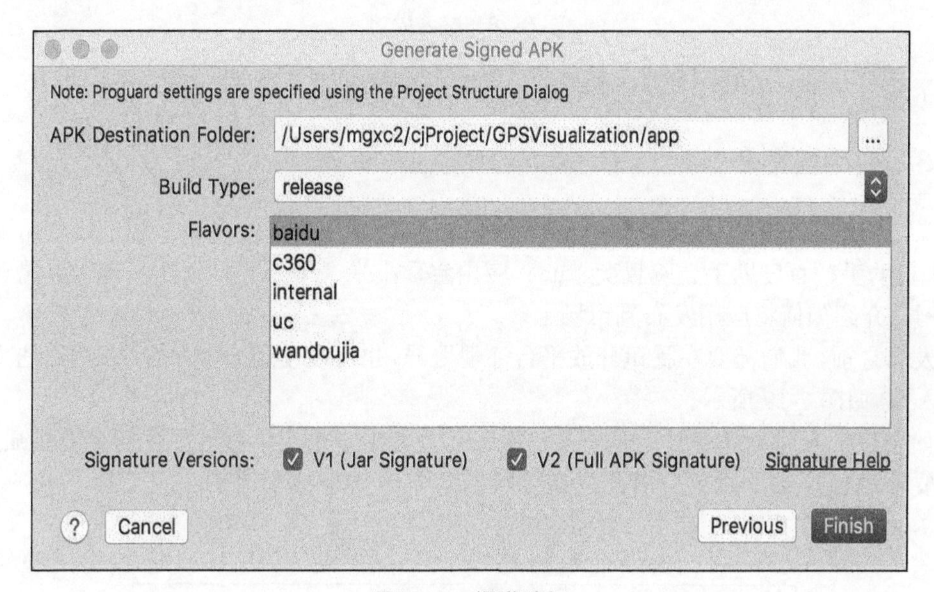

图7-17 渠道选择

V1 和 V2 签名的使用：

① 只勾选 V1 签名并不会影响什么，但是在 Android 版本 7.0 及以上不会使用更安全的验证方式；

② 只勾选 V2 签名，Android7.0 版本以下会安装完显示未安装，Android7.0 版本及以上则使用了 V2 的方式验证；

③ 同时勾选 V1 和 V2 可以适配所有机型。

第七步：Flavors 列表里出现了我们在 Module 的 build.gradle 中配置的渠道名，选择其中一个或几个进行打包。这里以选择“wandoujia”为例，将其打包成功后，可在 app 目录下发现一个以渠道名命名的文件夹，如图 7-18 所示，release 文件夹下的 apk 文件就是我们打好的签名包。

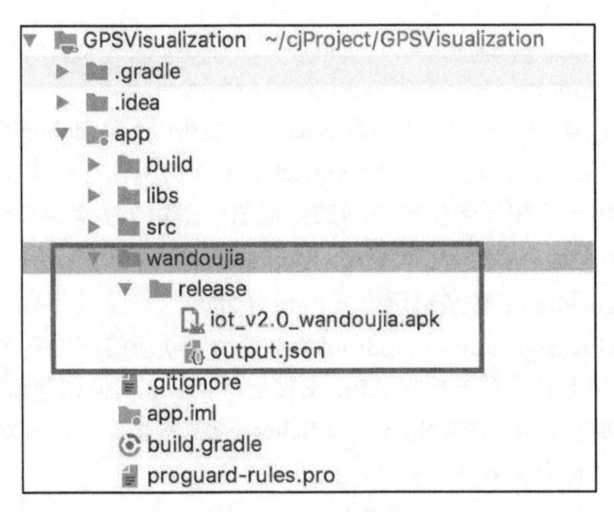

图7-18　签名成功

至此，友盟多渠道打包就讲解完了。

7.2.3　应用发布

渠道包准备好之后，开始进入发布阶段。Android 应用市场众多，我们比较常见的有 360 手机助手、百度助手、豌豆荚、uc、应用宝、小米、华为等。下面，我们以腾讯应用宝为例，介绍如何将应用发布到市场上。

发布之前，我们需要在腾讯开放平台注册账号，也可以使用 QQ 号登录，然后选择“应用接入”，如图 7-19 所示。

如果是个人开发者需要注册个人资质账号，如果是企业单位需要注册企业资质账号。根据要求进行注册，并提交信息之后，等待审核。审核成功之后，就可以创建应用了，如图 7-20 所示。

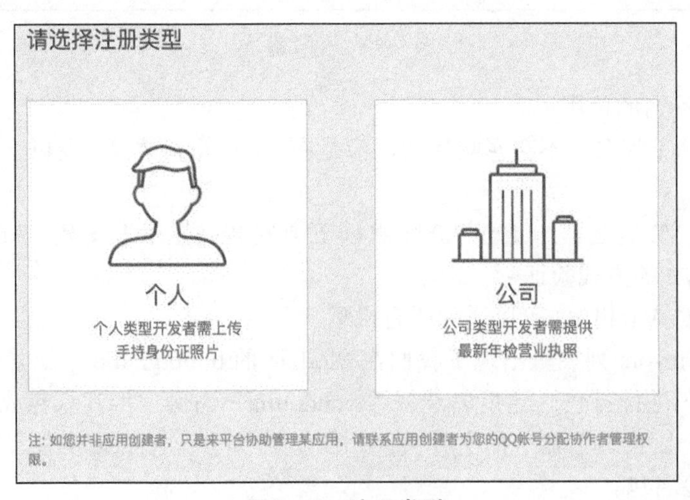

图7-19　注册类型

图7-20　创建应用

选择“Android 平台”，创建应用，进入“选择安卓应用类型”页面，如图 7-21 所示。

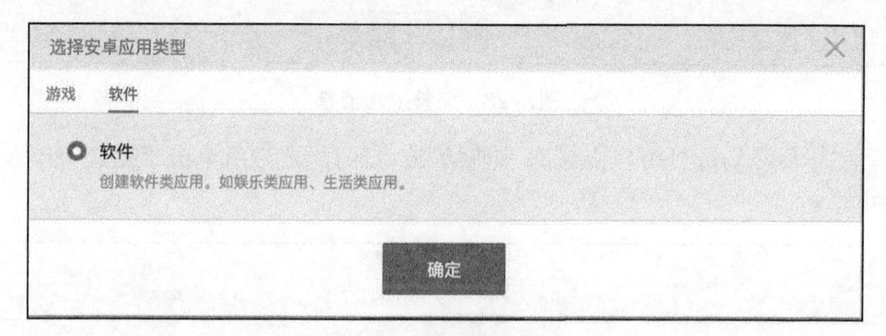

图7-21　选择应用类型

选择软件，单击“确定”，进入“完善信息”页面，如图 7-22 所示。

图7-22　完善基本信息

填写基本的简介信息，红“*”为必填项，接下来需要上传安装包，按照要求上传图标素材、应用截图、适配信息、版权证明等，如图 7-23 所示。

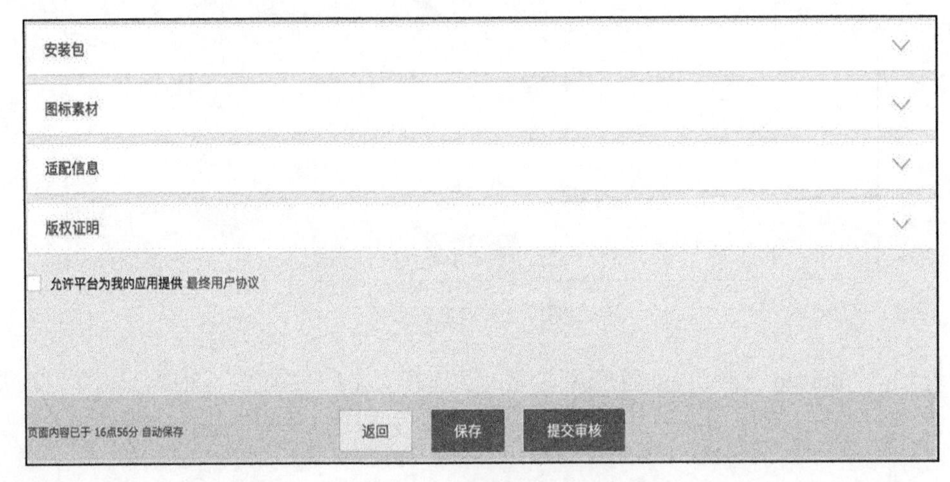

图7-23 完善应用信息

填写完毕后，勾选“用户协议”。然后单击“保存”，最后单击“提交审核”，页面如图 7-24 所示。

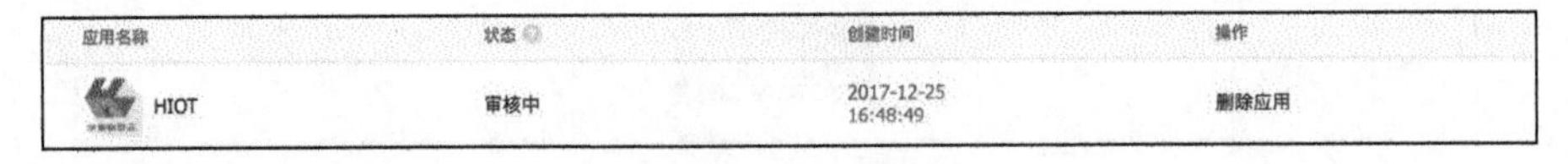

应用名称	状态	创建时间	操作
HIOT	审核中	2017-12-25 16:48:49	删除应用

图7-24 提交审核

审核通过后，审核状态会变为“审核通过”，审核时间一般是一周之内，我们能在应用宝上搜索到创建的应用。如果审核被驳回，则需要按照驳回文档要求进行修改，然后再次提交。

以上就是应用宝市场的发布，其他应用市场的规则也基本类似。应用接入前，建议阅读应用上架规则，了解更多的详细信息，从而提高应用的审核通过率。

7.2.4 任务回顾

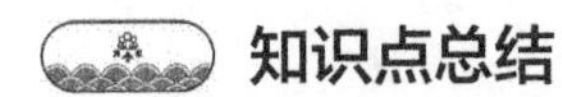

知识点总结

本章主要涉及的知识点如：

1.APK 签名原因、好处；

2. 混淆原因、配置、规则、自定义混淆规则、通用混淆规则、检查混淆结果；

3. 多渠道打包方式：友盟等；

4. 配置自动签名、自定义打包 APK 名称；

5.APK 上架、市场发布。

学习足迹

图 7-25 所示为任务二的学习足迹。

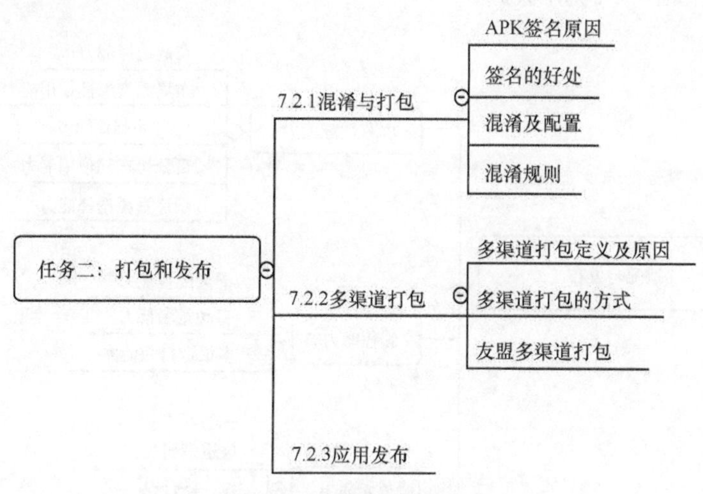

图7-25 任务二学习足迹

思考与练习

1. APK 为什么要签名？有什么好处？

2. 配置混淆规则，进行签名打包，输出 APK 并检查是否混淆成功（代码形式展示）。

3. 采用友盟、美团、360 任意一种打包方式进行多渠道打包（代码形式展示）。

4. 熟悉市场发布流程，任选某一发布市场进行测试（推荐使用百度助手、360 助手、应用宝）。

7.3 项目总结

本项目是完成物联网移动 App 设计与开发的最后一步，也是产品上线的必经之路。在任务一中，我们从布局、布局组件、限定符、百分比、图片资源等方面讲解了屏幕适配的解决方案，每种方案都存在一定的局限性，需要我们根据具体需求进行选择。在任务二中，我们讲解了如何混淆和多渠道打包，在没有特殊原因的情况下，所有 App 都应该开启混淆，混淆相当于给 APK 加上了一层保护膜。混淆之后，我们采用友盟多渠道打包方案进行打包，分渠道发布。目前，有些市场为了提高 APK 安全性，要求对 APK 进行加固、重签名，再提交审核。

通过本项目任务一的学习，学生可以学到多种屏幕适配的解决方案，可以应对项目开发中的大部分适配问题，同时，也可以从中受到启发，总结出自己的一套适配方案。通过任务二的学习，学生可以学到一个 App 从签名、混淆、打包、发布，再到上线的整个流程，可以应对任何的 Android 应用市场。

本项目总结如图 7-26 所示。

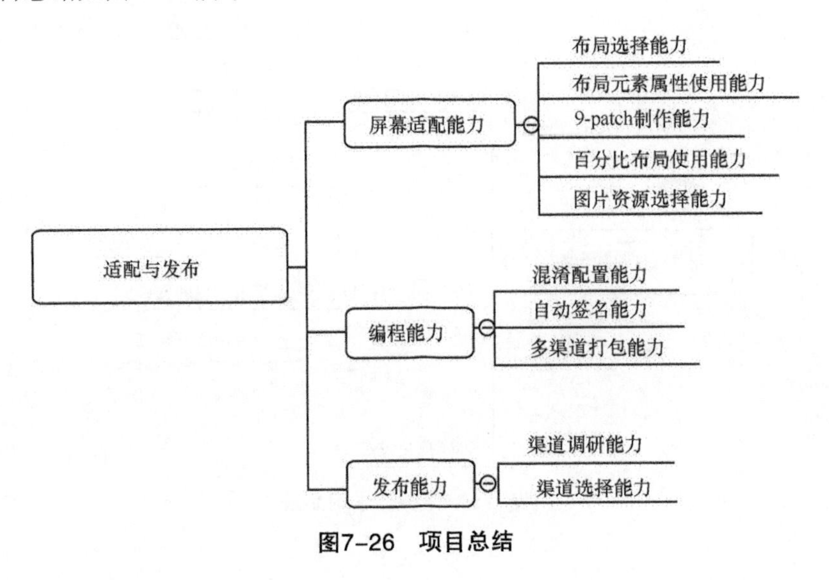

图7-26　项目总结

7.4　拓展训练

自主实践：签名、混淆、多渠道打包、发布

本次拓展训练是完成一个项目上线前的一整套流程，包括签名、混淆、多渠道打包、发布。这是每个产品上线前必须经历的事情，通过项目 7 的任务二的学习，我们已经对每个知识点有所了解，现将其整合，并在项目 2 到项目 6 的基础上进行打包、发布。

◆ **拓展训练要求：**

①要求创建签名文件，签名文件的名称、证书密码、Keystore 密码合理；

②要求配置混淆规则，根据自己的项目自定义规则、第三方库混淆规则，混淆后检查混淆结果；

③要求配置自动签名、正式环境和测试环境；

④要求使用友盟多渠道打包，市场自定义、APK 名称自定义，要求包括版本号、打包时间、市场名称；

⑤要求选取免费应用市场，正确完成账户注册、应用接入、发布审核。

◆ **格式要求：**采用上机操作。

◆ **考核方式：**采取课内演示。

◆ **评估标准**：见表 7-4。

表7-4 拓展训练评估表

项目名称： 签名、混淆、多渠道打包、发布	项目承接人： 姓名：	日期：
项目要求	**评分标准**	**得分情况**
签名（共20分）	① 创建签名文件（10分） ② 正确填写签名信息（10分）	
混淆（共30分）	① 常用混淆规则（10分） ② 自定义混淆规则（10分） ③ 混淆结果检查（10分）	
多渠道打包（共35分）	① 配置自动签名（10） ② 根据友盟官方文档进行配置（5分） ③ 配置签名市场（10分） ④ 自定义APK输出名称（10分）	
发布（共15分）	① 选择合适市场，注册账号（5分） ② 填写相关信息，发布审核（10分）	
评价人	**评价说明**	**备注**
个人		
老师		